中信科移动**5G**系列丛书

U0121107

5G Wireless Network Optimization Technology Principle and Engineering Practice

5G无线网络优化 技术原理与工程实践

孙中亮 王　俊 闫光辉 段景山 许宏敏 李　雪◎编著

人民邮电出版社

北　京

图书在版编目（CIP）数据

5G无线网络优化技术原理与工程实践 / 孙中亮等编
著. -- 北京：人民邮电出版社，2023.8
（中信科移动5G系列丛书）
ISBN 978-7-115-61691-3

Ⅰ. ①5… Ⅱ. ①孙… Ⅲ. ①第五代移动通信系统－
无线电通信－移动网 Ⅳ. ①TN929.538

中国国家版本馆CIP数据核字(2023)第083953号

内 容 提 要

本书系统地阐述了 5G 无线网络优化技术的理论及实践的全过程，从无线网络优化的概念、无线网络优化
工程理论知识到数据采集及优化分析，再到专题优化及智能优化，整体逻辑清晰、结构完整，同时本书也引用
了大量的工程实践案例，以达到理论结合实践的目的。

本书旨在提升读者解决网络优化复杂工程问题的能力，可作为无线网络优化工程师、技术人员的工具书，
也可作为高校信息通信相关专业师生的教材。

◆ 编　　著　孙中亮　王　俊　闫光辉
　　　　　　　段景山　许宏敏　李　雪
　　责任编辑　王海月
　　责任印制　马振武
◆ 人民邮电出版社出版发行　　北京市丰台区成寿寺路 11 号
　　邮编　100164　电子邮件　315@ptpress.com.cn
　　网址　https://www.ptpress.com.cn
　　三河市祥达印刷包装有限公司印刷
◆ 开本：775×1092　1/16
　　印张：18　　　　　　　　　　　2023 年 8 月第 1 版
　　字数：408 千字　　　　　　　　2023 年 8 月河北第 1 次印刷

定价：99.80 元

读者服务热线：(010)81055493　印装质量热线：(010)81055316
反盗版热线：(010)81055315
广告经营许可证：京东市监广登字 20170147 号

编辑委员会

李　俊	江西应用科技学院
陈智雄	华北电力大学
苏　钢	长沙学院
杨丹丹	中信科移动通信技术股份有限公司
张玉玺	北京航空航天大学
赵　巍	南昌交通学院
赵　阔	重庆电子工程职业学院
姜　斌	杭州电子科技大学
高　嵩	成都理工大学
贾　勇	成都理工大学
钱莹晶	怀化学院
徐运武	广东松山职业技术学院
韩东升	华北电力大学
彭家和	云南经济管理学院
雷　菁	国防科技大学
路慧敏	北京科技大学
魏　纯	武汉东湖学院

数字经济产业作为全球经济增长与科技进步的新引擎，正悄然改变我国的产业结构和经济社会发展模式。以新基建之首的 5G 作为新一代信息技术发展的核心要素，将推动人才培养朝着数字化和智能化方向变革。

本书全面、系统地阐述了 5G 无线网络优化技术和工程实践，较充分地反映了 5G 无线网络优化技术应用于运营商真实网络系统优化的实践过程，紧紧围绕信息通信网络优化工程师、新一代信息通信测试工程师、信息通信网络机务员、信息通信网络管理员、数字化解决方案设计师等岗位需求，面向高校师生及专业工程师，提供从移动通信网络概念、网络优化必备知识、网络优化工具到数据采集、优化问题分析的实践过程。

本书共分为 6 章，第 1 章介绍了无线网络优化的概念、目标、各阶段主要任务、优化工具、优化岗位分类职责及优化工程师应具备的知识体系等，本章构成了本书知识体系的主线，后面的章节围绕本章内容展开；第 2 章介绍了执行优化工程任务需具备的专业基础知识，如 5G 空口技术、5G 通信系统的信令流程、网络 KPI（关键绩效指标）、基于场景的无线网络覆盖方案等；第 3 章从通信网络工程项目的角度重点对单站验证和簇优化流程进行介绍；第 4 章详细地介绍了覆盖优化、干扰优化、接入优化、切换优化、速率优化等专题优化工作的开展流程及项目规范，并针对每个专题引入工程实践的真实案例；第 5 章系统地介绍了 5G 语音业务解决方案及语音业务优化思路等；第 6 章详细介绍了 5G 无线网络智能优化的背景及思路。

本书的设计综合考虑了普通本科、高职本科及高职专科教师和学生的技术、技能基础及学习需求差异，既有工程理论体系化设计，又有丰富的工程实践案例及实验设计，满足不同专业师生的教学和学习需求，对 5G 无线网络优化技术的介绍总体概念突出，理论与实践结合，案例丰富多样，内容条理清晰，论述深入浅出，兼具新颖性、专业性、实用性和可读性。

本书既可作为高校信息通信相关专业师生的教材，又可作为通信行业工程技术人员和维护、优化人员的参考书。

本书由中国信息通信科技集团有限公司旗下的中信科移动通信技术股份有限公司（以下简称中信科移动）联合国内众多高校共同编写，在编写过程中，得到了许多业内知名专家和资深人士的支持与帮助，在这里，一并表示感谢。

中信科移动聚焦信息通信技术创新人才培养，匹配产业发展，培育多专业、跨行业的复合型数字化人才。多年来，中信科移动以移动通信标准创新、产品开发、网络建设与服务为依托，以精细化服务为准绳，与国家知识产权局、中国移动、中国联通、中国电信、北京邮电大学、北京航空航天大学、电子科技大学、华北电力大学、重庆电子工程职业学院等多家企业和高校建立了良好的合作关系，搭建起信息通信产业人才培训基地，孵化 5G+ 垂直产业应用人才培养创新应用案例。作为信息通信产业的建设者和工匠人才培养的引领者，中信科移动承担中央管理企业责任，推动高质量信息通信人才战略不断发展，拉动产业发展链条，推动教育链、人才链、产业链、创新链有效链接，构建数字人才发展产业联盟，实现多方共创、共建、共享、共赢。

中信科移动已与全国 500 余所院校建立了合作关系，在信息通信实验室共建、课程共建、教材共建、创新课题共研、学生实习实训、双师型教师培养等方面开展了多元化合作，匹配学校的教学实践需求，形成综合工程实践平台，打造具有全国示范效应的 DOICT 产业人才生态圈。

由于作者水平有限，书中难免存在错误和疏漏，欢迎广大读者批评指正，如有任何意见和建议可发送邮件至 sunzhongliang@cictmobile.com/yanguanghui@cictmobile.com，感谢您的支持！

作者

目录
CONTENTS

第 1 章

Chapter 1

5G 无线网络优化概述

1.1 无线网络优化的概念

1.1.1 无线网络优化的定义及必要性

无线网络优化指利用各种工具和手段对无线网络进行全面的数据采集、数据分析、参数分析、硬件检查等工作，并找出影响无线网络质量的原因，可通过修改网络参数、调整网络结构和设备配置，或采取某些技术手段，确保系统高质量运行，使现有网络资源获得最佳运行效益。

移动通信网络部署开通后，无线网络优化成为一项投入周期长、占用人力多、耗费资源大的工程。无线网络优化工作是保障移动通信设备稳定运行、终端用户感知保持良好的重要工作，无线网络优化的必要性如下。

（1）网络规划无法完美匹配真实的网络环境

网络建设之前虽然已经经过传播模型校正、链路预算、规划仿真等一系列工作，但在实际网络建设时仍会出现真实的无线环境与仿真的无线环境相比有较大偏差，导致网络实际效果无法完美达到规划效果；施工阶段许多工程参数由于各种原因，与规划未保持一致，这些问题都需要在优化阶段解决。

（2）无线环境随时发生变化

网络的无线环境不是一成不变的，网络的无线环境会受到周边环境变化的影响，例如，原本正常覆盖的基站可能会被新建楼宇所阻挡，原本业务量较大的小区可能会因市政拆迁变成低业务小区，原本没有覆盖需求的区域会因新修道路而有了新的覆盖需求等，这些无线环境的变化必然会引起无线网络结构的调整，因而这些工作的实施均需要网络优化。

（3）用户需求不断变化

网络用户的需求也在不断变化，其中典型的是用户业务模型的变化。随着信息通信技术的发展，用户的业务类型逐渐由语音、短信等传统业务转向高清视频、AR/VR（增强现实 / 虚拟现实）等新型业务，这必然会给网络带来新的挑战，而要解决这个问题同样需要网络优化。

（4）网络架构不断调整

现阶段，网络架构往往是多运营商、多频段、多网络制式的异构网络架构。随着国家通信发展的需要，可能会有新的运营商出现，以及旧的通信制式退网、新的通信制式不断出现，此外频率也在不断调整。这些都会导致网络结构变得复杂、网络间相互影响、网络性能出现恶化，如出现掉线、拥塞、通话质量差等问题，因此，需要开展网络优化工作来解决这些问题。

1.1.2 无线网络优化的目标

网络优化是保证移动通信网络高质量运行的基础，无线网络优化的总体目标包括 4 个方面，即最佳的系统覆盖、合理的切换带控制、最小的系统干扰及相对均衡的基站负荷，具体介绍如下。

（1）最佳的系统覆盖

最佳的系统覆盖是指在规划覆盖区域内，现有基站覆盖范围满足覆盖率标准的要求，无覆盖空洞、无主服务小区不明显、无越区覆盖等问题，而且每个小区的覆盖范围均控制在合理的范围内。

（2）合理的切换带控制

调整覆盖、切换参数，使切换带的分布趋于合理，既要满足重选和切换要求，又不能让切换带范围过大，带来不必要的干扰。例如，对同频网络需要控制切换带的覆盖电平，如果覆盖电平太高，则对其他小区的干扰就会增大，全网的干扰水平也会增大；如果覆盖电平太低，切换带容易出现切换不及时而产生掉话，图1-1所示为切换带示意。

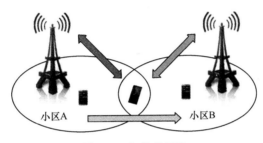

图1-1　切换带示意

（3）最小的系统干扰

干扰对网络容量和通信质量有较大影响，故可采用网络组网频率调整、小区覆盖范围调整、参数调整等手段，使网络整体干扰保持在较低程度，符合上下行干扰指标要求，提升网络质量和用户感知度。5G网络主要采用同频组网方案，同频组网时UE（用户设备）会同时检测到服务小区和邻小区下行同频信号，出现下行干扰，如图1-2所示。同时从基站的维度来看，基站会同时检测到服务小区UE1和邻小区UE2的同频信号，出现上行干扰，如图1-3所示。

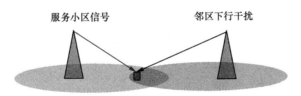

图1-2　下行干扰示意

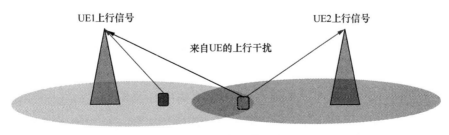

图1-3　上行干扰示意

（4）相对均衡的基站负荷

每个小区均有自己最佳的负荷指标，负荷过大会导致用户感知较差；负荷过小会导致小区资源浪费，因此需通过调整基站的覆盖范围、RRM（无线资源管理）负荷均衡算法参数、切换、重选参数等，合理控制基站的负荷，使其负荷尽量均衡。

1.1.3 无线网络优化分类

按照无线网络优化工作的内容进行分类，无线网络优化可以分为日常优化和专题优化。

1. 日常优化

日常优化，即日常性的优化工作，主要工作内容就是日常工作相关的优化，如指标监控、告警监控、例行拉网测试及分析、投诉处理、问题小区分析及处理、网络保障等，无线网络日常优化服务项目的执行周期一般为一年。

2. 专题优化

专题优化的主要工作内容就是针对某一项指标（或任务）而专门开展的优化工作，如主服务小区覆盖专题、互操作专题、速率提升专题、用户感知提升专题、语音质量提升专题等，专题优化工作更加有针对性，一般是在网络运营中运营商基于网络的短板指标而执行的项目，项目周期比较短，如3个月、6个月等。

从时间维度来说，无线网络优化可分为建设期-工程优化、成熟期-运维优化和发展期-运维优化3个阶段，如图1-4所示。

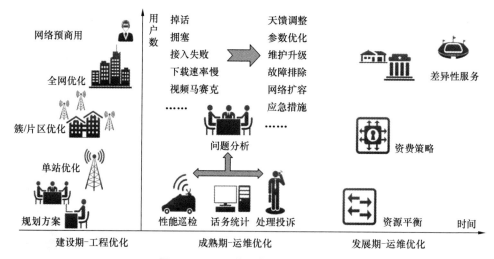

图1-4　5G无线网络优化阶段划分

1. 建设期 – 工程优化

工程优化是指网络正处于大规模建设期，基站开通达到一定数量后开始执行的优化工作，在这个阶段，由于网络刚开始商用，用户量较少，基站KPI（关键绩效指标）参考意义不大，故主要通过路测的形式进行网络建设期的工程优化，如单站优化、簇/片区优化、全网优化及不同厂家边界优化等，主要目的是满足网络覆盖下商用终端用户的基本业务质量需求。

2. 成熟期 – 运维优化

成熟期的运维优化是指网络处于大规模建设期过后，经过一段时间运营后，商用用户逐渐增多，基站 KPI 已经具备参考意义，在此阶段不但需要拉网测试评估路测指标，还需要从网络 KPI 的维度开展网络接入、切换、速率、掉线、语音、互操作等专题优化工作。

3. 发展期 – 运维优化

发展期的运维优化是指网络经历长时间的运维及优化调整后，已经非常成熟，新的无线通信制式可能即将建设，此时现有网络性能指标较为稳定，此时除了传统拉网测试、KPI 分析，还需要把工作重心放在如何提供差异化服务、如何进行各站之间负荷均衡，以及创新应用等方面的研究上，为以后新制式网络的建设做好铺垫。网络进入成熟期后，充分挖掘网络承载的业务量，增加运营商网络建设期和运维期的投入回报，突破当前网络应用瓶颈，实现更大带宽、更低时延、更多用户的服务能力成为网络优化工作关注的重点。

1.2 无线网络优化工程师岗位及项目管理

1.2.1 工程师岗位及职责

网络运维阶段主要涉及系统维护和网络优化工作，岗位工作的开展、执行均以工程项目团队分工协作的方式进行。图 1-5 所示为网络运维项目团队组织结构，其中优化岗位主要包括网络技术负责人、无线网片区负责人、路测工程师及无线网络优化分析工程师。

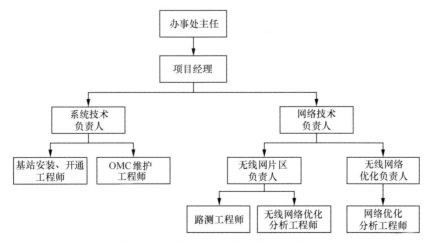

图 1–5　网络运维项目团队组织结构

运维项目主要岗位及职责如表 1-1 所示。

表 1-1　运维项目主要岗位及职责

岗位	职责
项目经理	对整个项目负责
系统技术负责人	对设备安装、开通、维护全权负责
网络技术负责人	对网络优化全权负责
基站安装、开通工程师	负责基站安装、开通工作
OMC（操作维护中心）维护工程师	负责设备维护、参数修改、日志提取、告警检测等工作
无线网片区负责人	对片区优化全权负责
无线网网络优化负责人	对网络侧 KPI 优化全权负责
路测工程师	路测数据采集和报表输出
无线网络优化分析工程师	对片区无线网络进行数据分析、优化、报告输出
网络优化分析工程师	负责提取 KPI 和相关数据，从网络侧指标维度进行分析、优化

1.2.2　无线网络优化工程师技能要求

在实际网络的优化工作开展过程中，不同优化岗位的技术要求需要匹配不同级别的工程师来完成，按照无线网络优化工程师能力等级来分，无线网络优化工程师一般分为助理工程师或初级工程师、中级工程师、高级工程师，具体介绍如下。

1. 助理工程师或初级工程师

无线网络优化助理工程师是网络优化工程师的初级岗位，一般从事比较基础的优化工作，如路测、CQT（呼叫质量测试，又称定点测试）、单站验证、簇优化等基础优化工作，助理工程师需具备的能力要求如表 1-2 所示。相关技术点会在后面章节进行详细介绍。

表 1-2　无线网络优化助理工程师或初级工程师能力要求

技能方向	技能描述
工程基础知识	网络架构：了解 5G 标准的演进情况及无线接入网的架构演进，熟悉 5G 网络架构及基本功能； 5G 空口技术：了解 5G 空口演进情况及空口关键技术，了解 5G 物理信道与信号及物理层过程； 5G 关键技术：了解大规模天线的基本原理及应用场景，了解 5G 新型编码及调制技术； 测试技术：掌握 5G 测试关键指标的定义及测试软件的使用，掌握路测及 CQT 的基本方法，熟悉路测常见参数的含义
问题分析能力	能够应用 5G 工程基础知识，发现、分析 5G 测试相关工程的问题，并能得出有效的结论，如弱覆盖、过覆盖、无线接入等工程问题
工具运用能力	掌握终端侧数据采集及分析工具的使用，如中信科移动的 ETG（易得路测软件）；掌握扫频仪的使用；掌握罗盘、GPS（全球定位系统）、坡度测量仪等的使用方法
团队协作能力	能够就 5G 无线网络测试问题与相关人员进行有效沟通和交流，包括撰写报告、清晰表达或回应等； 明确自己在团队中的位置和职责，能很好地和团队成员协同工作
项目管理能力	了解项目管理的基础知识，明确自己在项目中的位置，高效落实职责范围内的工作

2. 中级工程师

无线网络优化中级工程师需具备无线侧优化工作开展及工程问题分析定位的能力，一般从事测试中疑难问题分析、网管指标监控及问题小区分析等工作，中级工程师需具备的能力要求如表 1-3 所示。相关技术点会在后面章节进行详细介绍。

表 1-3　无线网络优化中级工程师能力要求

能力方向	能力描述
工程基础知识	网络关键技术：了解网络切片、边缘计算、控制转发分离等网络关键技术； 5G 物理层过程：熟悉小区搜索流程、小区选择重选流程、随机接入流程、波束管理过程，并能掌握相关参数的原理及含义； 协议与信令：熟悉 5G 空口协议栈，熟悉 5G 空口关键信令
问题分析能力	能够应用 5G 工程基础知识，发现、分析 5G 无线网的复杂工程问题，并能得出有效的结论，如无线接通率恶化、无线掉话率恶化、切换成功率恶化、速率异常等工程问题
工具运用能力	掌握 5G 网络管理系统的使用方法，如中信科移动的 UEM 5000，掌握基站侧日志分析工具的使用方法，掌握路测分析软件的使用方法，掌握端到端平台的使用方法等
团队协作能力	能够就 5G 无线侧复杂工程问题与相关人员进行有效的沟通和交流，能够就复杂工程问题组织团队进行问题的定位； 明确自己在团队中的位置和职责，能很好地和团队成员协同工作，具备和团队之外的人员进行协同问题分析的能力
项目管理能力	掌握项目管理的基础知识，明确自己在项目中的位置，能够协助项目经理高效地完成团队工作，具备一定的专题优化工作开展及组织管理能力

3. 高级工程师

无线网络优化高级工程师需具备 5G 端到端复杂工程问题的分析、定位及解决能力，一般担任网络优化技术主管、网络优化技术支持工程师、网络优化项目经理等职位，高级工程师需具备的能力要求如表 1-4 所示。相关技术点会在后面的章节进行详细介绍。

表 1-4　无线网络优化高级工程师能力要求

能力方向	能力描述
工程基础知识	无线资源管理算法：掌握无线接纳控制算法、连接性管理算法、动态资源管理算法及干扰协同算法等； 5G 健康度评估：熟悉 5G 健康度评估体系，明确相关指标的定义及获取方法，掌握健康度评估的流程； 端到端的业务流程：掌握端到端的语音及数据业务的基本业务流程
问题分析能力	能够应用 5G 工程基础知识，发现、分析 5G 端到端的复杂工程问题，并能得出有效的结论，如端到端的接通问题、掉话问题、切换问题、速率问题等；能够协助研发人员进行疑难的问题排查
工具运用能力	掌握 5G 网络管理系统的使用方法，如中信科移动的 UEM 5000，熟练掌握基站侧日志分析工具的使用方法，如中信科移动的 CDL（呼叫详细记录），熟练掌握端到端平台的使用方法等，掌握 Wireshark 的使用方法

续表

能力方向	能力描述
团队协作能力	能够就 5G 端到端的工程问题与相关人员进行有效的沟通和交流，能够就复杂工程问题组织团队进行问题定位，并输出有效的解决方案； 具备内部协调沟通及外部协调沟通能力
项目管理能力	熟悉 5G 工程项目管理的原理及经济决策方法，能够熟练运用项目管理原则及方法，组织项目工作的高效开展

1.2.3　无线网络优化项目管理

无线网络优化侧重于高效、高质量地执行，以满足用户感知的需求和对网络质量的要求，无线网络优化的工程流程主要分为优化方案设计、工程执行准备、项目计划评估、系统优化执行及项目总结评价 5 个阶段。从优化工作执行过程对网络质量提升效果的项目特征看，可以将上述 5 个阶段分别独立并规划成一个工程项目作为优化工程项目的一个子项目来执行，各子项目之间的协同执行最终表现为整个优化流程渐进明晰的特征，从而实现优化工作以注重用户体验、技术更迭为目标导向。无线网络优化对推动移动通信行业的整体发展具有极其重要的意义，在无线网络优化项目中运用科学的工程项目管理方法是提升网络优化效率的关键，在无线网络优化项目中应用项目管理理论的意义如下。

（1）提高网络优化效率

项目管理中的方法作为现代企业管理的先进理念，可以帮助网络优化项目管理人员不断地提升管理水平，并对无线网络优化中的各种资源进行整合，以实现无线网络优化项目的交付目标。

（2）提高网络运营效益

在实际运营活动中，项目管理方法的应用要求在规定时间内利用有限资源高质、高效地完成项目规定范围内的任务，在无线网络优化方面主要表现为在资源有限的条件下，使网络质量在限定时间内得以提升，而运营商通过网络资源利用率的提升可以获取更高的运营效益。

（3）提高管理水平

在无线网络优化中，项目管理的应用更注重精细化的管理方式，不仅涉及质量优化的内容，也包括如时间管理、沟通管理、成本管理、绩效管理、质量管理、组织管理等内容，对管理水平的提高具有十分重要的意义。

1. 项目管理的概念及属性

项目就是为实现特定的目标而在规定的时间和预算范围内进行的一次性的活动，项目的主要属性如下。

（1）一次性

一次性是项目与其他重复性运行或操作工作最大的区别，项目有明确的起点和终点，没有可以完全照搬的先例，也不可以完全复制，项目的其他属性也是从这一主要的特征衍生出来的。

（2）独特性

每个项目都是独特的：或者其提供的产品或服务有自身的特点，或者其提供的产品或服务与其他项目类似，但是其时间和地点、内部和外部的环境、自然和社会条件有别于其他项目，因此项目的过程总是独一无二的。

（3）目标的确定性

项目必须有确定的目标，包括时间性目标、成果性目标、约束性目标及其他需满足的要求（必须满足的要求和尽量满足的要求），目标的确定性允许有一个变动的幅度，也就是可以修改，不过一旦项目的目标发生实质性变化，它就不再是原来的项目了，而将产生一个新的项目。例如，工程优化项目的主要目标就是单站验证和簇优化，而随着新开站点单站验证及簇优化的完成，目标随之变成了运维指标的优化，这时的项目也不再是工程优化项目，而变成了运维优化项目。

（4）活动的整体性

项目中的一切活动都是相关联的，构成一个整体，多余的活动是不必要的，缺少某些活动必将不利于项目目标的实现，例如一般的运维优化项目需要开展路测工作、投诉处理工作、后台 KPI 监控及分析工作等，这些工作都是项目执行中不可或缺的，也是实现项目目标必须执行的。

（5）组织的临时性和开放性

项目人力资源在项目的全过程中，其人数、成员、职责是在不断变化的，某些项目成员是借调来的，项目终结时项目组要解散，人员需要转移，参与项目的组织往往有多个，甚至几十个或更多，他们通过协议或合同及其他的社会关系组织到一起，在项目的不同时段不同程度地介入项目活动，可以说，项目组织没有严格的边界，是临时性的、开放性的，这一点与一般企、事业单位和政府机构组织不一样。

（6）成果的不可挽回性

项目的一次性属性决定了项目不同于其他事情可以试做，失败了可以重来；也不同于生产批量产品，合格率达到了就很好了，项目在一定的条件下启动，一旦失败就永远失去了重新进行原项目的机会，项目有较高的不确定性和风险。

项目组织一般分为 3 种类型，即职能型组织、项目型组织和矩阵型组织，无线网络优化项目一般属于项目型组织（也有矩阵型组织），而基站产品开发项目一般属于矩阵型组织，项目组织的类型及优缺点如表 1-5 所示。

表 1-5 项目组织的类型及优缺点

组织类型	描述	优点	缺点
职能型组织	每个职能部门成员具有相同的技能和职能，仅为自己的经理负责；职能型组织适合于生产和销售标准产品的企业，适用于公司内部项目	（1）职能分工明确，成本低；（2）专业化，便于技能提升	（1）不注重客户；（2）跨部门合作困难、效率低

续表

组织类型	描述	优点	缺点
项目型组织	项目成员在同一时间内全部投入一个项目，仅由项目经理负责；项目型组织适合涉及大型项目的企业	（1）向客户负责； （2）项目经理是项目的真正领导、效率高	（1）成本高，资源共享困难； （2）不利于项目与外部的沟通； （3）对项目成员来说，缺乏一种事业的连贯性和保障
矩阵型组织	项目经理对项目结果负责，职能经理为项目提供资源；矩阵型组织适合需要不断推出新产品的公司	（1）资源共享； （2）有助于员工技能提升； （3）注重客户	（1）双层汇报关系，沟通和协调难度大； （2）员工绩效考核办法比较复杂； （3）资源经理和项目经理的权利较难平衡

项目管理（PM）是管理科学与工程学科的一个分支，是介于自然科学和社会科学之间的一门边缘学科，在项目活动中运用专门的知识、技能、工具和方法，使项目能在有限的资源条件下，实现或超过设定的需求和期望的目标。

2. 项目管理的内容

项目管理涉及多方面的内容，不同的项目对应的内容也有差异，以下将从项目管理内容的角度对网络优化项目进行介绍。

（1）综合管理

项目经理对综合管理负责，包括制定项目管理计划、列出项目的详细流程和相应的管理措施，以及团队成员各自的任务和角色定位等。对于无线网络优化项目，主要完成项目章程的制定、项目计划的制定、项目计划的执行、项目工作的监控及组织验收等。

（2）范围管理

范围管理实质上是指一种功能管理，它是对项目所要完成的工作范围进行管理和控制的过程和活动，规划项目所要完成的工作范围，确保项目组和项目相关方对项目有共同的理解，对于无线网络优化项目，范围管理主要指的是项目的目标及相关工作，以及项目执行过程中对项目目标的变更、控制等。

（3）时间管理

合理地安排项目时间是项目管理中的一项关键内容，它的目的是合理地安排时间，保证项目按时完成，时间管理是无线网络优化项目的关键部分，一般的优化项目都有明确的周期，如日常优化项目一般以 12 个月为周期执行，一般的专题优化项目周期有 3 个月、6 个月及 12 个月等，在限定的时间内实现既定的目标就需要做好时间规划，确定各项工作的优先级，并制定工作进度表，以确保在规定的时间内实现既定的目标。

（4）成本管理

成本管理就是要确保在批准的预算内完成项目，具体项目要依靠制定成本管理计划、成本估算、成本预算、成本控制 4 个过程来完成，成本管理贯穿于项目实施过程中。无线网络优化项目的成本管理尤为重要，优化项目中的成本主要涉及人力成本（人员工资、差旅补贴等）、设备成本（测试软件、测试终端、扫频仪、测试车辆等）及技术成本等，项目经理需要做好项目成本估算、项目成本预算、费用控制等，以保证成本在可控范围内。

（5）质量管理

质量管理是指确定质量方针、目标和职责，并通过质量体系中的质量规划、质量保证和质量控制及质量改进来使其实现所有管理职能的全部活动，对于优化项目来讲，质量不仅是指优化方案的质量，还包括服务质量，即客户对项目工作的认可度，另外这里需要注意的是网络安全，一定要严守网络操作红线，避免由于操作不规范而引起网络安全事故。

（6）资源管理

为降低项目成本而对项目所需的人力、材料、机械、技术、资金等资源所进行的计划、组织、指挥、协调和控制等活动，项目资源管理的全过程包括项目资源的计划、配置、控制和处置，其中人力资源管理是网络优化项目的关键，这里涉及项目经理人选的确定、项目整体人力资源投入、项目组的组建及团队建设、项目人员释放等相关工作。

（7）沟通管理

沟通管理是为了确保项目信息准时、适当地产生、收集、传播、保存和最终处置所需实施的一系列过程，包括编制项目沟通计划、确定项目相关方的信息交流和沟通要求等。优化项目沟通相对更复杂，这里不仅涉及项目内部的沟通，还涉及客户的沟通及和友商之间的沟通。在项目执行中，要制定好合理的沟通计划，如项目内部的沟通计划、对客户的汇报机制及计划，以及和友商的沟通机制等。

（8）风险管理

风险贯穿于项目的整个生命周期，因此风险管理是一个持续的过程，建立良好的风险管理机制及基于风险的决策机制是项目成功的重要保证。在无线网络优化项目的执行中，要有充分的风险意识，网络项目中的风险主要包括技术风险（项目核心成员离职、项目成员的技术水平不满足工作要求等）、设备资源受限风险（测试设备不足、测试设备性能受限、测试车辆不足等）、安全风险（人身安全、网络操作安全等），在项目执行中要有风险意识，提前识别风险并规避风险。

（9）采购管理

采购管理是项目管理过程中的重要环节，它直接影响项目交付的进度和质量。一个好的采购团队，不但能够给项目实施提供支持和对项目实施起到促进作用，还能够控制采购成本，提升项目的利润率。对于无线网络优化项目来说，采购主要有采购模式和租赁模式，具体采用哪种模式需根据公司及项目的需求确定，如测量终端、测试软件、测试计算机一般采用采购模式，测试车辆、扫频仪等一般采用租赁模式。

3. 无线网络优化的项目管理过程

无线网络优化项目管理过程是在项目相关人员的共同努力下，利用各种优化工具和手段，达到合同要求的各项网络指标要求而进行的一系列活动的集合，分为启动、计划、执行、控制和结束5个环节，其实施流程如图1-6所示。

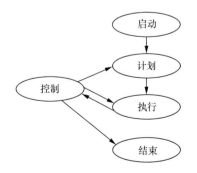

图1-6 无线网络优化项目实施流程

（1）启动

成立无线网络优化项目组，开始实施项目，在启动阶段需确定项目经理人选，成立项目组织，确定项目内各组分工及负责人。

（2）计划

项目团队研读合同，充分理解项目的需求和目标，并评估项目目标，分析项目风险并制定相应的规避方案，在项目经理的领导下，针对项目目标和项目资源及客户实际情况制定项目实施计划，选择实现项目目标的最佳方案。

（3）执行

调动项目资源，与客户沟通实施计划并开始执行，进行网络评估、网络规划、新建站点优化、目标 KPI 专项优化、重大投诉处理等相关工作，同时加强客户沟通，定期向客户汇报阶段成果及了解客户新的需求。执行阶段是事关无线网络优化项目成败的关键阶段，项目经理要做好项目问题的跟踪及处理，同时做好客户满意度跟踪等相关工作。

（4）控制

必要时项目经理对项目变更采取纠正行动，尤其是影响项目目标实现的重点变更，保证项目计划的顺利执行，实现项目的最终目标，最终目标不仅仅是网络指标，通过项目成本的有效控制，实现项目收益的预期目标也是无线网络优化项目的重要目标。

（5）结束

进行验收前的网络质量自评，在满足验收条件的情况下，邀请客户进行验收，并签署验收报告，按照项目结束程序结束项目。

4. 无线网络优化项目管理过程及内容

以上对项目管理的内容及项目管理的流程进行了介绍，项目执行的不同阶段，项目管理的内容也不同，无线网络优化管理流程及内容如表 1-6 所示。

表 1-6　无线网络优化项目管理流程及内容

内容	流程				
	启动	计划	执行	控制	结束
综合管理	制定项目章程；制定初步项目；范围说明书	项目计划制定	项目计划执行	监控项目工作、整体变更控制	项目验收
范围管理	—	项目目标确定	—	范围核实、范围控制	—
时间管理	启动	各小组工作分解；工作优先级确定；制定工作进度表	—	进度控制	—
成本管理	—	项目成本估算、项目成本预算	—	费用控制	项目支出
质量管理	—	项目质量规划	网络优化安全生产；网络指标提升方案；质量保证	网络质量控制	网络指标自评

续表

内容	流程				
	启动	计划	执行	控制	结束
人力资源管理	确认 PM 和项目组成员	项目组人力资源规划	项目团队组建；项目团队建设	人员投入控制；项目团队管理	人员释放
沟通管理	项目成员角色定位	沟通计划制定	项目沟通计划；人员培养提升计划	绩效报告	人员绩效考核
风险管理	—	风险管理计划、风险识别、风险定性定量分析	风险规避措施	风险监督和控制	—
采购管理	—	测试设备借调计划，测试设备采购计划	询价、卖方选择	合同管理	验收报告签署

1.3　无线网络优化工具

1.3.1　无线网络优化工具软件概述

在无线网络优化过程中，首先进行数据采集工作，这里的数据包括路测数据、扫频数据和网络侧 KPI、上行 IoT、告警、RRM 算法参数、各接口信令消息等；然后利用工具对采集的数据进行呈现、报表输出等，以帮助优化人员进行分析决策；最后采用合适的策略进行优化调整。因此，无线网络优化的工具包括上面描述的优化数据采集工具、优化分析工具和优化辅助调整工具等。

随着网络架构和应用场景复杂度的增加，如 5G 与 4G 协作优化、5G 网络节能需求、5G SSB 波束参数需与 5G 多样化场景相匹配的问题及 5G 不同场景切片参数设置策略等，将导致无线网络优化分析工作会涉及对海量数据的分析处理，增加了网络优化的难度。如何从海量数据中发现问题、采用合理策略提升网络质量，仅依靠人工分析和人工处理已无法满足对 5G 未来优化工作的需求，因此，各厂家和各运营商都在积极研究智能优化平台，利用大数据、人工智能等技术对多维度数据进行网络分析和优化决策，主要的优化工具及作用如表 1-7 所示。

表 1-7　主要的优化工具及作用

编号	工具名称	主要作用	备注
1	笔记本电脑	安装路测软件、基站日志分析工具及基站操作维护工具	—
2	路测软件	进行路测数据采集、呈现、路测报表输出	如中信科移动的 ETG、CoolTest 等
3	USB 口 GPS 或手持 GPS	用于定位	室外 USB 口 GPS，测试中自动打点，室内测试采用手持 GPS
4	测试终端	Uu 接口数据采集	如华为 mate 系列

续表

编号	工具名称	主要作用	备注
5	LMT（本地维护终端）	本地操作维护，可以跟踪基站侧信令、灌包、告警日志等	厂家自有，本地维护工具可以离线和在线使用
6	OMC（操作维护中心）	可以进行参数配置、执行脚本命令、告警日志提取、KPI 采集等	商用软件，在线使用
7	CDL	小区事件日志，从基站侧记录每个小区的每个 UE 事件日志	厂家自有软件
8	Wireshark	网络封包分析软件，抓各接口及信令分析	开源软件
9	罗盘	基站天馈方位角调整	—
10	坡度测量仪	基站天馈下倾角调整	—
11	MapInfo	地理化呈现小区信息	开源软件
12	Nexop	端到端智能优化平台	各厂家部署

1.3.2 测试工具及软件

1. 测试软件

路测软件是路测系统的核心，因此熟练使用路测软件是网络优化测试工程师的必备技能。路测软件包括前台软件和后台软件，前台软件主要用于数据采集；后台软件主要用于数据分析。本章以中信科移动自主研发软件 ETG 为例介绍测试软件的功能及使用方法。

ETG 全称为 Easy To Get，作为一款图形化和集成管理的网络优化综合工具系统，ETG 为网络维护人员提供的主要功能如下。

（1）测试和后台分析一体化。

（2）集成的基站数据、地图和测试数据管理。

（3）自动统计并生成报表功能。

（4）自定义事件功能：自定义信息流类型和事件。

（5）测试数据的截取、合并、过滤等测试数据处理功能。

ETG 是无线网络优化必备的工具软件，以下将对软件的安装及基本功能进行介绍。

（1）ETG 软件安装

在 Windows 系统环境下，打开 ETG 安装包，单击图 1-7 所示的"ETGSetup.msi"进行安装，按照步骤提示即可完成安装，安装完成后，桌面上会显示 ETG 快捷方式。

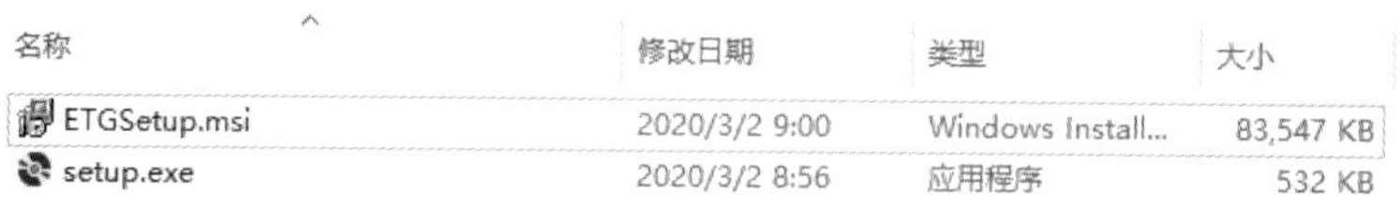

名称	修改日期	类型	大小
ETGSetup.msi	2020/3/2 9:00	Windows Install...	83,547 KB
setup.exe	2020/3/2 8:56	应用程序	532 KB

图 1-7 ETG 软件安装包

ETG 软件使用需要进行授权，需要提前向厂家申请软件序列号，初次登录 ETG 软件会弹出图 1-8 所示的界面,在"软件序列"中输入授权软件序列号,并单击"在线注册"即可正常登录软件,这里需要注意的是计算机需要联网,否则无法完成授权。

图 1-8　ETG 授权界面

(2)ETG 界面介绍

ETG 软件安装完成后,双击桌面快捷方式即可打开软件,图 1-9 所示为 ETG 主界面:主界面主要包括 3 个部分:即工具栏、导航栏和工作区,详细介绍如下。

① 工具栏:工具栏主要包括打开工程、保存工程、设备连接、日志回放、书签、日志导出及工具等常用操作按钮。

② 导航栏:导航栏包括视图、日志、测试、参数、事件、信令、过滤、采样、分析、模板 10 个子菜单。

③ 工作区:工作区可以根据测试及分析的需求调出不同的窗口,例如,NR(新空口)信息窗口、信令窗口、事件窗口、地图窗口等。

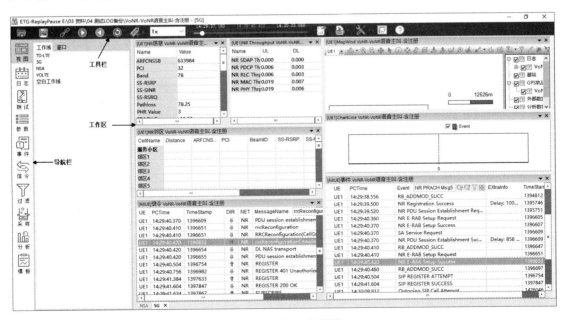

图 1-9　ETG 主界面

2. 扫频仪

在电子测量中，经常会遇到对网络的阻抗特性和传输特性进行测量的需求，其中传输特性包括增益和衰减特性、幅频特性、相频特性等，用来测量上述特性的仪器称为频率特性测试仪，简称扫频仪。在无线网络优化规划中，扫频仪主要应用于清频测试、传播模型校正、覆盖验证、覆盖优化、邻区优化、基站失步检测、干扰排查等。扫频仪有多种类型，不同类型的扫频仪的使用方法也有一定的差异。一般的扫频仪由扫频主机、天线、连接线构成，也有手持型的扫频仪，扫频仪分类方法如下。

（1）按照工作频带的宽度，扫频仪可分为宽带扫频仪和窄带扫频仪。

（2）按照工作频率的不同，扫频仪可分为低频扫频仪、中频扫频仪、高频扫频仪和超高频扫频仪。

（3）按照处理方式的不同，扫频仪可分为模拟扫频仪和数字扫频仪。

使用时需在主机界面设置排查干扰小区的频点，频段设置好后执行，执行结果如图 1-10 所示，可显示设置频段范围内接收信号的基本情况，便于进行干扰的分析。

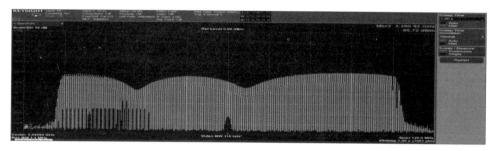

图 1-10 扫频仪测试界面

1.3.3 辅助优化工具

在无线网络优化问题分析及优化措施实施过程中需要相应辅助工具辅助进行，常见的辅助工具包括坡度测量仪、罗盘、激光测距仪等，坡度测量仪用来测量天线下倾角，罗盘用来测量方位角，激光测距仪用来测试站高，具体介绍如下。

1. 坡度测量仪

坡度测量仪如图 1-11 所示，是用于测量天线下倾角（俯仰角）的专用测试工具，常用坡度测量仪主要由测定面 A（土木用）、测定面 B（建筑用）、指示针、刻度盘、水准管、刻度旋转轮、握手柄组成，使用方法如下。

（1）测量前，首先要对坡度测量仪进行检验、校准。

（2）把坡度测量仪靠到天线背面的平直面，轻轻转动调节旋钮，使水平气泡稳定并居中，此时，指针所指的刻度即天线的下倾角度，测量时从上、中、下 3 点分别进行测量，取 3 个测量值的平均值，精确到小数点后一位。

（3）在安装天线时，可先旋转调节旋钮，使刻度打到规定的下倾角度，再轻轻扳动天线顶部，在顶部放开或收紧天线，调节天线下倾角，直到倾角测量仪表盘上的水珠居中。

（4）天线的下倾角（俯仰角）允许误差为 ±1°。

（5）使用过程中需注意该仪器避免高温暴晒，以免水泡漏气失灵，轻拿轻放，避免损坏仪器。

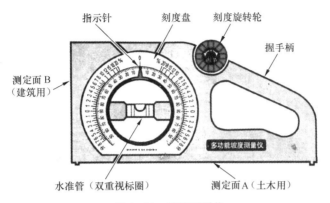

图 1-11　坡度测量仪

2. 罗盘

罗盘如图 1-12 所示，在无线网络勘察中，使用罗盘是为了测量基站小区的方位角，指示无线环境拍照方位。

罗盘在使用前必须进行磁偏角的校正，校正时可旋动罗盘的刻度螺旋，使水平刻度向左或向右转动，使罗盘底盘南北刻度线与水平刻度盘 0 ～ 180° 连线间夹角等于磁北角，经校正后测量时的读数就为真正的方位角。

目的物方位的测量，是测定目的物与测者间的相对位置关系，也就是测定目的物的方位

图 1-12　罗盘

角（方位角是指从子午线顺时针方向到该测线的夹角）。测量时放松制动螺丝，使对物觇板小孔、盖玻璃上的细丝、对目觇板小孔等连在一条直线上，同时使底盘水准器的水泡居中，待磁针静止时指北针所指度数即为所测目的物的方位角（若指针一时无法静止，可读取磁针摆动时最小度数的 1/2 处，测量其他要素读数时也如此）。若用测量的对物觇板对着测者（此时罗盘南端对着目的物）进行瞄准，指北针读数表示测者位于测物的什么方向，此时指南针所示读数才是目的物位于测者什么方向。与前者比较，这是因为两次用罗盘瞄准测物时罗盘的南、北两端正好颠倒，故影响测物与测者的相对位置。为了避免时而读指北针，时而读指南针产生混淆，应将对物觇板指向所求方向恒读指北针，此时所得读数即所求测物的方位角。

3. 激光测距仪

激光测距仪是利用调制激光的某个参数实现对目标的距离测量的仪器。按照测距方法不

同，激光测距仪分为脉冲式激光测距仪和相位法激光测距仪，脉冲式激光测距仪在工作时向目标射出一束或一序列短暂的脉冲激光束，由光电元件接收目标反射的激光束，计时器测定激光束从发射到接收的时间，计算出从观测者到目标的距离；相位法激光测距仪是利用检测发射光和反射光在空间中传播时发生的相位差来检测距离的。

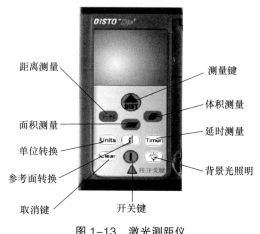

图 1-13　激光测距仪

激光测距仪质量轻、体积小、操作简单、速度快而准确，其误差仅为其他光学测距仪的 $0.01 \sim 0.2$。在工程测量中一般使用的是手持脉冲测距仪，以下以徕卡 Lite5 手持激光测距仪（如图 1-13 所示）为例说明激光测距仪的操作方法。将电池装入仪器指定位置，注意正负极，按下开关键，选择距离测量功能，对准目标时按下测量键，约 4s 内屏幕显示读数，测距过程完成。

1.3.4　地图信息系统工具

1. MapInfo

MapInfo 是一款桌面地理信息系统软件，是一种数据可视化、信息地图化的桌面解决方案，是优化分析常用的软件工具，主要功能介绍如下。

（1）MapInfo 桌面地图信息系统操作简便，可以实现图形的输入与编辑、图形的查询与显示、数据库操作、空间分析和图形的输出等基本操作。

（2）实现了数据表格的地理化呈现；MapInfo 可调用 Excel 电子表格、ASCII TXT 文件等。

（3）强大灵活的查询方式，可采用 SQL（结构化查询语言）查询，也可采用图形化查询。

（4）对于表格常见处理，在 MapInfo 中同样可以实现，如对表格记录的新建、添加、显示、删除等，以及一些基本的统计功能。

（5）采用矢量化图形输出，能够与其他软件无缝对接，如 AutoCAD、Google Earth 等。

2. 谷歌地图

Google Earth 简称 GE，是一款全球地理信息系统搜索软件，可以方便快速地搜索到地球上任一点的影像，由于 GE 具有高精度、高开放性等特点，行业应用也越来越广泛，同时 GE 功能的不断加强，使得行业应用也呈现出多样化。在移动通信领域、网络规划和优化方面的应用也有具体的表现，以下仅对主要应用进行介绍。

（1）通过 GE 显示基站信息

通过 GE 显示基站信息是无线网络规划及优化常用技巧，通过此功能可以很好地了解基站周边的无线环境，辅助网络规划及优化。

（2）通过 Google Earth 显示路测图层

在进行路测数据分析时，可以把路测结果导入 GE，从而准确地获取问题区域周边的无线环境，有利于测试问题的精准定位。

1.3.5　基站侧信令采集及分析工具

基站侧信令采集及分析工具是无线工程师常用的工具，每个主设备厂家都有其匹配的工具软件，本节以中信科移动通信技术股份有限公司的 CDL 为例进行介绍。CDL 全称为 Call Detail Log（呼叫详细记录），作为主要的优化分析工具，CDL 工具不仅可以解析 Uu 接口、NG 接口及 Xn 接口的信令，还可以查看基站内部的交互处理流程，CDL 启动界面如图 1-14 所示。

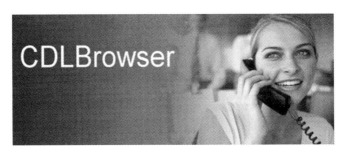

图 1-14　CDL 启动界面

CDL 主界面如图 1-15 所示，主要分为 4 个区域：即菜单栏，包括不同菜单命令；工具栏，可进行工具栏相应操作；日志管理区，显示所加载的日志和分类；离线模式日志内容显示区，可显示事件的信息、解析内容及码流信息，支持过滤、比对等操作。

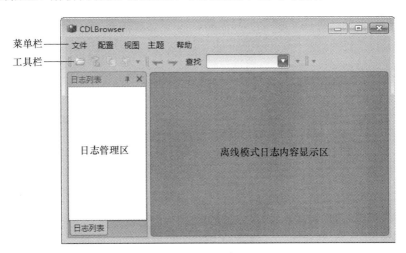

图 1-15　CDL 主界面

在无线网络优化中，针对某基站进行指标问题分析时，可从基站侧导出对应时间段的 CDL 日志，然后通过 CDL 工具打开需要分析时段的 CDL 日志，通过"解析过滤模板配置"界面设置要查看信令的类型，图 1-16 所示为选择 XN 接口和 NG 接口信令进行分析的模板配置界面。

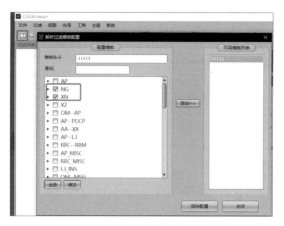

图 1-16　CDL 解析过滤模板配置界面

在批量打开日志时，在解析模板选择已预先设置的解析过滤模板，如图 1-17 所示，选择已配置解析模板，然后在解析文件中选择需解析的 CDL 日志。

图 1-17　CDL 解析文件界面

日志打开后，可在日志列表处单击鼠标右键，弹出图 1-18 所示界面，选择要分析的内容，以切换为例，选择 Gnb XN 切换统计。

图 1-18　CDL 问题分析界面

统计问题分析结果界面如图 1-19 所示，可以对分析结果进行绘图，也可以对分析结果进行导出。

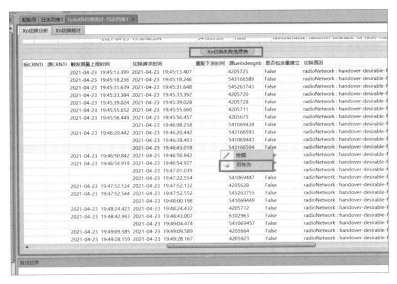

图 1-19　CDL 统计问题分析结果界面

CDL 工具可显示 Xn 切换分析和 Xn 切换统计界面，其中在失败信息表里，在任一位置单击鼠标右键后选择另存为，可将失败信息另存为话单，注意此处的命名为"某某话单"，保证日志命名的通用性，以便后期进行分析。

返回日志列表，如图 1-20 所示，在任意位置单击鼠标右键，弹出对话框，可选择信息导出，为了后续统一名称，这里将文件名命名为全集。

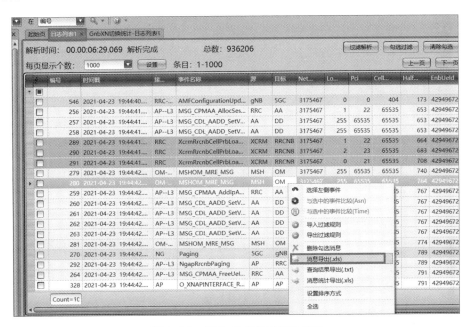

图 1-20　CDL 日志解析结果界面

该解析结果中显示的是事件列表，不直接进行各事件的解析，如需查看某一事件的解析，单击该事件即可在列表下方看到该事件的解析结果及十六进制显示的码流信息，如图1-21所示。显示的是对应该行事件的解析结果和码流，单击解析内容，对应码流将加亮显示。

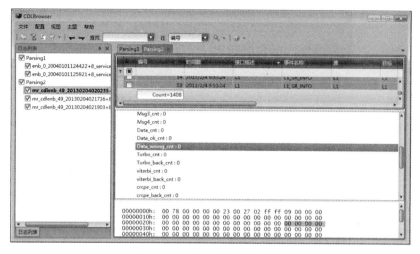

图 1-21　CDL 事件解析界面

1.3.6　Wireshark

Wireshark 是一款网络封包分析软件，基本功能为截取网络封包，并尽可能地显示最为详细的网络封包资料，Wireshark 在无线网络优化中的作用是采集及分析基站与传输网、基站与核心网之间交互的信令及数据，常用于问题的定位和处理，在 5G 无线网络优化分析中，部分场景需要使用 Wireshark 进行抓包和分析，通过 Wireshark 进行抓包的具体流程如下。

（1）打开基站镜像开关

在使用 Wireshark 进行基站侧 NG 接口抓包前，需要打开基站侧的镜像开关，具体操作如图 1-22 所示。

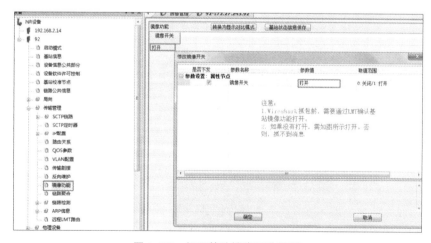

图 1-22　打开基站镜像开关界面

（2）打开 Wireshark 分析软件

提前安装好 Wireshark 软件并打开，注意选择对应的网卡，如图 1-23 所示。

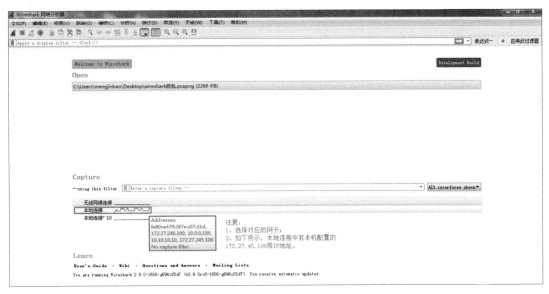

图 1-23　Wireshark 软件及主界面

（3）执行捕捉操作

可通过菜单或快捷方式进行捕捉或停止捕捉等，如图 1-24 所示。

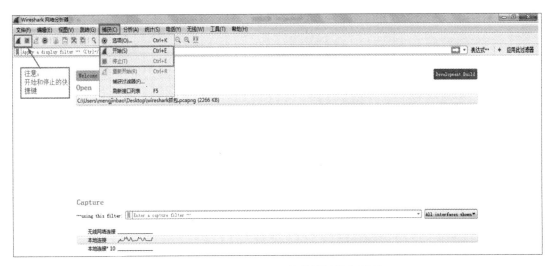

图 1-24　Wireshark 软件捕捉操作界面

（4）文件保存

使用 Wireshark 软件进行文件捕捉后，需要及时进行保存，保存方法有两种，如图 1-25 所示。

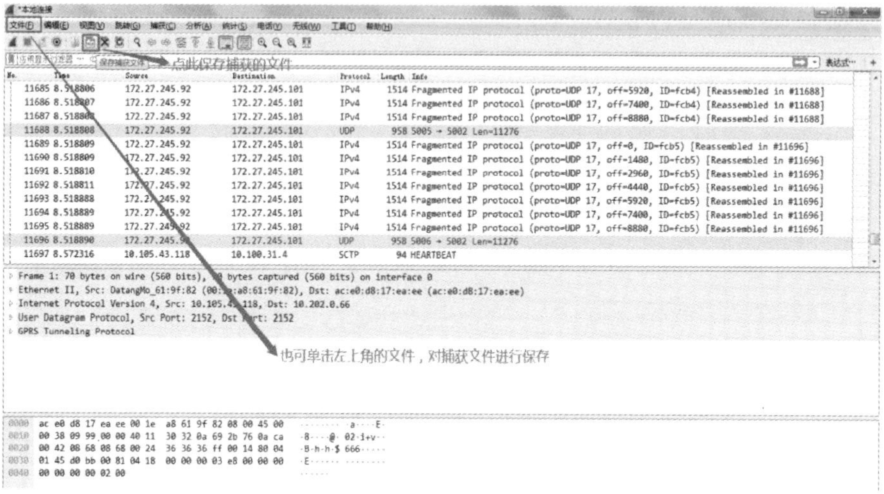

图 1-25　Wireshark 软件文件保存界面

（5）过滤分析

可在窗口输入所需搜索的协议，进行过滤分析。常用的过滤协议有 SCTP（流控制传输协议）、NGAP（NG 接口应用协议）、ICMP（Internet 控制报文协议），如图 1-26 所示。

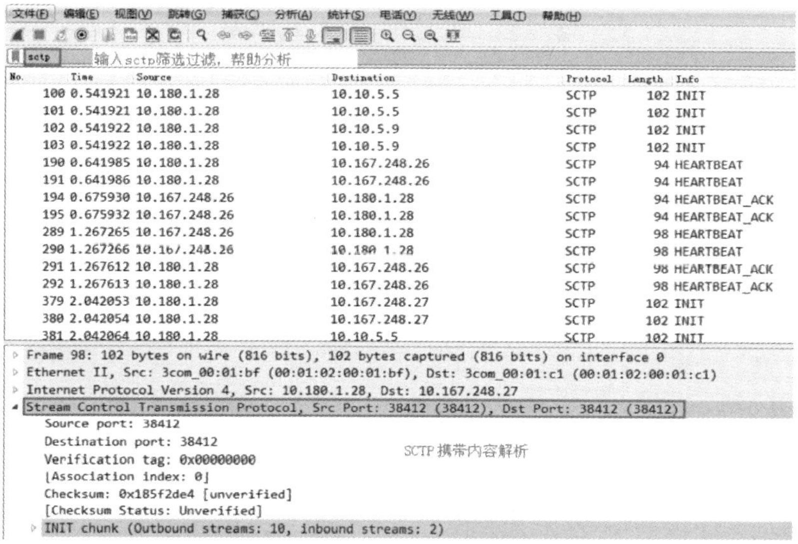

图 1-26　SCTP 界面

Wireshark 软件的功能非常强大，事实上，该分析软件也可以对终端的封包进行解析，对于核心网功能实体之间的网络封包也可以完成解析。

1.3.7　操作维护中心（OMC）

1. OMC 系统概述

操作维护中心（OMC）的各功能实体的集合俗称网元管理系统，简称网管。相对于 4G

来讲，5G 网管架构发生了较大的变化：由之前的 C/S（客户 / 服务器）架构转变为 B/S（浏览器 / 服务器）架构，B/S 架构管理站维护和升级方式更简单，下面主要以中信科移动网管系统 UEM 5000 为例进行介绍。该系统采用图形界面方式，提供友好的用户接口，给用户一个直观、全面的维护环境，主要特点如下。

（1）统一架构

统一操作维护基础架构，通过增加 NR 基站接口适配模块，实现快速能力扩展，支持 4G/5G 共管、统一网元规划、统一拓扑视图、统一配置管理、统一告警监控、统一性能管理。

（2）大网管理

大网管理能力，可以管理超过 10 万个 5G 小区，集群架构，水平扩容，支持扩展服务器，增加阵列磁盘数量，不停机快速满足管理容量的提升要求。

（3）微服务

UEM 5000 采用微服务架构，微服务架构是一种面向服务的架构，应用程序按功能分解为小型、松耦合的各种服务，使功能部署更灵活，升级更方便。

（4）高可靠性

99.999% 保障设备持续可管，分布式架构，提高产品可靠性；系统管理，支持 OMC 软硬件环境和 OMC 软件的巡检和监控；软件统一部署，简化系统升级操作步骤，提高可靠性。

2. OMC 典型技术指标

5G 网管典型技术指标如表 1-8 所示，不同的 OMC 配置方案（对应不同的网络规模）对应的技术指标和硬件选型也会不同。

表 1-8　5G 网管典型技术指标

项目	指标
最大支持小区数量	20 万（受限于服务器硬件配置）
最大支持客户端数	100 个
系统启动时间	≤ 20min
性能数据处理	1400 万条 / 分
告警处理能力	1000 条 / 秒
告警显示最大延迟时间	≤ 5s
单个性能数据文件解析时间	≤ 5min
单个网元数据同步时间	≤ 1min
支持告警历史存储时间	3 个月
支持性能指标存储时间	6 个月
支持用户操作日志存储时间	6 个月

3. OMC 主要功能

OMC 是无线网络优化工作中的主要工具，也是优化工程师必须熟练掌握的工具，OMC

的主要功能包括性能管理、配置管理、安全管理等，以下以中信科移动的 OMC 系统 UEM 5000 为例进行相关功能的介绍。

（1）功能概述

登录 UEM 5000 后进入系统首页，如图 1-27 所示。首页展示了 UEM 5000 支持的所有功能，单击对应的功能图标即可进入相应的操作界面。

图 1-27　UEM 5000 系统首页界面

（2）性能管理

性能管理是网管的重要功能，它可以采集网元的性能数据，支持对网络性能数据进行统计、查询及生成报表等，性能管理模块主要功能如表 1-9 所示。

表 1-9　性能管理模块主要功能

功能点	功能描述
指标管理	用户可以通过此界面进行统计项查询及新建、删除等
模板管理	用户可以将常用的性能指标放入指标模板内，方便在提取报表时使用
测量任务管理	用户可以在测量明细界面针对勾选的网元和计数器组进行激活和挂起采集任务，以及查看计数器组任务的状态信息
报表管理	支持用户创建报表模板，用户可以根据报表模板立即生成报表或者生成性能计划
阈值管理	用户可以通过创建阈值计划的方式，对某些指标进行周期性监控，超过或低于门限阈值后，可以以上报告警的方式进行警示
监控管理	用户可以在该模块下创建实时监控任务，实时监控目标网元的指定指标，实时监控最小时间粒度为 1min
参数设置	用户可以对每天的业务繁忙时段进行设置，在设置报表时直接使用忙时时间段，不需要每次手动设置

单击首页的"性能管理"即可进入性能管理界面，UEM 5000 性能管理界面如图 1-28 所示，每个功能项就是一个子菜单，便于操作。

图1-28 UEM 5000性能管理界面

（3）配置管理

配置管理以树、表的方式呈现网元各对象数据的逻辑关系，可直观查看配置数据的详细信息，为网元各对象实例提供丰富的配置维护操作，批量化操作满足系统维护的基本需求，配置管理模块的主要功能如表1-10所示。

表1-10 配置管理模块的主要功能

功能点	功能描述
网元监控	通过此模块可以进行网元数据的同步、备份、状态导出、配置数据下载及回退、参数位置查询等操作
动态管理	通过此模块可以进行网元数据的导入导出、网元状态查询、动态查询结果统计及导出等
配置视图	通过此模块可以进行网元配置数据的查看、增加、修改、删除等操作
任务管理	通过此模块可以进行任务新建、修改、删除、挂起、恢复等，配置数据备份、配置数据导出等操作
操作监控	通过此模块可以进行操作监控结果查看、搜索、刷新、删除等
批量操作	通过此模块可以进行网元数据查询或修改、小区复制、邻区外部小区的删除等

单击首页的"配置管理"即可进入配置管理界面，配置管理包括6个子菜单：网元监控、配置视图、动态管理、任务管理、操作监控、批量操作，如图1-29所示。

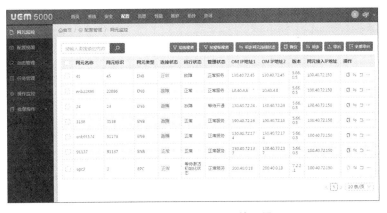

图1-29 UEM 5000配置管理界面

（4）命令行管理

对一个或多个同类型网元及其对象执行查询、创建、修改、删除等命令；批处理 MML（人机语言）脚本可立即执行，也可以定时执行，图形化界面帮助用户准确生成命令，灵活方便，UEM 5000 命令行界面如图 1-30 所示。

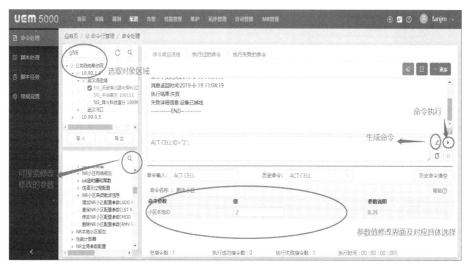

图 1-30　UEM 5000 命令行界面

（5）告警管理

告警管理支持全网网元的告警集中呈现，具有强大的告警统计分析能力、丰富的个性化告警设置、多种方式的告警派单接口、丰富的告警规则设置功能，告警管理界面如图 1-31 所示。

图 1-31　UEM 5000 告警管理界面

（6）日志管理

日志管理提供日志记录查询导出及网元日志上传功能，为获取系统运行情况、分析网元事件和数据变更及查找操作失败原因提供第一手素材，也为用户进行恶意操作后留痕提供依据，UEM 5000 日志管理界面如图 1-32 所示。

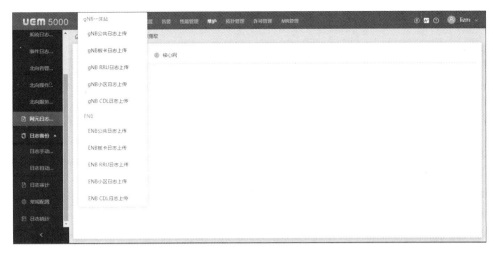

图 1-32 UEM 5000 日志管理界面

（7）MR 管理

MR（测量报告）管理提供无线测量采集任务管理和无线测量报告生成功能，包括 MR 任务、MR 服务器信息的增加、删除、修改和查询，以及生成无线测量报告文件并存储、压缩和上报，UEM 5000 MR 管理界面如图 1-33 所示。

图 1-33 UEM 5000 MR 管理界面

（8）SON 管理

SON 即自组织网络，是由运营商主导提出的概念，其主要思路是实现无线网络的一些自主功能，减少人工参与，进而降低运营成本，SON 管理模块主要功能如表 1-11 所示。

表 1-11 SON 管理模块主要功能

功能点	功能描述
SON 公共管理	SON 事件告警管理、对象模板管理、工程参数管理、测量订阅、配置文件导出等
节能管理	节能任务的创建、修改、删除、挂起和恢复等
自启动	创建、修改、删除开站计划；配置数据核查、导入、导出、查询、删除等
ANR（自动邻区关系）	邻区添加、优化、核查任务的创建、修改、删除、挂起和恢复等
MDT（最小化路测）	MDT 任务的创建、修改、查看、删除等
PCI（物理小区标识）优化	PCI 自配置任务的创建、修改、删除、挂起和恢复等
自治愈	可以设置或查询软件故障、小区故障、硬件故障检测参数及处理方式等

思考与练习

1. 简述无线网络优化工作开展的原因。

2. 简述项目管理在无线网络优化项目中的意义。

3. 无线网络优化常用工具有哪些？用途是什么？

4. 什么是无线网络优化技术？无线网络优化项目涉及哪些工程师岗位？

5. 简述无线网络优化工作与项目管理的关系。

6. 无线网络优化工作涉及的工具或者平台有哪些？它们在无线网络优化工作中的作用是什么？

工程实践及实验

1. 实验名称：无线优化工程师角色演练

2. 实验目的

无线网络优化涉及多个具体岗位，不同岗位的职责不同，本次实践活动，可以进一步提升学生对网络优化工作的认知，同时通过分组组建团队并进行职责分工演练，提升学生对网络优化项目及岗位职责的认识。

3. 实验教材

参考本章 1.2 节：无线网络优化工程师岗位及项目管理

4. 实验平台

不涉及

5. 实验指导书

《无线网络优化工程师角色演练指导手册》

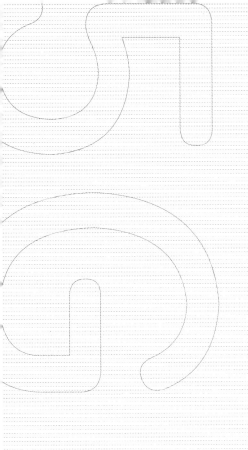

第 2 章

5G 无线网络优化理论基础

2.1 5G 网络架构及组网方案

2.1.1 5G 网络架构及接口

5G 接入网有两种组网方案，即独立组网（SA）和非独立组网（NSA），由于非独立组网是一种过渡方案，在此不做详细的介绍，以下将重点介绍独立组网网络架构及其接口。

1. 独立组网网络架构

网络架构表示网络的基本组成，移动通信网络架构主要由终端、接入网、承载网和核心网 4 个部分组成，如图 2-1 所示。其中，终端包括我们通常使用的手机，以及产业应用领域的传感器、摄像头、无人机、智能车及其他行业应用领域的信息采集设备等；接入网是"窗口"，负责把数据收上来；承载网是"卡车"，负责把数据送来送去；核心网是"管理中枢"，负责管理这些数据，对数据进行分拣，然后"告诉"它该去何方。

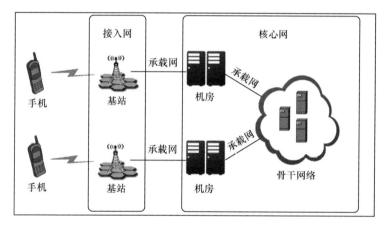

图 2-1 移动通信网络架构

不同的移动通信系统均有其对应的网络架构，其中 5G SA 网络架构如图 2-2 所示，核心网和接入网中的主要功能节点在图中均体现出来，其中，5GC 表示核心网，NG-RAN 表示无线接入网，该图中 NG-RAN 主要包括两种类型的基站：gNB 和 ng-eNB，这两种基站的区别如下。

（1）gNB：5G 基站，逻辑上包括 CU（集中单元）和 DU（分布单元），基站的主要功能包括无线信号的发送与接收、无线资源的管理等。

（2）ng-eNB：eNB 即为 4G 基站，ng-eNB 为支持 NG 接口的 4G 基站，即 4G 基站和 5G 核心网对接。

从 5G 无线通信网络优化的角度，我们更多地关注终端与接入网部分。无线通信是指终端与接入网之间采用无线通信的方式，以电磁波作为载体实现信息的交互，达到通信的目的。

终端与接入网之间的接口称为空中接口，用 Uu 表示，简称为空口。从无线网络优化的角度，需要重点关注通信网络架构中终端、基站、核心网 3 个网元，通过调整优化终端、基站及核心网的相关参数，提升无线环境质量，实现优质的通信服务。

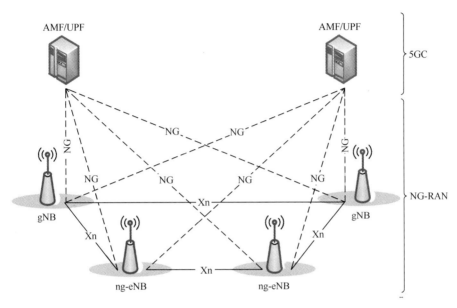

图 2-2　5G SA 网络架构

2. 接口协议模型

5G 系统网络结构如图 2-3 所示：其中 5GC 采用 SBA（基于服务的架构），在 SBA 中，每个核心网功能模块之间的接口统一命名为"N+ 小写英文功能名缩写"，例如，网络切片选择功能（NSSF）的接口为 Nnssf，除了统一的服务化接口外，5G 网络仍然保留了少量的参考点接口：其中 N1 是终端与 AMF 之间的接口，N2 是 RAN 和 AMF 之间的接口，N3 是 RAN 和 UPF 之间的接口，N4 是 SMF 和 UPF 之间的接口，N6 是 UPF（User Plane Function）与 DN（Data Network）之间的接口：

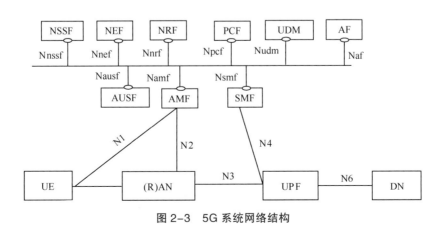

图 2-3　5G 系统网络结构

3. NG 接口协议栈及功能

NG 接口分为 NG 控制面（NG-C）接口和 NG 用户面（NG-U）接口。NG 控制面接口位于基站和 AMF 之间，传输层建立在 IP 网络层之上，使用 SCTP 实现控制面消息的可靠传输，控制面主要用于建立信令传输通道，承载信令信息，用户面主要用于用户面数据的传输。NG 用户面接口位于基站和 UPF 之间，传输网络层建立在 IP 网络层之上，使用 GTP-U 实现用户面 PDU 的承载，提供用户面 PDU 的非保证传递，NG 接口协议栈架构如图 2-4 所示。

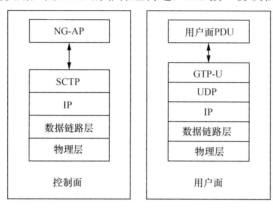

图 2-4　NG 接口协议栈架构

NG-C 接口的主要功能如下。

（1）PDU 会话管理：完成 PDU 会话的 NG-RAN 资源建立、释放或修改，具体内容包括 PDU 会话资源建立、PDU 会话资源修改、PDU 会话资源释放、PDU 会话资源通告、PDU 会话资源修改指示等。

（2）UE 上下文管理：完成 UE 上下文建立、释放及修改过程，具体内容包括初始上下文建立、UE 上下文修改、UE 上下文释放请求、UE 上下文释放等。

（3）NAS（非接入层）消息发送：完成 AMF 和 UE 间的 NAS 信令透传，具体内容包括初始 UE 消息（NG-RAN Node 发起）、上行 NAS 传输（NG-RAN Node 发起）、下行 NAS 传输（AMF 发起）、NAS 无法传输指示（NG-RAN Node 发起）、重新路由 NAS 请求（AMF 发起）等。

（4）UE 移动管理：完成 UE 移动切换的准备、执行或取消过程，具体内容包括切换准备、切换资源分配、切换通知、路径切换请求、上下行 RAN 状态转发、切换取消。

（5）寻呼：完成在寻呼区域内向 NG-RAN 节点发送寻呼请求。

（6）AMF 管理：告知 NG-RAN 节点 AMF 状态，去激活与指定组合过程，具体内容包括 AMF 状态指示、NG-AP 组合去激活。

（7）NG 接口管理：完成 NG 接口管理过程，具体内容包括 NG 建立、NG 重置、RAN 配置更新、AMF 配置更新、错误指示。

NG-U 接口的主要功能如下。

（1）提供非保障的用户面 PDU 传送。

（2）承载 NG-RAN 节点和 UPF 之间的用户面 PDU。

4. Xn 接口协议栈及功能

Xn 接口是 5G 系统基站和基站之间的接口，分为控制面 Xn（Xn-C）接口和用户面 Xn（Xn-U）接口。Xn-C 接口用于连接两个 NG-RAN 节点的控制面，IP 网络层为控制面信令提供点对点传输，SCTP 传输层为信令提供可靠传输，应用层协议为 Xn-AP；Xn-U 接口用于连接两个 NG-RAN 节点的用户面，GTP-U 位于 UDP/IP（用户数据报协议 / 国际互连协议）网络层之上，为数据传递提供非保障传输，支持分离 Xn 接口为无线网络功能和传输网络功能，以促进其他技术的引入，Xn 接口为不同设备厂商的基站设备提供互联，通过 NG 接口的协同在 NG-RAN 节点之间提供业务连续性，Xn 接口协议栈架构如图 2-5 所示。

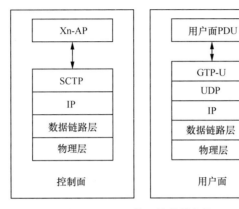

图 2-5　Xn 接口协议栈架构

Xn-C 接口的主要功能如下。

（1）Xn-C 接口管理和差错处理功能：Xn 建立功能允许两个基站间 Xn 接口的初始建立，包括应用层数据交互；差错指示功能允许应用层上一般错误情况的上报；Xn 重置功能允许基站告知另一个基站其已经从非正常失败状态恢复；Xn 配置数据更新功能允许两个基站随时更新应用层数据；Xn 移除功能允许两个基站删除各自的 Xn 接口。

（2）UE 移动性管理功能：切换准备功能允许源和目的基站间的信息交互，从而完成给定 UE 到目的基站的切换；切换取消功能允许通知已准备好的目的基站不进行切换，同时释放切换准备期间的资源分配；恢复 UE 上下文功能允许基站从其他基站恢复 UE 上下文；RAN 寻呼功能允许基站初始化非激活状态 UE 的寻呼功能；数据转发控制功能允许源和目的基站间用于数据转发传输承载的建立和释放。

（3）双连接功能：使能 NG-RAN 中辅助节点内额外资源的使用。

Xn-U 接口的主要功能如下。

（1）数据转发功能：允许基站间数据转发，从而支持双连接和移动性管理。

（2）流控制功能：允许基站接收第二个基站的用户面数据，从而提供数据流相关的反馈信息。

5. Uu 接口协议栈及功能

为了与 4G 系统加以区分，通常我们将 5G 系统的 Uu 接口称为 NR 接口，即新空口，

Uu 接口协议栈可以用"三层两面"加以简单描述：三层是指 L1 物理层、L2 数据链路层、L3 网络层；两面是指控制面和用户面。其中数据链路层包括媒体接入控制（MAC）子层、无线链路控制（RLC）子层、分组数据汇聚协议（PDCP）子层、服务数据适配协议（SDAP）子层；网络层包括无线资源控制（RRC）层、NAS-MM（NAS 移动性管理）子层、NAS-SM（NAS 会话管理）子层等。对于 5G 系统 Uu 接口，控制面和用户面共享 PHY、MAC、RLC、PDCP，但是在具体功能上存在差异，RRC 层和 NAS 为控制面独有，SDAP 层为用户面独有，Uu 接口协议栈架构 - 控制面如图 2-6 所示，Uu 接口协议栈架构 - 用户面如图 2-7 所示。

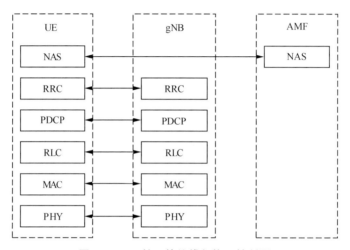

图 2-6　Uu 接口协议栈架构 – 控制面

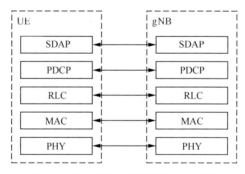

图 2-7　Uu 接口协议栈架构 – 用户面

Uu 接口各层主要功能如下。

（1）NAS：负责 5GC 承载管理、鉴权、安全性、不同的空闲态过程（如寻呼）、终端 IP 地址分配等。

（2）RRC 层：用于处理无线接入相关的控制面过程，完成系统消息广播、寻呼、RRC 连接管理、资源控制、移动性管理、UE 测量报告控制、终端能力查询等。

（3）SDAP 层：仅存在于用户面，为 5G 系统新增，SDAP 的主要功能是实现 QoS 流与 DRB（数据无线承载）之间的映射，每个 PDU 会话对应一个 SDAP 实体，具体功能包括用户面数据的传输、在 QoS 流和上下行 DRB 之间进行映射、在上下行数据包中标记 QoS 流 ID 等。

（4）PDCP 层：在控制面主要实现加密、解密和完整性保护功能，在用户面为 SDAP 层提供无线承载实体，实现 IP 报头压缩和加密、解密，在 5G 通信系统中，完整性保护功能对于用户面的 PDCP 子层是可选项；在 UE 切换时，PDCP 层还需要负责重传、按需递交和删除重复数据等功能；对于双连接情况下的分离承载，PDCP 提供路由功能和复制功能，即为 UE 的每个无线承载配置一个 PDCP 实体。

（5）RLC 层：主要功能是数据分段、重传和删除重复数据，RLC 层以 RLC 信道的方式向 PDCP 层提供服务，每个 RLC 信道（对应每个无线承载）针对一个终端配置一个 RLC 实体，根据服务类型，RLC 层可以配置为透明模式、非确认模式和确认模式。透明模式是数据包在 RLC 层透传，不添加报头；非确认模式支持分段和重复检测；确认模式支持全部功能，且支持错误数据包重传，与 LTE（长期演进技术）相比，NR 中的 RLC 不支持数据按序递交，以降低时延。

（6）MAC 层：以逻辑信道的形式为 RLC 层提供服务，负责逻辑信道和传输信道之间的映射；将属于一个或不同逻辑信道的 MAC SDU（服务数据单元）复用 / 解复用到传输块中，MAC 层通过 HARQ（混合自动重传请求）进行纠错；通过动态调度在 UE 之间进行优先级处理；一个 UE 的逻辑信道之间的优先级处理；一个 UE 的重叠资源之间的优先级处理等。

（7）PHY（物理）层：负责编解码、调制解调、多天线映射及实现其他典型物理层功能，物理层以传输信道的形式向 MAC 层提供服务。

2.1.2　5G 三大应用场景

5G 定义了三大应用场景，如图 2-8 所示。eMBB（增强型移动宽带）场景倾向于 3D、超高清视频、云办公及游戏、增强现实等高速率类应用；mMTC（大连接物联网）场景主要应用领域为智能家居、智能城市等，这些应用的主要特点为连接数量较大、数据量相对较小；URLLC（低时延高可靠通信）场景应用集中在工业自动化、自动驾驶、移动医疗等高可靠、低时延场景。

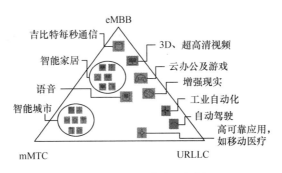

图 2-8　5G 三大应用场景

表 2-1 所示为 4G、5G 关键性能指标的需求对比。对比 4G 与 5G，4G 为以网络为中心的通信系统，而 5G 转变为以应用场景和用户需求为中心的通信系统，从技术创新应用角度看，

5G 需要实现更多技术突破才能满足三大应用场景的需求。对应 eMBB 场景可细分为连续广域覆盖和热点高容量，其中，连续广域覆盖下的关键挑战为 100Mbit/s 用户体验速率，热点高容量场景下的关键挑战为用户体验速率达 1Gbit/s、峰值速率为每秒数十吉比特、流量密度为每平方千米每秒数十太比特；mMTC 场景下的关键挑战为连接数密度为每平方千米百万连接、超低功耗、超低成本；URLLC 场景下的关键挑战为空口时延为 1ms、端到端时延达到毫秒级、可靠性接近 100%。为应对这些挑战，5G 提出了相应的关键技术，并将这些技术应用于组网解决方案中，最大限度地满足不同场景的应用需求。

表 2-1　4G、5G 关键性能指标的需求对比

指标	流量密度	连接数密度	时延	移动性	能效	用户体验速率	频谱效率	峰值速率
4G 参考值	0.1Tbit/s · km^{-2}	每平方千米 10 万	空口 10ms	350km/h	1 倍	10Mbit/s	1 倍	1Gbit/s
5G 参考值	10Tbit/s · km^{-2}	每平方千米 100 万	空口 1ms	500km/h	100 倍	0.1 ～ 1Gbit/s	3 ～ 5 倍	20Gbit/s

2.1.3　5G 应用场景组网解决方案

5G 的场景按照支持的业务特点分为 eMBB、URLLC、mMTC 3 种场景，3 种场景对关键性能的需求不同，本节主要以 eMBB 场景为例进行覆盖方案的介绍。根据无线环境特点的差异将覆盖场景分为市区、郊区、农村，5G 基站涉及宏站产品、微站产品和室分产品，实际规划中需要针对不同的覆盖场景基于具体业务需求进行覆盖解决方案的规划。eMBB 场景主要涉及室内覆盖、密集楼宇覆盖、市区连续覆盖及乡镇农村连续覆盖，每种场景的解决方案介绍如下。

1. 室内覆盖解决方案

室内覆盖是移动通信网络规划的重点，也是难点，根据室内覆盖场景的容量需求，室内覆盖分为高容量场景、中等容量场景及低容量场景。室分场景的特点及覆盖解决方案如表 2-2 所示。

表 2-2　室分场景的特点及覆盖解决方案

室分场景	室分场景特点	覆盖解决方案
高容量	业务种类丰富、场景空旷、容量需求高	PICO
中等容量	内部隔断多、容量需求一般	PICO+DAS（室内分布式天线系统）融合组网
低容量	场景空旷、容量需求不高	传统室分（PICO+DAS 融合组网）

室分的覆盖解决方案主要包括 4 种，即 PICO 覆盖解决方案、PICO+ 赋形天线覆盖解决方案、PICO+DAS 覆盖解决方案和 DAS 覆盖解决方案，具体介绍如下。

（1）PICO 覆盖解决方案

PICO 覆盖解决方案的网络拓扑如图 2-9 所示。此类解决方案是目前室分主要的覆盖解决方案，一般室分场景可直接采用 PICO 覆盖解决方案进行覆盖。

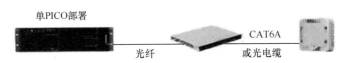

图2-9　PICO覆盖解决方案的网络拓扑

（2）PICO+赋形天线覆盖解决方案

PICO+赋形天线是PICO覆盖解决方案的一种补充，其网络拓扑如图2-10所示，在一些特殊场景会用到PICO+赋形天线覆盖解决方案，可以扩大覆盖，降低建网成本。

图2-10　PICO+赋形天线覆盖解决方案的网络拓扑

（3）PICO+DAS覆盖解决方案

PICO+DAS覆盖解决方案的网络拓扑如图2-11所示。此类覆盖解决方案中的PICO支持外接室分系统，支持低成本建网，主要适用于用户相对较少的场景，如停车场、地下室等。

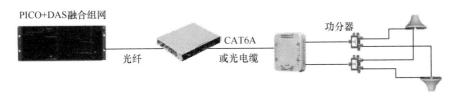

图2-11　PICO+DAS覆盖解决方案的网络拓扑

（4）DAS覆盖解决方案

DAS覆盖解决方案的网络拓扑如图2-12所示。此种解决方案一般应用于已经部署室内分布系统的场景，利旧已有的分布系统，降低建网成本。

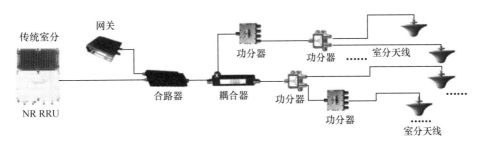

图2-12　DAS覆盖解决方案的网络拓扑

2. 密集楼宇覆盖解决方案

密集楼宇的覆盖也是运营商覆盖规划面临的难点，对于密集楼宇一般采用楼间对打的覆盖方式，如图2-13所示。通过在楼宇的避难层安装天线解决对面楼宇的覆盖问题。

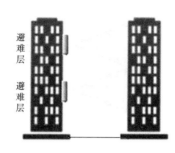

图 2-13　密集楼宇覆盖解决方案

3. 市区连续覆盖解决方案

针对市区室外覆盖场景，可以采用 64 通道或者 32 通道的 AAU（有源天线单元）产品。64 通道的产品垂直覆盖能力更强、容量更大，但成本高，比较适合核心城区的连续覆盖。32 通道产品的容量和垂直覆盖能力低于 64 通道的，但其成本较低，更适合一般城区的连续覆盖，图 2-14 所示为 5G 基站"BBU（基带处理单元）+AAU"组网拓扑。

图 2-14　5G 基站"BBU+AAU"组网拓扑

4. 乡镇农村连续覆盖解决方案

农村场景具有地域广阔、地形环境复杂多样、人口密度低、网络建设的投资水平有限等特点。基于农村覆盖的特点，运营商采用低频段组网的方式来满足农村的广覆盖场景。低频段射频采用 RRU（射频拉远单元）+ 天线的模式，目前中国移动采用 700MHz 频段组网（和中国广电共建共享），中国联通、中国电信采用 2.1GHz 频段组网，天线均为 4 通道，其组网拓扑如图 2-15 所示。

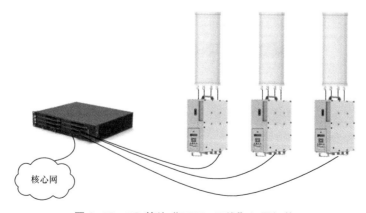

图 2-15　5G 基站"RRU+ 天线"组网拓扑

2.2 5G 空口技术

2.2.1 5G 频域资源

频率是移动通信的载体，频域相关的概念是无线网络优化工程师必须掌握的知识，本节重点对 5G 频域相关的概念进行介绍，包括 5G 频段分配、5G 信道带宽、栅格、BWP（部分带宽）、RBG（资源块组）、RB（资源块）、子载波。

1. 5G 频段分配

5G 频率范围（FR）如表 2-3 所示分为两个区域，即 FR1 和 FR2。

表 2-3　5G 频率范围

频率范围名称	频率范围
FR1	410 ～ 7125MHz
FR2	24250 ～ 52600MHz

FR1 的优点是频率低、绕射能力强、覆盖效果好，是当前国内 5G 的主要频段，主要作为基础覆盖频段，最大支持 100MHz 的带宽；FR2 又被称为毫米波通信，即 FR2 对应电磁波波长为毫米级，按照波长与光速和频率的计算关系进行推算，FR2 的优点是超大带宽、频谱干净、干扰较小，该频段为 5G 的扩展频段，主要作为网络扩容的补充频段，最大支持 400MHz 带宽。

目前国内依据工业和信息化部通过牌照发放的形式合法使用 5G 频段，其中涉及中国移动、中国联通、中国电信和中国广电 4 家运营商，其 5G 频段分配情况如表 2-4 所示。表中涉及国内运营商各自授权的频率及其对应频段号索引。

表 2-4　国内运营商 5G 频段分配

频段号索引	上行频段	下行频段	双工方式	运营商
n41	2515 ～ 2675MHz	2515 ～ 2675MHz	TDD（时分双工）	中国移动
n79	4800 ～ 4900MHz	4800 ～ 4900MHz	TDD	中国移动
n28	703 ～ 743MHz	758 ～ 798MHz	FDD（频分双工）	中国广电
n79	4900 ～ 4960MHz	4900 ～ 4960MHz	TDD	中国广电
n78	3500 ～ 3600MHz	3500 ～ 3600MHz	TDD	中国联通
n78	3400 ～ 3500MHz	3400 ～ 3500MHz	TDD	中国电信
n78	3300 ～ 3400MHz	3300 ～ 3400MHz	TDD	中国电信、中国联通、中国广电室内共用
n1	1920 ～ 1965MHz	2110 ～ 2155MHz	FDD	中国联通、中国电信

2. 5G 信道带宽

信道带宽即小区带宽，不同于 4G 网络部署方案，5G 组网方案中取消了 1.4MHz 和 3MHz 带宽的设计方案。5G 系统支持的 FR1 和 FR2 频段带宽如下。

（1）FR1 频段支持的带宽为 5MHz、10MHz、15MHz、20MHz、25MHz、30MHz、40MHz、50MHz、60MHz、80MHz、100MHz。

（2）FR2 频段支持的带宽为 50MHz、100MHz、200MHz、400MHz。

信道带宽包括最大传输带宽和保护带宽。信道带宽、传输带宽和保护带宽三者的关系如图 2-16 所示。

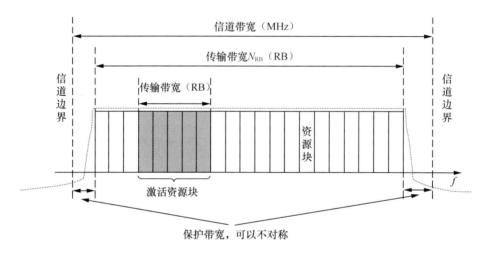

图 2-16　信道带宽、传输带宽和保护带宽三者关系

最大传输带宽配置与子载波间隔（SCS）有关，在不同的信道带宽下，FR1 可配置的最大 RB 数如表 2-5 所示。其中 N_{RB} 表示 RB 的数量。FR1 支持的最大传输带宽为 273 个 RB。

表 2-5　FR1 最大传输带宽配置

SCS（kHz）	5MHz	10MHz	15MHz	20MHz	25MHz	30MHz	40MHz	50MHz	60MHz	80MHz	90MHz	100MHz
	N_{RB}	N_{RB}	N_{RB}	N_{RB}	N_{RB}	N_{RB}	N_{RB}	N_{RB}	N_{RB}	N_{RB}	N_{RB}	N_{RB}
15	25	52	79	106	133	160	216	270	—	—	—	—
30	11	24	38	51	65	78	106	133	162	217	245	273
60	—	11	18	24	31	38	51	65	79	107	121	135

保护间隔和信道带宽及子载波间隔的对应关系如表 2-6 所示。具体计算方式为：［CHBW（信道带宽）×1000 kHz-RB value（RB 数）×SCS×12］/2-SCS/2。例如，信道带宽为 100MHz、子载波间隔为 30kHz，则最大传输带宽为 273 个 RB，代入公式。（100×1000-273×30×12）/2-30/2=845kHz。

表 2-6　保护间隔和信道带宽及子载波间隔的对应关系

SCS（kHz）	5MHz	10MHz	15MHz	20MHz	25MHz	30MHz	40MHz	50MHz	60MHz	80MHz	90MHz	100MHz
15	243	312.5	382.5	452.5	522.5	592.5	552.5	692.5	—	—	—	—
30	505	665	645	805	785	945	905	1045	825	925	885	845
60	—	1010	990	1330	1310	1290	1610	1570	1530	1450	1410	1370

3. 栅格

5G 频率范围 FR1 和 FR2 最终均表现为 RF 信道、信号的频域位置，所以针对 RF 信道、信号的位置标识需要有对应的度量单位，我们称之为"栅格"。在 5G 中存在 3 种类型栅格：全局栅格、信道栅格、同步栅格，具体介绍如下。

（1）全局栅格

全局栅格用 ΔF_{Global} 表示，其作用为标识频域范围内所有 RF（无线电频率）信道、SSB 信道或者其他信道占用资源的频域位置。全局频率栅格定义为 RF 参考频率的集合，NR-ARFCN（绝对无线频率信道号）则是对 RF 参考频率的频域范围进行编码，取值范围为 [0, 1, …, 3279165]，NR-ARFCN 和 RF 参考频率的关系如式（2-1）所示，相关参数如表 2-7 所示，即通过此公式可以进行参考频率和 ARFCN 之间的换算。

$$F_{REF} = F_{REF-Offs} + \Delta F_{Global} \cdot (N_{REF} - N_{REF-Offs}) \tag{2-1}$$

示例：2.6GHz 频段，NR-ARFCN 为 504990，则把表 2-7 第一行相关参数代入式（2-1）可得到参考频率为：（504 990-0）×5+0=2524 950kHz。

表 2-7　频段和全局栅格对应关系

频率范围 /MHz	ΔF_{Global}/kHz	$F_{REF-Offs}$/MHz	$N_{REF-Offs}$	N_{REF} 的范围
0 ～ 3000	5	0	0	0 ～ 599999
3000 ～ 24250	15	3000	600000	600000 ～ 2016666
24250 ～ 100000	60	24250.08	2016667	2016667 ～ 3279165

（2）信道栅格

信道栅格用 ΔF_{Raster} 表示，信道栅格是全局栅格的子集，其用来标识不同频段上下行链路中 RF 信道的频域位置，不同的频段定义了不同的信道栅格。表 2-8 所示为国内运营商主要使用频段的频点信息，其中 ΔF_{Raster} 为信道栅格，由表 2-8 可知 n1 和 n28 频段采用 100kHz 的信道栅格，n41、n78 和 n79 信道栅格有两种选择，可以根据实际场景进行配置。

表 2-8　国内运营商主要使用频段的频点信息

NR 工作频带	ΔF_{Raster}	上行绝对无线频率信道号范围（起点 - <步长> - 终点）	下行绝对无线频率信道号范围（起点 - <步长> - 终点）
n1	100	384000 - <20> - 396000	422000 - <20> - 434000
n28	100	140600 - <20> - 149600	151600 - <20> - 160600

续表

NR 工作频带	ΔF_{Raster}	上行绝对无线频率信道号范围（起点 – <步长> – 终点）	下行绝对无线频率信道号范围（起点 – <步长> – 终点）
n41	15	499200 – <3> – 537999	499200 – <3> – 537999
	30	499200 – <6> – 537996	499200 – <6> – 537996
n78	15	620000 – <1> – 653333	620000 – <1> – 653333
	30	620000 – <2> – 653332	620000 – <2> – 653332
n79	15	693334 – <1> – 733333	693334 – <1> – 733333
	30	693334 – <2> – 733332	693334 – <2> – 733332

（3）同步栅格

在终端开机进行小区搜索时，如果直接根据全局栅格进行盲检，则同步时延会非常大，为了有效地降低此过程的时延，定义了同步栅格，并通过全局同步信道号（GSCN）来限定搜索范围，表 2-9 所示为 5G 同步栅格的定义规则，SSB 的频率位置需要满足相关的规则。

表 2-9　5G 同步栅格的定义规划

频率范围	SSB 频率	GSCN	GSCN 的范围
0 ～ 3000MHz	$N \times 1200\text{kHz} + M \times 50\text{kHz}$，$N=1:2499$，$M \in \{1,3,5\}$	$3N + (M-3)/2$	2 ～ 7498
3000 ～ 24250MHz	$3000\text{MHz} + N \times 1.44\text{MHz}$ $N= 0:14\ 756$	$7499 + N$	7499 ～ 22255
24250 ～ 100000MHz	$24\ 250.08\text{MHz} + N \times 17.28\text{MHz}$ $N= 0:4383$	$22256 + N$	22256 ～ 26639

4. BWP

BWP（部分带宽）是 NR 引入的一个新概念，BWP 可以理解为系统工作带宽的子集，为一个载波内连续的多个资源块的组合，如图 2-17 所示。

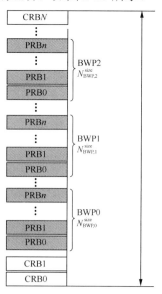

图 2-17　BWP 配置原理

引入 BWP 概念主要是为了提升资源分配的灵活性，对于一个较大的载波带宽（比如100MHz），因为一个终端需要使用的带宽往往有限，如果让终端实时进行全带宽检测，则会为终端能耗带来极大挑战。BWP 概念的引入就是在整个大的载波内划出多个不同大小的带宽子集，为终端提供大小适合的资源进行接入和数据传输。系统可以基于终端业务需求进行BWP 切换，如图 2-18 所示。

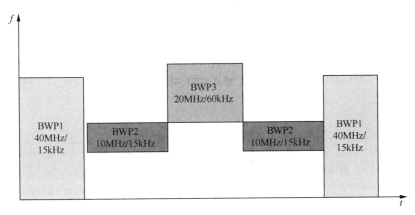

图 2-18　BWP 切换示意

总体来看，5G 引入 BWP 的优势如下。

（1）UE 无须支持全部带宽，只需要满足最低带宽要求即可，这样有利于低成本终端的开发，促进产业发展。

（2）当 UE 业务量不大时，UE 可以切换到低带宽运行，从而可以明显地降低功耗。

（3）5G 技术前向兼容，当 5G 添加新的技术时，可以直接将新技术在新的 BWP 上运行，保证了系统的前向兼容。

（4）适应业务需要，为业务动态配置 BWP。

在 NR FDD（频分双工）系统中，一个 UE 最多可以配置 4 个下行 BWP 和 4 个上行BWP；在 NR TDD 系统中，一个 UE 最多配置 4 个 BWP Pair，BWP Pair 指 DL（下行）BWP ID 和 UL（上行）BWP ID 相同，DL BWP 和 UL BWP 的中心频点一样，但是其带宽和子载波间隔可以不一致。

BWP 主要分为两类，即初始 BWP 和专用 BWP。初始 BWP 主要用于 UE 接收 RMSI（剩余最小系统消息）、OSI，发起随机接入等；专用 BWP 主要用于数据业务传输，专用 BWP一般比初始 BWP 大。

5. RBG

RBG 是数据信道资源分配的基本单位，用于数据频域资源分配方案 type0，通过 RBG的形式把相应的频域资源分配给用户，降低控制信道开销；每个 RBG 频域为 {2，4，8，16} 个 RB，具体个数和所在的 BWP 大小有关，如表 2-10 所示，为增加调度的灵活性，每种 BWP 有两种配置，即 Configuration 1 和 Configuration 2，可以根据不同场景灵活配置。

表 2-10　RBG 和 BWP 的对应关系

BWP 大小（RB）	Configuration 1（RB）	Configuration 2（RB）
1～36	2	4
37～72	4	8
73～144	8	16
145～275	16	16

6. RB

RB 为频域上连续的 12 个子载波，5G 系统并未对 RB 的时域进行定义。与 RB 概念相关的 CRB 和 PRB 定义如下。

（1）CRB

CRB0 的子载波 0 的中心也就是 Point A，如图 2-19 所示。CRB 相当于一个标尺，用于定位相关资源的位置，CRB 在子载波间隔配置 μ 的频域上从 0 开始编号，子载波间隔配置 μ 下的公共资源块 0 的子载波 0 与 "参考点 A" 一致。公共资源块编号 n_{CRB}^{μ} 规则如下。

$$n_{CRB}^{\mu} = \left\lfloor \frac{k}{N_{sc}^{RB}} \right\rfloor \tag{2-2}$$

示例：子载波间隔为 30kHz，k 为载波编号，假设 $k=35$；$N_{sc}^{RB}=12$，代入式（2-2）计算可知编号为 35 的子载波所在的公共资源块编号为：$n_{CRB}^{\mu}=2$。

（2）PRB

PRB 在 BWP 中定义，编号为 $0 \sim N_{BWP,i}^{size,\mu}-1$，其中 i 是 BWP 编号，如图 2-19 所示。

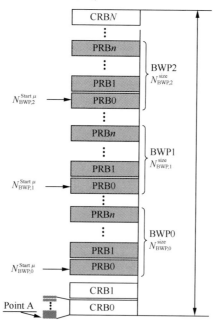

图 2-19　PRB 和 CRB 对应关系

7. 子载波

每个符号对应一个正交的子载波，通过载波间的正交性来对抗干扰，LTE 子载波间隔为 15kHz，而 5G 引入了 Numerology 的概念，5G NR 采用 Δf 参数来表述载波间隔，比如 $\mu=0$ 代表子载波间隔为 15kHz，一个 RB 包括 12 个子载波，因此子载波间隔不同，每个 RB 的带宽也不同，如表 2-11 所示。

表 2-11　5G 子载波及 RB 带宽

μ	$\Delta f=2^{\mu}\times15$kHz	循环前缀	RB 带宽 /kHz
0	15	常规	180
1	30	常规	360
2	60	常规，扩展	720
3	120	常规	1440
4	240	常规	2880

2.2.2　5G 时域资源

时域资源及相关概念也是无线网络优化工程师必须掌握的知识，本节主要介绍时域资源的基本概念及国内运营商采用的 TDD 帧结构。

1. 时域资源的基本概念

5G 中时域资源是无线资源的主要分支，如针对 TDD 模式上下行可以基于不同的时间进行区分，具有时分的概念，5G 中时域资源相关的概念包括系统帧号（SPN）、半帧、子帧、时隙、符号，如图 2-20 所示。

（1）系统帧长度为 10ms，每个系统帧会有一个编号，编号范围为 0 ~ 1023。

（2）1 个无线帧 =2 个半帧 =10 个子帧。

（3）1 个子帧 =N 个时隙，N 的取值与 SCS 直接相关。

（4）1 个时隙 =14 或 12 个 OFDM（正交频分复用）符号。

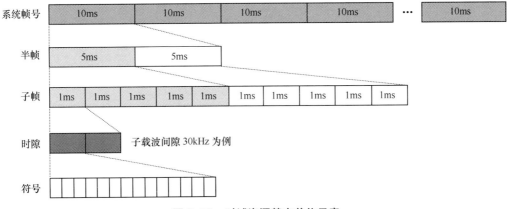

图 2-20　时域资源基本单位示意

由于一个子帧的时隙数和子载波间隔有关，一个时隙的符号数是固定的，因此一个符号的时长取决于子载波间隔，子载波间隔和时隙数的对应关系如表 2-12 所示。频域上子载波间隔越大，时域上每个子帧包含的时隙数越多，而每个时隙的符号数固定，因此每个符号对应的时长就越短。

表 2-12 5G 子载波间隔和时隙数的对应关系

μ	子载波间隔 /kHz	一个时隙符号数	一个无线帧的时隙数	一个子帧的时隙数
0	15	14	10	1
1	30	14	20	2
2	60	常规 CP（循环前缀）:14；扩展 CP: 12	40	4
3	120	14	80	8
4	240	14	160	16

2. 5ms 单周期帧结构

TDD 制式中上下行针对时域资源的分配以无线帧作为基本单位定义了不同类型的帧结构，中国移动 n41 频段采用 5ms 单周期帧结构，子载波间隔为 30kHz，如图 2-21 所示。

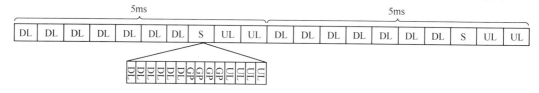

图 2-21　5ms 单周期帧结构

每个 5ms 中包含 7 个全下行时隙、2 个全上行时隙和 1 个特殊时隙，特殊时隙配比为 6:4:4，基站通过 SIB 1（系统消息块 1）消息中 TDD-UL-DL-ConfigCommon 以 4 元组（nrofDownlinkSlots、nrofDownlinkSymbols、nrofUplinkSlots、nrofUplinkSymbols）方式定义当前帧结构配置，5ms 单周期配置，对应 4 元组配置为 {7,6,2,4}，nrofDownlinkSlots 表示半帧中全下行时隙数，nrofUplinkSlots 表示半帧中全上行时隙数，nrofDownlinkSymbols 表示特殊时隙中下行符号数，nrofUplinkSymbols 表示特殊时隙中上行符号数。

3. 2.5ms 双周期帧结构

中国电信和中国联通采用 2.5ms 双周期帧结构类型，如图 2-22 所示。2.5ms 双周期帧结构中，每 5ms 中包含 5 个全下行时隙、3 个全上行时隙和 2 个特殊时隙，特殊时隙配比为 10:2:2（可调整），子载波间隔为 30kHz。

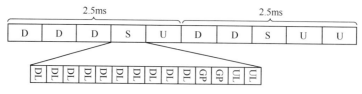

图 2-22　2.5ms 双周期帧结构

2.2.3 5G 下行物理信道与信号

NR 在 R15 中定义了 3 种下行物理信道：物理广播信道、物理下行控制信道和物理下行共享信道；也定义了 5 种下行物理信号：主同步信号、辅同步信号、信道状态信息参考信号、相位跟踪参考信号和解调参考信号，如表 2-13 所示。

表 2-13 下行物理信道与信号

类型	信道或信号	作用
下行物理信道	PBCH（物理广播信道）	承接 UE 接入网络所必需的部分关键系统消息
	PDCCH（物理下行控制信道）	用于传输下行控制信息，包括用于 PDSCH 接收的调度分配和用于 PUSCH（物理上行共享信通）接收的调度授权及功率控制、时隙格式指示、资源抢占指示信息等
	PDSCH（物理下行共享信道）	主要用于单播的数据传输，也用于寻呼消息和部分系统消息的传输
下行物理信号	SSS（辅同步信号）	用于确定物理小区标识组，UE 通过 PSS 和 SSS 获得物理层小区标识，即 PCI
	PSS（主同步信号）	用于符号的时间同步，同时提供物理层小区标识中组内的物理标识
	DMRS（解调参考信号）	DMRS 又可以细分为 PBCH 的 DMRS/PDCCH 的 DMRS/PDSCH 的 DMRS，它主要用于相干解调时的信道估计
	CSI-RS（信道状态信息参考信号）	主要用于获得下行信道状态信息，特定的 CSI-RS 实例被配置以方便时 / 频跟踪和移动性测量
	PT-RS（相位跟踪参考信号）	主要目的是进行相位噪声的补偿，PT-RS 在时域上比 DMRS 密集，在频域上比 DMRS 稀疏，如果配置了 PT-RS，则 PT-RS 可与 DMRS 结合使用

1. 下行同步信道及信号

同步信号和 PBCH 块简称 SSB，它由 PSS、SSS、PBCH 及 PBCH 的解调参考信号组成，SSB 时频域结构如图 2-23 所示。

（1）PSS（主同步信号）：用于符号的时间同步，同时提供物理小区标识中组内的物理层标识，即 N_{ID}^2，数值范围 {0，1，2}。

（2）SSS（辅同步信号）：用于确定物理层小区标识组，即 N_{ID}^2，数值范围 {0，1，…，335}，UE 通过 PSS 和 SSS 获得物理小区标识，即 PCI，记为 N_{ID}^{cell}，该标识可由公式（2-3）得到。

$$N_{ID}^{cell} = 3 \times N_{ID}^1 + N_{ID}^2 \tag{2-3}$$

（3）PBCH（物理广播信道），用于广播传递 UE 接入网

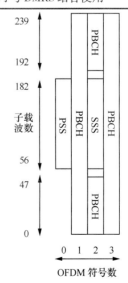

图 2-23 5G NR SSB 时频域结构

络所必需的部分关键系统消息，如 MIB（主系统消息块）和其他与 SSB 传输时间有关的信息，不管是否有终端实体存在，广播信道都会定期发送广播消息，传输周期为 80ms，其天线端口号从 4000 开始编号。

SSB 在时域上共占用 4 个 OFDM 符号，频域共占用 240 个子载波，PBCH、PSS、SSS 及解调 PBCH 的 DMRS 在 SSB 中的时频位置如表 2-14 所示。其中 DMRS for PBCH 的资源位置和 v 值有关系，v 值即为物理小区标识模 4（PCI mod4）的值。

表 2-14　SSB 资源说明

信道与信号	符号	子载波
PSS	0	56，57，…，182
SSS	2	56，57，…，182
置零	0	0，1，…，55；183，184，…，236
	2	48，49，…，55；183，184，…，191
PBCH	1，3	0，1，…，239
	2	0，1，…，47；192，193，…，239
DMRS for PBCH	1，3	$0+v$，$4+v$，$8+v$，…，$236+v$
	2	$0+v$，$4+v$，$8+v$，…，$44+v$；$192+v$，$196+v$，…，$236+v$

2. 物理下行控制信道

（1）PDCCH 的基本概念

PDCCH（物理下行控制信道）的天线端口号从 2000 开始编号，该信道主要传输下行控制信息（DCI），包括用于 PDSCH 接收的调度分配和用于 PUSCH 接收的调度授权及功率控制、时隙格式指示、资源抢占指示信息，传递 PUSCH（物理上行共享信道）的 HARQ-ACK 信息等，在 R16 协议中，为了满足不同场景的需求，5G 支持的 DCI 格式从 8 种增加到 15 种，表 2-15 列举了 5G 主要的 DCI 格式及用途。

表 2-15　5G 主要的 DCI 格式及用途

DCI 格式	用途
DCI format 0_0	Fallback DCI，主要负责 PUSCH 的调度
DCI format 0_1	负责 PUSCH 的调度
DCI format 1_0	Fallback DCI，主要负责 PDSCH 的调度
DCI format 1_1	负责 PDSCH 的调度
DCI format 2_0	负责向一个组的 UE 通知时隙格式
DCI format 2_1	负责向一个组的 UE 通知不可用的 PRB 和 OFDM 符号；资源抢占
DCI format 2_2	负责 PUCCH 和 PUSCH 的发射功率控制指令传输
DCI format 2_3	负责一个或者多个 UE 的一组 SRS 的 TPC（发射功率指令）

（2）控制资源集（CORESET）

NR 系统将 PDCCH 频域上占据的频段和时域上占用的 OFDM 符号数等信息封装在 CORESET 中，CORESET 即为控制资源集，在频域占用 $N \times 6RB$，时域长度为 1～3 个符号，在时隙中的开始位置可配置，CORESET 由 CCE（控制资源粒子）聚合而成，每个小区最多配置 12 个 CORESET，起始位置在 BWP 内满足 6 的倍数，CORESET 频域结构示意如图 2-24 所示。

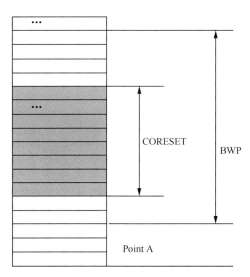

图 2-24 CORESET 频域结构示意

在 CORESET 内，有 CCE 和 REG（资源粒子组）的概念，一个 CCE 包含 6 个 REG，REG 在时域上对应一个符号，在频域上占用 12 个连续子载波，一个 REG 中，编号为 1、5、9 的子载波映射 DMRS 信号，其余 9 个子载波映射 PDCCH 数据，如图 2-25 所示。

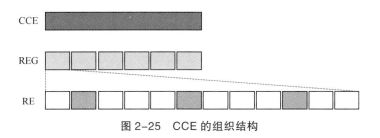

图 2-25 CCE 的组织结构

PDCCH 基本组成单元为 CCE，一个 PDCCH 由一个或者若干个 CCE 组成，称为聚合等级，NR PDCCH 支持的聚合等级如表 2-16 所示。5G 支持多种聚合等级的意义如下。

① 提高资源利用率：将不同聚合等级的 PDCCH 看作不同大小的容器来容纳不同大小的 DCI，可以提供灵活的资源利用粒度。

② 适应不同的无线信道环境：在 DCI 格式固定的前提下，信道条件差的 UE 可以通过提高聚合等级来提供更稳健的编码和可靠性。

③ 控制信息的 DCI 和用于用户数据的 DCI 区分：更高的聚合等级可以被用于控制信息的资源分配，其聚合等级可以为 4、8、16，而 UE 特定数据的聚合等级可以为 1、2、4、8、16。

表 2-16　CCE 聚合等级

聚合等级	CCE 数
1	1
2	2
4	4
8	8
16	16

（3）搜索空间

在 5G 系统中将 PDCCH 起始符号编号及 PDCCH 监测周期等信息封装在搜索空间中。搜索空间定义了 PDCCH 时域发送时刻，5G 搜索空间也分为公共搜索空间（CSS）和 UE 专用搜索空间（USS）两大类，公共搜索空间又细分为 Type0、Type0A、Type1、Type2 和 Type3 5 种，5G 搜索空间配置及用途如表 2-17 所示。

表 2-17　5G 搜索空间配置及用途

类型		配置	用途
CSS	Type0-PDCCH	searchSpaceZero in MIB or searchSpaceSIB1 in PDCCH-ConfigCommon	SIB1 调度
CSS	Type0A-PDCCH	searchSpace-OSI in PDCCH-ConfigCommon	OSI 调度
CSS	Type1-PDCCH	ra-searchSpaceSIB1 in PDCCH-ConfigCommon	RAR（随机接入响应）/msg4 调度
CSS	Type2-PDCCH	pagingsearchSpaceSIB1 in PDCCH-ConfigCommon	寻呼
CSS	Type3-PDCCH	searchSpace in PDCCH-Config with searchSpaceType = common	接收 group commond DCI，在主小区也可用于数据接收
USS		searchSpace in PDCCH-Config with searchSpaceType = ue-specific	PDSCH 调度

3. 物理下行共享信道

PDSCH（物理下行共享信道）是用于下行业务数据传输的信道，同时可进行寻呼消息和部分系统消息的传输，PDSCH 进行下行业务数据传输时，需要基站指定分配时频域资源才能在 PDSCH 上进行下行业务数据的传输，3GPP 协议 R16 中 PDSCH 支持的调制方式如表 2-18 所示，它最高支持 256QAM（正交振幅调制）。下面将重点对 PDSCH 的时频域资源分配方法进行介绍。

表 2-18　PDSCH 支持的调制方式

调制方式	调制阶数
QPSK（正交相移键控）	2
16QAM	4
64QAM	6
256QAM	8

（1）PDSCH 时域资源分配

在 PDSCH 的调度中，PDSCH 配置的时隙通过公式（2-4）确定。

$$\left\lfloor n \cdot \frac{2 \mu_{\text{PDSCH}}}{2 \mu_{\text{PDCCH}}} \right\rfloor + K_0 \tag{2-4}$$

其中，n 为调度 DCI 的时隙；K_0 基于 PDSCH 的参数集定义；μ_{PDSCH} 和 μ_{PDCCH} 分别为 PDSCH 和 PDCCH 的子载波间隔配置；因此 PDSCH 的调度时隙和 K_0、DCI 的时隙及 PDSCH 和 PDCCH 的子载波间隔有关系。

NR 中调度的 PDSCH 资源在时域上的分配可以动态变化，粒度可以到符号级，PDSCH 时域资源映射类型包括 Type A 和 Type B 两种，如表 2-19 所示。

① Type A：分配的时域符号数较多，典型应用场景为：时隙内符号 0～2 为 PDCCH，符号 3～13 为 PDSCH，即占满整个时隙，因此 Type A 也通常称为基于时隙的调度。

② Type B：PDSCH 起始符号位置可以灵活配置，分配符号数量少、时延低，适用于低时延场景，因此 TypeB 通常也称为基于 mini siot 或者 non slot based 调度。

表 2-19　PDSCH 时域资源分配

PDSCH 映射类型	常规 CP			扩展 CP		
	S	L	$S+L$	S	L	$S+L$
Type A	{0, 1, 2, 3}	{3, …, 14}	{3, …, 14}	{0, 1, 2, 3}	{3, …, 12}	{3, …, 12}
Type B	{0, …, 12}	{2, 4, 7}	{2, …, 14}	{0, …, 10}	{2, 4, 6}	{2, …, 12}

起始符号 S 相当于时隙中的开始位置，L 为分配给 PDSCH 的符号数，由起始和长度指示符值（SLIV）来确定。SLIV 值的计算方式如下。

如果 $(L-1) \leqslant 7$，则 $\text{SLIV} = 14 \cdot (L-1) + S$；否则 $\text{SLIV} = 14 \cdot (14 - L + 1) + (14 - 1 - S)$；其中 $0 < L \leqslant 14 - S$。

示例：如果 S 为 1、L 为 13，则（$L-1$）大于 7，代入如上公式得：SLIV=14×（14−13+1）+（14−1−1）=40；则基站通过高层信令把 SLIV 40 告知终端，如图 2-26 所示。终端解调后即可确定 PDSCH 的起始符号位置和符号长度。

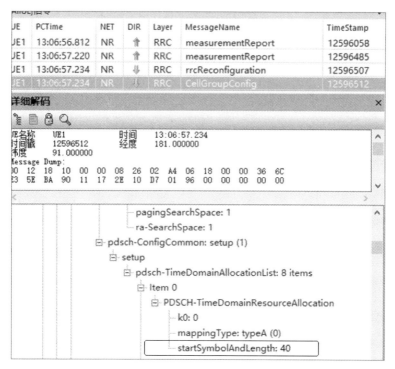

图 2-26　SLIV 计算示例

（2）PDSCH 频域资源分配

下行频域资源分配支持 Type 0 和 Type 1 两种分配方案，并且支持动态和静态配置。Type 0 是一种非连续分配频域资源的方式，相对灵活；Type 1 表示连续 RB 调度，如图 2-27 所示。需要注意的是，当使用 DCI format 1_0 进行调度授权时，必须使用下行资源分配 Type 1。

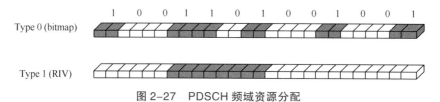

图 2-27　PDSCH 频域资源分配

Type 0 使用 bitmap 来指示用于分配给终端的频域资源，1 表示分配，0 表示未分配，每个 bit 代表一个 RBG，RBG 是一组连续 RB 的集合，它的大小和两个因素相关，一个因素是当前 BWP 的大小，另一个因素是 rbg-Size 参数是 Configuration 1 还是 Configuration 2，如表 2-20 所示。

表 2-20　不同 BWP 的 RBG 配置

BWP 大小（RB）	Configuration 1（RB）	Configuration 2（RB）
1 ~ 36	2	4
37 ~ 72	4	8
73 ~ 144	8	16
145 ~ 275	16	16

针对 Type 1，频域 VRB（虚拟资源块）是通过资源指示值（RIV）的形式分配的，针对一般场景，RIV 的定义如下。

如果 $(L_{RBs}-1) \geqslant \lfloor N_{BWP}^{size}/2 \rfloor$，则 $RIV = N_{BWP}^{size}(L_{RBs}-1) + RB_{start}$；否则，$RIV = N_{BWP}^{size}(N_{BWP}^{size} - L_{RBs}+1) + (N_{BWP}^{size}-1-RB_{start})$。其中，$L_{RBs} \geqslant 1$ 并且不大于 $N_{BWP}^{size} - RB_{start}$。

4. 信道状态信息参考信号

信道状态信息参考信号即 CSI-RS，它是为 3GPP（第三代合作伙伴计划）R10 引入的下行参考信号，主要是为了获取下行信道状态，5G 的 CSI-RS 配置更灵活且可以支持更多的端口，同时对 CSI-RS 的用途也进行了进一步扩充，其用途主要包括以下几个。

（1）信道状态信息测量：包括 RI（秩指示）、PMI（预编码矩阵指示）、CQI（信道质量指标）、CRI（CSI-RS 资源指示）、LI（层指示）等。

（2）波束管理：主要包括发端波束测量、收端波束测量及收发端同时波束测量。

（3）时频跟踪：精确测量时偏和频偏，通过 TRS（跟踪参考信号）实现。

（4）移动性管理：通过对本小区及邻小区的 CSI-RS 跟踪测量来进行移动性管理。

（5）速率匹配：ZP（零功率）CSI-RS 实现对 PDSCH 的 RE（资源粒子）级速率匹配。

由 3GPP TS 38.211 可知 CSI-RS 资源的端口数量可以是单个，也可以是多个，最多到 32 个端口，在多端口映射时会用到 CDM（码分多路复用）的概念，即多个 CSI-RS 端口可以在相同时频资源上通过 CDM 的方式加以区分和映射，CSI-RS 的 CDM 种类有 4 种：NO-CDM、FD-CDM2、CDM4-FD2-TD2 和 CDM8-FD2-TD4，如图 2-28 所示。

（1）NO-CDM：就是将 CSI-RS 只映射在一个 RE 上，没有码分的概念。

（2）FD-CDM2：在频域 2 载波、时域 1 符号的 2 个 RE（资源粒子）上实现 2 个端口的复用。

（3）CDM4-FD2-TD2：在频域 2 载波、时域 2 符号的 4 个 RE 上实现 4 个端口的复用。

（4）CDM8-FD2-TD4：在频域 2 载波、时域 4 符号的 8 个 RE 上实现 8 个端口的复用。

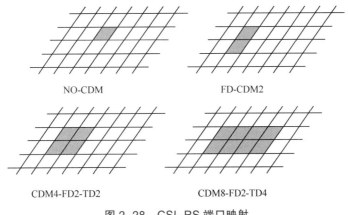

图 2-28　CSI-RS 端口映射

2.2.4　5G 上行物理信道与信号

NR 在 R15 中定义了 3 种上行物理信道：物理随机接入信道、物理上行控制信道和物理上行共享信道。也定义了 3 种上行参考信号：解调参考信号、探测参考信号和相位跟踪参考信号，如表 2-21 所示。

表 2-21　上行物理信道与信号

类型	信道或信号	作用
上行物理信道	PRACH（物理随机接入信道）	物理随机接入信道用于承载随机接入前导序列的发送，基站通过对序列的检测及后续信令交互建立起上行同步
	PUCCH（物理上行控制信道）	上行物理控制信道用于发送上行控制信息（UCI）和信道状态信息（CSI）报告、HARQ 反馈和调度请求（SR）等
	PUSCH（物理上行共享信道）	5G 的物理上行共享信道主要用于承载上行业务数据
上行物理信号	DMRS（解调参考信号）	DMRS 又可以细分为 PRACH 的 DMRS/PUCCH 的 DMRS/PUSCH 的 DMRS，它主要用于相干解调时的信道估计
	SRS（探测参考信号）	SRS 可以进行信道质量检测和估计、波束管理等；对于 TDD 系统，利用信道的互易性，也可以评估下行信道参数
	PT-RS（相位跟踪参考信号）	主要目的是进行相位噪声的补偿，PT-RS 在时域上比 DMRS 密集，在频域上比 DMRS 稀疏，如果配置了 PT-RS，则 PT-RS 可与 DMRS 结合使用

1. 物理随机接入信道

PRACH 用于终端随机接入过程，承载其接入网络时的信息，包括随机接入前导、终端随机接入时发送 Preamble 信息，基站通过物理随机接入信道接收，确定接入终端身份并计算终端的时延。

图 2-29 给出了 Preamble 的时域结构，其中前导序列 Sequence 部分可以看成一个 OFDM 符号，由 ZC（Zadoff-Chu）序列经过 OFDM 调制得到，CP（循环前缀）的作用与常规 OFDM 符号的 CP 作用相同，是为了确保接收端进行 FFT（快速傅里叶变换）后进行频域检测时减少干扰，在进行 Preamble 传输时，由于还未建立上行同步，因此需要在随机接入 Preamble 之后预留一定的保护时间（GT），避免对其他用户产生干扰，基站对 Preamble 码及用于发送 Preamble 码的 PRACH 信道资源进行配置，并通过系统消息将配置结果通知小区内驻留的 UE。

图 2-29　Preamble 的时域结构

3GPP 定义了多种 PRACH 的格式，表 2-22 所示是序列长度为 839 的随机接入码信息。其中，L_{RA} 代表频域子载波数；Δf_{RA} 代表子载波间隔；另外还有一个参数 GT，在表 2-22 中未体现，GT 的长度为总长度 $-N_{CP}^{RA}-N_u$，通过 GT 长度可以计算出对应的覆盖距离。以下以 PRACH format 0 为例进行说明。

由于 PRACH format 0 序列总长度是 1ms，则可以计算出 $GT=2976\times T_s$；$T_s=1/(15000\times 2048)$；覆盖半径 $=GT\times c/2$；c 为光速，则小区半径为 $R=299\,792\,458\times2976/(15000\times2048)/2=14521$m，即大约 14.5km。

通过以上计算可知，PRACH format 0 支持的覆盖距离为 14.5km，适合普通覆盖场景，同理通过计算，PRACH format 1 支持的最大覆盖距离为 107km，适用于超远距离覆盖场景；PRACH format 2 的 Sequence 重复发送 4 次，适用于需要覆盖增强的场景，如室内场景，最大覆盖距离为 22.11km；PRACH format 3 适于高速移动场景，最大覆盖距离为 14.53km。

表 2-22　$L_{RA}=839$、$\Delta f_{RA}\in\{1,25,5\}$kHz 的 PRACH 前导码

格式	频域子载波数	子载波间隔	序列长度 N_u	CP 长度 N_{CP}^{RA}	支持的限制集
0	839	1.25kHz	24576κ	3168κ	Type A，Type B
1	839	1.25kHz	$2\times24576\kappa$	21024κ	Type A，Type B
2	839	1.25kHz	$4\times24576\kappa$	4688κ	Type A，Type B
3	839	5kHz	$4\times6144\kappa$	3168κ	Type A，Type B

如表 2-23 所示，子载波间隔为 $15\times2^\mu$ 的 PRACH 前导码共计 9 种格式，这 9 种格式支持的子载波带宽和 μ 值有关，μ 值为 0 时载波数可以为 139、1151 和 571；同时子载波间隔、序列长度和 CP 长度均和 μ 值有关，PRACH format A1、PRACH format A2、PRACH format A3 没有定义 GT，适用于覆盖距离较近、UE 位置集中的场景；PRACH format C0、PRACH format C2 的 GT 较长，适用于覆盖距离较远的场景。

表 2-23　$L_{RA}=\{139,571,1151\}$、$\Delta f_{RA}=15\cdot2^\mu$kHz、$\mu\in\{0,1,2,3\}$ 的 PRACH 前导码

格式	L_{RA}			子载波间隔 /kHz	序列长度	CP 长度	支持的限制集
	$\mu\in\{0,1,2,3\}$	$\mu=0$	$\mu=1$				
A1	139	1151	571	$15\cdot2^\mu$	$2\times2048\kappa\times2^{-\mu}$	$288\kappa\times2^{-\mu}$	—
A2	139	1151	571	$15\cdot2^\mu$	$4\times2048\kappa\times2^{-\mu}$	$576\kappa\times2^{-\mu}$	—
A3	139	1151	571	$15\cdot2^\mu$	$6\times2048\kappa\times2^{-\mu}$	$864\kappa\times2^{-\mu}$	—
B1	139	1151	571	$15\cdot2^\mu$	$2\times2048\kappa\times2^{-\mu}$	$216\kappa\times2^{-\mu}$	—
B2	139	1151	571	$15\cdot2^\mu$	$4\times2048\kappa\times2^{-\mu}$	$360\kappa\times2^{-\mu}$	—
B3	139	1151	571	$15\cdot2^\mu$	$6\times2048\kappa\times2^{-\mu}$	$504\kappa\times2^{-\mu}$	—
B4	139	1151	571	$15\cdot2^\mu$	$12\times2048\kappa\times2^{-\mu}$	$936\kappa\times2^{-\mu}$	—
C0	139	1151	571	$15\cdot2^\mu$	$2048\kappa\times2^{-\mu}$	$1240\kappa\times2^{-\mu}$	—
C2	139	1151	571	$15\cdot2^\mu$	$4\times2048\kappa\times2^{-\mu}$	$2048\kappa\times2^{-\mu}$	—

2. 物理上行控制信道

PUCCH 主要用于承载上行控制信息（UCI），在上行数据到达时请求上行资源，其天线端口号从 2000 开始，UCI 主要携带的内容有 3 类。

（1）调度请求（SR）：SR 用于向 gNB 申请上行资源进行数据传输。

（2）HARQ 反馈：用于向 gNB 反馈 PDSCH 是否正确解码。

（3）信道状态信息：用于向 gNB 反馈上行信道质量，gNB 根据该反馈进行下行调度。

5G 的 PUCCH 支持 5 种不同的格式，按照时域上所占用的符号数量可以分为短格式和长格式两种，如表 2-24 所示，短格式占用 1～2 个符号，长格式占用 4～14 个符号，NR 引入短格式 PUCCH 的目的是可以缩短 HARQ-ACK 反馈的时延，长格式是考虑到持续时间长可以保证覆盖。

表 2-24　5G PUCCH 格式说明

格式	符号数	说明
format 0	时域 1～2 个 OFDM 符号	1～2bit UCI，频域占用 1 个 RB 的 12 个子载波。当承载 1bit 信息时，可以复用 6 个用户，承载 2bit 信息时，可以复用 3 个用户（URLLC）
format 2		大于 2bit UCI，频域可使用 1～16 个 RB，DMRS 在频域上所占的子载波索引为 1，4，7…，只支持 QPSK 调制；（URLLC）不支持复用
format 1	时域 4～14 个 OFDM 符号	1～2bit UCI，频域占用 1 个 RB 的 12 个子载波，UCI 与 DMRS 间隔放置且 UCI 与 DMRS 占用的 OFDM 符号尽可能均分。频域理论最大复用 12 个用户，实际最多复用 4 个或 6 个用户。承载 1bit 信息时支持 π/2 BPSK（二进制相移键控）调制，承载 2bit 信息时支持 QPSK 调制
format 3		大于 2bit UCI，频域占用 N 个 RB，$N \leqslant 16$，且必须为 2、3、5 的幂次方乘积（1、2、3、4、5、6、8、9、10、12、15、16）。只支持单用户，最多能承载 16RB×12（子载波）×12（最大 14 个符号中 2 个 DMRS 符号）×2（QPSK 调制）=4608bit；不支持复用
format 4		大于 2bit UCI，频域占用 1 个 RB。复用能力为 2 或 4

3. 物理上行共享信道

PUSCH 承载上行用户数据，是上行主要承载业务的信道，这里的共享指的是同一物理信道可由多个用户分时使用，PUSCH 支持的调制方式和调制阶数如表 2-25 所示。

表 2-25　PUSCH 支持的调试方式和调制阶数

不启用转换预编码		启用转换预编码	
调制方式	调制阶数	调制方式	调制阶数
		π/2 BPSK	1
QPSK	2	QPSK	2
16QAM	4	16QAM	4
64QAM	6	64QAM	6
256QAM	8	256QAM	8

（1）PUSCH 时域资源

在 PUSCH 的调度中，PUSCH 配置时隙通过公式（2-5）确定。

$$\left\lfloor n \cdot \frac{2\mu_{\text{PUSCH}}}{2\mu_{\text{PDCCH}}} \right\rfloor + K_2 \tag{2-5}$$

其中，n 为调度 DCI 的时隙；K_2 基于 PDSCH 的参数集定义；μ_{PUSCH} 和 μ_{PDCCH} 分别为 PUSCH 和 PDCCH 的子载波间隔。

表 2-26 所示为 PUSCH 时域资源分配情况，PUSCH 时域资源分配方式有两种：Type A 和 Type B。Type A 和 Type B 的区别就是两种方式对应的 S 和 L 候选值不一样。Type A 主要面向 slot-based 业务，S 比较靠前，L 比较长；而 Type B 主要面向 URLLC 业务，对时延要求较高，所以 S 的位置比较随意以便传输随时到达的 URLLC 业务，L 较短，可降低传输时延。PUSCH 的起始符号和连续符号数与 PDSCH 类似，通过 SLIV 来确定，详情参考 2.2.3 节。

表 2-26　PUSCH 时域资源分配情况

PUSCH 时域资源分配方式	常规循环前缀			扩展循环前缀		
	S	L	$S+L$	S	L	$S+L$
Type A	0	{4, …, 14}	{4, …, 14}	0	{4, …, 12}	{4, …, 12}
Type B	{0, …, 13}	{1, …, 14}	{1, …, 14}	{0, …, 12}	{1, …, 12}	{1, …, 12}

（2）PUSCH 频域资源

和 LTE 相比，5G 的 PUSCH 取消了 LTE 的 Type 1 类型的资源分配方式，沿用了 LTE 的 Type 0 和 Type 2，Type 0 即为 5G 的 Type 0，Type 2 即为 5G 的 Type 1，如表 2-27 所示。Type 0 和 Type 1 资源分配和 PDSCH 类似，详细介绍参考 2.2.3 节。

表 2-27　PUSCH 频域资源分配情况

PUSCH 频域资源分配方式	NR 资源分配	分配策略
Type 0	Type 0	位图（bitmap）
Type 1	不支持	位图（bitmap）
Type 2	Type1	RIV

4. SRS

SRS 为上行参考信号，可以进行信道质量检测和估计、波束管理等；对于 TDD 系统，利用信道互易性，也可以评估下行信道的质量。

NR 系统中，SRS 支持周期、非周期和半静态发送，发送带宽尽量覆盖整个 PUSCH 频带，系统接收所有 UE 的 SRS 并进行处理，测量出各 UE 在 PUSCH 频带内各子载波上的 SINR（信干噪比）、RSRP（参考信号接收功率）、PMI 等。

SRS 的时域符号位置通过两个参数确认，即 SRS 符号数和偏移。符号长度的取值范围为 1，2，4，8，12；偏移的取值范围为 0，1，…，13。示例如图 2-30 所示，深色的符号位置为 SRS 的位置。

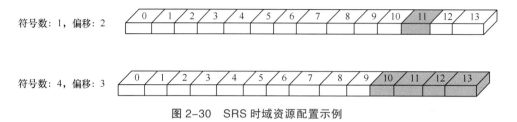

符号数：1，偏移：2

符号数：4，偏移：3

图 2-30　SRS 时域资源配置示例

SRS 频域上可以占用 4 ~ 272 个 RB，这是因为 NR 中 BWP 的最大带宽是 275 个 RB，SRS 总要有将全部 BWP 探测完的能力，再考虑到 SRS 带宽最好是 4 的整数倍，所以 SRS 带宽支持 4 ~ 272 个 RB 的范围，最大 272 个 RB 的 SRS 带宽会导致有 3 个 RB 探测不到的情况，但性能损失几乎可以忽略不计。在一个 RB 内，SRS 采用梳状配置，图 2-31 所示为 Comb 2 和 Comb 4 的资源映射示意。

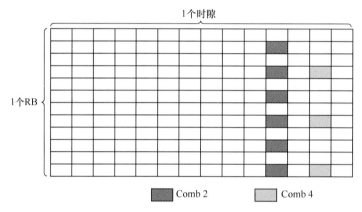

1个时隙

1个RB

■ Comb 2　　　　■ Comb 4

图 2-31　Comb 2 和 Comb 4 的资源映射示意

2.3　5G 物理层过程

2.3.1　物理层过程概述

5G 系统的无线接口协议用于建立、重配置和释放各种无线承载业务，无线接口协议栈分为"三层两面"。三层包括物理层、数据链路层和网络层，两面是指控制面和用户面。物理层位于无线接口最底层，提供物理介质中比特流传输所需的所有功能。物理层主要功能如下。

（1）传输信道的错误检测，并向高层提供指示。

（2）传输信道的 FEC 编码 / 解码。

（3）HARQ 软合并。

（4）传输信道向物理信道映射。

（5）物理信道功率加权。

（6）物理信道调制与解调。

（7）频率与时间同步。

（8）无线特征测量，并向高层提供指示。

（9）MIMO（多输入多输出）天线处理。

（10）上行数据联合接收检测。

（11）收发信号的干扰检测及处理。

（12）物理射频处理（射频相关规范）。

本节重点对物理层相关的内容进行介绍，包括小区搜索过程、小区选择和重选过程、随机接入过程、功率控制过程及波束管理过程。

2.3.2 小区搜索

小区搜索是终端和小区取得时间和频率同步，并检测小区物理标识的过程，其基本步骤如图 2-32 所示。

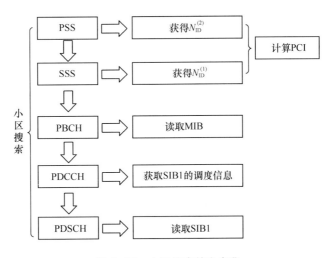

图 2-32 小区搜索基本步骤

终端开机后，首先按照同步栅格搜索特定频点，检测主同步信号和辅同步信号，获得下行时钟同步，并计算得到小区的物理小区标识（PCI），如果获取失败，则再次搜索，然后通过 PBCH 读取 MIB，获取 SSB 波束信息、系统帧号和 SIB1 的调度信息。根据 SIB1 的调度信息读取 SIB1 内容，获取上行初始 BWP 信息、初始 BWP 中的信道配置、TDD 小区的半静态配比及其他 UE 接入网络的必要信息等，详细介绍如下。

1. PCI 获取

PSS 为 3 条长为 127 的伪随机序列，UE 搜索 PSS，完成 OFDM 符号边界同步、粗频率同步，并获得小区标识 $N_{ID}^{(2)}$。$N_{ID}^{(2)}$ 的取值为 0、1、2。

UE 在检测主同步信号时，通常没有任何通信系统的先验信息，因此主同步信号搜索是下行同步过程中复杂度最高的动作，UE 要在同步信号频率栅格的各个频点上检测主同步信号，在每个频点上，终端盲检可能的 3 个取值，搜索主同步信号的 OFDM 符号边界并进行初始频偏校正。

在搜索到主同步信号后，UE 进一步检测 SSS（辅同步信号），SSS 是 336 个长为 127 的伪随机序列，SSS 依然采用盲检的方式，但是由于终端检测到 PSS 后知道了 SSS 的发送定时，因此与 PSS 相比，SSS 每个序列的搜索复杂度降低，因此能够支持较大数目的 SSS 序列，UE 搜索到 SSS 后，可以获取 PCI 中的 N_{ID}^1，N_{ID}^2 的取值为 0 ~ 335；UE 基于 N_{ID}^1 和 N_{ID}^2 计算得到物理小区标识 N_{ID}^{cell}，公式如下。

$$N_{ID}^{cell} = 3N_{ID}^{(1)} + N_{ID}^{(2)} \tag{2-6}$$

2. 解调 PBCH

DMRS for PBCH 用于解调 PBCH 和识别 SSB 索引（SSB Index）。UE 使用 8 种 DMRS 初始化序列去"盲检"，解析 PBCH，PBCH 传输时间间隔（TTI）为 80ms，通过解析 PBCH，即可获取 SSB Index。PBCH 的信道编码处理过程中会额外增加 8 比特位，用于时域和频域相关处理，其中前 4 个比特是系统帧号的低 4 位，第 5 个比特是半帧标识，最后 3 个比特分两种情况：如果最大 SSB 数为 64，则这 3 个比特代表 SSB 索引的高 3 位；如果最大 SSB 数为 4 或 8，则第 6 个比特是 K_{SSB} 的高 1 位，最后两个比特作为预留。PBCH 的 DMRS 在时域上占用与 PBCH 相同的符号数，在频域上间隔 4 个子载波，初始偏移由 PCI mod4 确定。

PBCH 承载 MIB 信息，MIB 包含小区禁止状态信息和进一步接收系统信息所需的小区的基本物理层信息，MIB 消息携带的内容如图 2-33 所示。

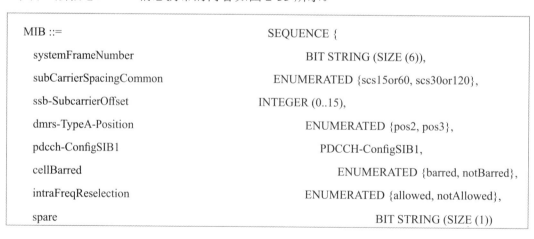

图 2-33 MIB 消息携带的内容

（1）systemFrameNumber（系统帧号）：10 位系统帧号（SFN）的 6 个最高有效位（MSB）、SFN 的低 4 位作为信道编码的一部分在 PBCH 传输块中传送。

（2）subCarrierSpacingCommon（公共子载波间隔）：用于初始接入、寻呼、广播系统消息的 SIB1、Msg2/ Msg 4 和 MsgB 的子载波间隔，如果 UE 在 FR1 载频上获取此 MIB，则值 scs15 或 scs60 对应于 15kHz，值 scs30 或 scs120 对应于 30kHz；如果 UE 在 FR2 载频上获取此 MIB，则值 scs15 或 scs60 对应于 60kHz，值 scs30 或 scs120 对应于 120kHz。

（3）ssb-SubcarrierOffset：K_{ssb} 的值。

（4）dmrs-TypeA-Position：（第一个）DMRS 用于下行链路和上行链路的位置。

（5）pdcch-ConfigSIB1：确定一个公共的控制资源集 CORESET、一个公共的搜索空间和必要的 PDCCH 参数，低 4 位指示 CORESET 0 的时域配置，高 4 位指示 CORESET 0 的频域配置，如果字段 ssb-SubcarrierOffset 指示的 SIB1 不存在，则字段 pdcch-ConfigSIB1 指示 UE 可以找到具有 SIB1 的 SS/PBCH 块的频率位置或网络不提供具有 SIB1 的 SS/PBCH 块的频率范围。

（6）cellBarred：小区是否禁止指示，普通终端无法接入被禁止小区，只有专门的测试 SIM（用户身份识别模块）卡才能接入。

（7）intraFreqReselection：当最高级别的小区被禁止或被 UE 视为禁止时，控制是否允许用户小区选择 / 重选到同频小区。

（8）spare：预留。

3. 解调 PDCCH

在检测到 PBCH 后，UE 已经完成了下行同步，在上行同步之前，UE 需要进一步接收 SIB1，获得与上行同步相关的配置信息，SIB1 携带了其他系统信息块的调度信息，并包含初始接入所需的信息，SIB1 也称为 RMSI，在 DL-SCH（下行共享信道）上定期广播或在 DLSCH 上以专用方式发送给 RRC_CONNECTED 中的 UE。

NR 的 SIB1 通过 PDSCH 传送，而解调 PDSCH 需要 PDCCH 的 DCI 中的调度信息，并且 PDSCH 的资源分配范围在初始 BWP 的频率范围内，PDCCH 空间分为公共搜索空间（CSS）和 UE 专用搜索空间，SIB1 对应的 PDCCH 映射在 Type 0-PDCCH 公共搜索空间，每个 BWP 内搜索空间限定 10 个。

PDCCH 所在的控制资源集合称为 CORESET，一个小区 PDCCH 可以有多个 CORESET，每个 CORESET 对应一个 ID 编号，每个小区最多配置 12 个 CORESET，每个 BWP 最多配置 3 个 CORESET，CORESET 起始 RB 位置在 BWP 内，满足 6 的倍数。

SIB1 资源的调度信息映射在 CORESET 0，CORESET 0 的频域位置、带宽与 initial BWP 完全相同，PBCH 中的 pdcch-ConfigSIB1 指示 CORESET 0 的时域和频域配置，UE 获取了 SIB1 的 CORESET 0 的时频资源，可以在 CORESET 0 物理资源对应的 Type 0 CSS 使用 SI-RNTI（系统消息无线网络临时标识符）盲检 SIB1 的调度信息，盲检涉及聚合等级、候选个数等。

4. 读取 SIB1

UE 根据调度信息到 PDSCH 相应的资源位置解析 SIB1，SIB1 里包含小区选择信息、小区接入相关信息、服务小区公共信息、UE定时器和常量信息，SIB消息解码信息截图如图2-34所示。

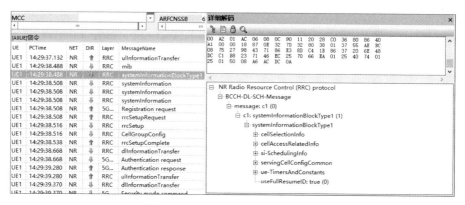

图2-34 SIB1消息解码信息截图

终端通过小区搜索过程获取小区的相应参数，进而根据小区选择准则，选择合适的小区进行驻留，进入空闲状态，UE可以通过MIB消息获知当前小区是否被禁止，通过SIB1消息获知当前选择的小区是否被预留，如果小区被禁止或者被预留，则UE不能选择在这些小区驻留。

2.3.3 小区选择和重选

小区选择和重选是UE在RRC_IDLE和RRC_INACTIVE状态下的行为，UE首先完成PLMN（公共陆地移动网）的选择，在已选择的PLMN上寻找合适的小区并驻留，这个过程即小区选择过程，UE选择在某小区驻留下来后，可以读取小区内的广播消息和监听系统下发的寻呼消息，UE根据小区重选准则，结合系统消息下发的参数，如果发现有更适合的小区可以为其提供服务，UE会进行小区重选，重选后的小区若不在UE已注册的TAC（跟踪区码）列表内，UE需要发起位置登记，以下将对小区选择和小区重选进行详细介绍。

1. 小区选择

小区选择包括两种情况，分别是初始小区选择和基于终端存储信息的小区选择，以下分别对两种小区选择进行介绍。

（1）初始小区选择

初始小区选择意味着终端不知道哪些RF信道是NR频率，UE应根据自身能力扫描NR频段中的所有RF信道以找到合适的小区。在每个频率上，UE只需要搜索最强的小区，除了共享频谱信道接入的操作，UE可以搜索下一个最强的小区，一旦找到合适的小区，就应该选择这个小区，并驻留。

（2）基于终端存储信息的小区选择

当终端保留某些小区的信息时，终端可以利用存储的信息进行小区选择，即按照已存储的频率信息、测量信息或小区参数信息进行搜索，一旦UE找到合适的小区，UE将选择该小区；如果没有找到合适的小区，则进行初始小区选择过程。

5G小区选择需要同时满足两个条件，即 $S_{rxlev} > 0$ 且 $S_{qual} > 0$，两个条件是且的关系。其中，$S_{rxlev} = Q_{rxlevmeas} - (Q_{rxlevmin} + Q_{rxlevminoffset}) - P_{compensation} - Q_{offsettemp}$；$S_{qual} = Q_{qualmeas} - (Q_{qualmin} + Q_{qualminoffset}) - Q_{offsettemp}$。

各参数含义如表2-28所示。

表2-28　小区选择参数含义

参数	含义
$Q_{rxlevmeas}$	测量小区的参考信号接收电平值（RSRP）
$Q_{rxlevmin}$	小区允许的最小接入电平值（以 dBm 为单位）
$Q_{rxlevminoffset}$	在评估 S_{rxlev} 时考虑的信号 $Q_{rxlevmin}$ 的偏移，主要用于 UE 驻留在 VPLMN 时，周期搜索高优先级 PLMN
$P_{compensation}$	补偿值 $P_{compensation} = \max(P_{EMAX1} - P_{PowerClass}, 0)$（dB）
$Q_{offsettemp}$	小区选择的临时偏移量（以 dB 为单位）
$Q_{qualmeas}$	测量小区的 SSS 接收质量值（RSRQ）
$Q_{qualmin}$	小区允许的最小接入质量值（以 dB 为单位）
$Q_{qualminoffset}$	在评估 S_{qual} 时考虑的信号 $Q_{qualmin}$ 的偏移，主要用于 UE 漫游时，周期性搜索高优先级 PLMN

UE通过测量完成小区选择，测量参数为SS-RSRP和SS-RSRQ，在多波束情况下，UE根据检测到的SSB最大波束数进行逐一测量，并将测量值和小区配置的门限值进行对比，最终确定该小区的测量值。如果UE检测到的最强波束的测量值低于门限值，则以最强波束的测量值作为小区的最终测量值；否则对检测到的所有高于门限值的波束进行线性平均，作为小区的最终测量值。

2. 小区重选

小区重选的过程是按照SSB的频点优先级进行的，同频优先级相同，异频优先级根据不同的需求可以设置为相同或者不同，需要注意的是，此处的同频指的是SSB的频点和子载波间隔都相同，频点优先级的取值范围为0～7，UE可以通过系统消息或者RRC信令获取频点优先级的相关信息。

小区重选的过程分为三步。第一步，通过系统消息获取重选参数；第二步，根据一定的规则启动对邻近小区测量；第三步，小区重选判决，具体介绍如下。

（1）获取重选参数

小区重选相关参数通过系统消息SIB2、SIB3、SIB4和SIB5下发给终端。SIB2包括小区重选公共信息、小区重选服务频率信息、小区重选子优先级、同频小区重选信息等；SIB3包括同频邻小区列表、同频邻小区信息、同频黑名单小区列表等；SIB4包括异频邻小区列表、异频载波列表、异频载波信息、异频黑名单小区列表等；SIB5包括EUTRA系统间载波频率列表等。图 2-35 所示为终端获取重选公共参数的信令截图。

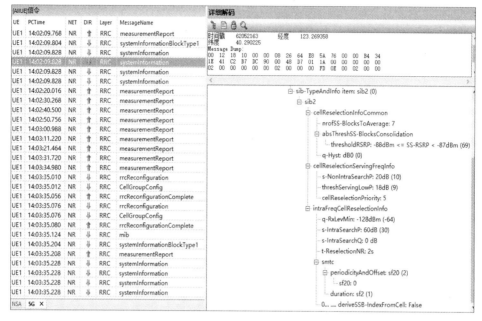

图 2-35　终端获取重选公共参数的信令截图

（2）启动对邻近小区测量

根据重选目标小区的优先级，启动测量的情况分为 3 种，即同优先级、高优先级和低优先级。根据目标小区的频率，如果源小区和目标小区为同频，则优先级只能是同优先级，如果源小区和目标小区为异频，则可根据场景需求设置为高优先级、低优先级或同优先级，具体启动策略如表 2-29 所示。

表 2-29　重选测量启动策略

条件	优先级	启测条件
同频	相同	满足 $S_{rxlev} \leq S_{IntraSearchP}$ 及 $S_{qual} \leq S_{IntraSearchQ}$，需测量；否则，不进行测量
异频 / 异系统	高	始终需要测量
	同 / 低	满足 $S_{rxlev} \leq S_{nonIntraSearchP}$ 及 $S_{qual} \leq S_{nonIntraSearchQ}$，需测量；否则，不进行测量

示例：以同频小区重选搜索相关参数配置为例，假设"小区同频重选服务小区同频搜索 P 门限"配置值为 60dB、$Q_{rxlevmin}$ 配置为 −120dBm、$Q_{rxlevminoffset}$、$P_{compensation}$、$Q_{offsettemp}$ 为 0；终端启测门限计算如下。

$$S_{rxlev} = Q_{rxlevmeas} - (Q_{rxlevmin} + Q_{rxlevminoffset}) - P_{compensation} - Q_{offsettemp} \leq S_{IntraSearchP}$$

$$Q_{rxlevmeas} \leq S_{IntraSearchP} + Q_{rxlevmin} + Q_{rxlevminoffset} + P_{compensation} + Q_{offsettemp} \tag{2-7}$$

把相关参数配置代入公式（2-7），则

终端测量值≤小区同频重选服务小区同频搜索 P 门限 + 小区选择最小信道要求

终端测量值≤ 60+（−120）

$$终端测量值 \leq -60（dBm）$$

通过以上计算，在终端测量到的电平值小于或等于 -60dBm 时，终端开始启动对同频邻区的测量，低优先级的启测门限计算思路和同优先级一致。

（3）小区重选判决

小区重选判决根据优先级分 3 种情况，即高优先级、低优先级和同优先级，高优先级是指目前小区的优先级高于本小区，即从低优先级小区重选到高优先级的场景；低优先级是指目前小区的优先级低于本小区，即从高优先级小区重选到低优先级的场景；同优先级是指目前小区的优先级和本小区相同，具体介绍如下。

① 高优先级重选判决

对于高优先级邻小区，根据是否下发参数 threshServingLowQ，确定重选准则依据质量或者电平条件进行判决。如果 threshServingLowQ 在系统信息中广播，并且自 UE 驻留在当前服务小区已超过 1s，具有更高优先级的小区在时间间隔 $T_{reselectionRAT}$ 内满足 $S_{qual} > T_{threshX, HighQ}$，则应执行小区重选；如果 threshServingLowQ 未在系统信息中广播，并且自 UE 驻留在当前服务小区已超过 1s，在时间间隔 $T_{reselectionRAT}$ 期间，具有更高优先级 RAT/频率的小区满足 $S_{rxlev} > T_{threshX, HighP}$，则应执行小区重选，现网一般的配置策略是不下发 threshServingLowQ，各参数的含义如表 2-30 所示。

表 2-30 高优先级邻小区重选参数含义

参数	参数含义
$T_{threshX, HighQ}$	指定 UE 在重新选择比当前服务频率更高优先级的 RAT（无线电接入技术）/频率时使用的 S_{qual} 阈值（以 dB 为单位）
$T_{threshX, HighP}$	指定 UE 在向比当前服务频率更高优先级的 RAT/频率重新选择时使用的 S_{rxlev} 阈值（以 dB 为单位）
$T_{reselectionRAT}$	指定小区重选定时器值

② 低优先级重选判决

对于低优先级的邻区，根据是否下发参数 threshServingLowQ，重选准则依据质量或者电平条件进行判决。如果 threshServingLowQ 在系统信息中广播，并且自 UE 驻留在当前服务小区起已超过 1s，在时间间隔 $T_{reselectionRAT}$ 内，服务小区满足 $S_{qual} < T_{threshServing, LowQ}$，并且具有较低优先级的小区满足 $S_{qual} > T_{threshX, LowQ}$，则应在低于服务频率优先级上执行小区重选；如果 threshServingLowQ 未在系统信息中广播，并且自 UE 驻留在当前服务小区起已超过 1s，在时间间隔 $T_{reselectionRAT}$ 内，服务小区满足 $S_{rxlev} < T_{threshServing, LowP}$ 并且具有较低优先级的小区满足 $S_{rxlev} > T_{threshX, LowP}$，则应在低于服务频率的优先级上执行小区重选，现网一般采用不下发 threshServingLowQ 的策略。

如果多个不同优先级的小区满足小区重选标准，则小区重选到更高优先级的频率，如果最高优先级频率来自另一个 RAT（无线电接入技术），则重选到满足该 RAT 标准的最高优先级频率上的最强小区，主要参数介绍如表 2-31 所示。

表 2-31　低优先级邻小区重选参数含义

参数	参数含义
$T_{hreshServing, LowQ}$	指定 UE 在向较低优先级的 RAT/ 频率重选时在服务小区上使用的 S_{qual} 阈值（以 dB 为单位）
$T_{hreshServing, LowP}$	指定当向较低优先级的 RAT/ 频率重选时，UE 在服务小区上使用的 S_{rxlev} 阈值（以 dB 为单位）
$T_{hreshX, LowQ}$	指定 UE 在向比当前服务频率更低优先级的 RAT/ 频率重新选择时使用的 S_{qual} 阈值（以 dB 为单位）
$T_{hreshX, LowP}$	指定当向比当前服务频率更低优先级的 RAT/ 频率重新选择时，UE 使用的 S_{rxlev} 阈值（以 dB 为单位）

③ 同优先级重选判决

对于同优先级邻区，根据是否下发参数 rangeToBestCell，决定重选判决是否依据波束数进行，该标识出现时，重选时会综合考虑小区的波束数量和信号条件，优选满足 RangeToBestCell 偏移的波束最多的小区；否则不参考波束数。

自 UE 驻留在当前服务小区已超过 1s，UE 应对所有满足小区选择标准 S 的小区进行排序，如果没有配置 rangeToBestCell，UE 将执行小区重选到排名最高的小区，如果配置了 rangeToBestCell，则选择波束数超过阈值最多的小区进行小区重选，如果有多个这样的小区，UE 将执行小区重选到其中排名最高的小区，同优先级小区重选判决需满足的条件如表 2-32 所示（以不配置 rangeToBestCell 为例）。

表 2-32　同优先级小区重选判决需满足的条件

判决条件	同频	异频
1. UE 在服务小区驻留超过 1s； 2. 邻区满足 S 准则； 3. 在 $T_{reselectionRAT}$ 时间内，满足 R 准则：$R_n > R_s$，其中 $R_s = Q_{meas,s} + Q_{hyst} - Q_{offsettemp}$ $R_n = Q_{meas,n} - Q_{offset} - Q_{offsettemp}$	1. $Q_{offset} = Q_{offsets,n}$（$Q_{offsets,n}$ 存在） 2. $Q_{offset} = 0$（$R_{offsets,n}$ 不存在）	1. $Q_{offset} = Q_{offsets,n} + Q_{offsetfrequency}$（$Q_{offsets,n}$ 存在） 2. $Q_{offset} = Q_{offsetfrequency}$（$Q_{offsets,n}$ 不存在）

邻区的频点优先级和服务小区相同，此邻区有可能和服务小区属于同系统同频，也可能是同系统异频。需要注意的是，对于同频邻区，重选准则中的参数 Q_{offset} 为小区个性偏移 $Q_{offsets,n}$；对于异频邻区，参数 Q_{offset} 为小区个性偏移 $Q_{offsets,n}$ 和异频 $Q_{offsetfrequency}$ 频偏的叠加，参数介绍如表 2-33 所示。

表 2-33　同优先级邻小区重选参数含义

参数	参数含义
Q_{meas}	小区重选中使用的 RSRP 测量值
Q_{hyst}	指定排名标准的滞后值
Q_{offset}	同频情况下：如果 $Q_{offsets,n}$ 有效，则取值为 $Q_{offsets,n}$；否则取值为 0。 异频情况下：如果 $Q_{offsets,n}$ 有效，则取值为 $Q_{offsets,n}$ 和 $Q_{offsetfrequency}$ 之和；否则取值为 $Q_{offsetfrequency}$
$Q_{offsettemp}$	临时应用于单元格的偏移量
$T_{reselectionRAT}$	指定小区重选定时器值

（4）UE 的移动状态

为了防止乒乓重选，在某些场景下，比如高速移动情况下，UE 进行小区重选时可考虑通过缩放准则对重选参数进行预处理，3GPP 定义了 3 种 UE 的状态，对于 UE 状态的判断依据如下。

① 正常移动状态（normal-mobility）：T_{CRmax} 时间内，满足小区重选次数 < N_{CR_M}。

② 中速移动状态（medium-mobility）：T_{CRmax} 时间内，满足 $N_{CR\_M} \leqslant$ 小区重选次数 < N_{CR_H}。

③ 高速移动状态（high-mobility）：T_{CRmax} 时间内，满足小区重选次数 > N_{CR_H}。

各参数的含义如表 2-34 所示。

表 2-34 UE 状态参数含义

参数	参数含义
T_{CRmax}	评估小区重选次数的持续时间
N_{CR_H}	进入高速移动状态的最大重选次数
N_{CR_M}	进入中速移动状态的最大重选次数
$T_{CRmaxhyst}$	UE 可以进入正常移动状态之前的附加时间段

如果在 T_{CRmax} 时间内，UE 重选次数小于"进入中速移动状态的最大重选次数"，则 UE 状态为正常状态；如果检测到重选次数大于"进入中速移动状态的最大重选次数"，则 UE 进入中速移动状态；如果检测到重选次数大于"进入高速移动状态的最大重选次数"，则 UE 进入高速移动状态。UE 处于不同的状态，对应的重选准则中的参数 Q_{hyst}、$T_{reselectionNR}$ 采用的具体缩放规则如下。

① 正常移动状态缩放准则：不使用缩放准则。

② 高速移动状态缩放准则：Q_{hyst} + sf–High；$T_{reselectionNR} \times$ sf–High。

③ 中速移动状态缩放准则：Q_{hyst} + sf–Medium；$T_{reselectionNR} \times$ sf–Medium。

2.3.4 随机接入

在小区搜索完成之后，UE 已经与小区取得了下行同步，UE 能够接收下行数据，如果 UE 要发送上行数据，则需要与小区取得上行同步，UE 是通过随机接入过程与小区建立连接并取得上行同步的，从而获得上行授权，并得到网络为 UE 分配的唯一标识——C-RNTI（小区无线网络临时标识符），随机接入触发场景如下。

（1）UE 在 IDLE 下的初始接入。

（2）RRC 连接重建过程。

（3）当没有可用于调度请求（SR）的 PUCCH 资源时，在 RRC_CONNECTED 期间的 UL 数据到达。

（4）调度请求失败。

（5）从 RRC_INACTIVE 开始的 RRC 连接恢复过程。

（6）当 UL 同步状态为"未同步"时，在 RRC_CONNECTED 期间 DL 或 UL 数据到达。

（7）RRC 在同步重新配置时的请求（如切换）。

（8）请求其他 SI（系统消息）。

（9）波束失败恢复。

（10）在 SCell（辅小区）添加时建立时间对齐。

1. 随机接入前导码

在进行随机接入过程之前，终端首先需要通过系统广播消息获得进行随机接入的物理层资源和所分配的前导序列码集合，然后根据所获得的信息生成随机接入前导序列，并在相应的物理层随机接入资源上发起随机接入。为了确保基站能够准确地捕获并识别终端发送的随机接入信号，需要根据系统覆盖的需求，合理设计随机序列的长度。为了确保各种场景下终端能够正确地接入系统，又不会因为随机序列长度造成太大的开销，根据各种覆盖场景设计了不同长度的随机接入序列。

2. 随机接入过程

随机接入过程可分为基于竞争的随机接入和基于非竞争的随机接入两种，以下将对两种随机接入方式进行介绍。

（1）基于竞争的随机接入

基于竞争的随机接入是指基站没有为 UE 分配专用 Preamble 码，而是由 UE 从 64 个 Preamble 码资源池中随机选择一个并发起的随机接入。基于竞争的随机接入过程包括 4 步，每一步由一条信令消息完成，在标准中，将这 4 条消息分别称为 Msg1、Msg2、Msg3 和 Msg4。其中只有 Msg1（Random Access Preamble）在 PRACH 传送，Msg2、Msg3 和 Msg4 都在 PDSCH 或 PUSCH 传送。即除 Msg1 消息外的其他消息传输与普通数据一样承载在物理共享信道上，这样不仅可以简化系统设计，还可以利用媒体接入层（MAC）的混合自动重传请求（HARQ）机制保证竞争条件下终端随机接入流程的完成质量，具体流程如图 2-36 所示。

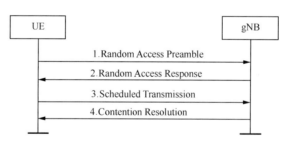

图 2-36　基于竞争的随机接入流程

Msg1 为上行消息：由 UE 发送、基站接收，主要作用是 UE 向基站发起一个随机接入请求，并使得基站能估计其与 UE 之间的传输时延，以便校准上行时延并将校准信息通过 timing advance command 告知 UE；由于 UE 随机选择一个 Preamble 序列发送，进行上行同步，因此可能会出现同一个小区下多个 UE 选择同一个 Preamble 码的情况。

Msg2 为下行消息：由基站发送、UE 接收。UE 发送了 Preamble 之后，将在 RAR（随机接入响应）窗内监听 PDCCH，以接收对应 RA-RNTI（随机接入无线网络临时标识符）的

RAR；如果 UE 在 RAR 窗内没有正确解出 Msg2，会触发 Msg1 重发。

Msg3 为上行消息：由 UE 发送、基站接收。UE 正确接收 Msg2 后，在其分配的上行资源中传输 Msg3，携带 UE 发送给基站的 RRC 建立请求或者重建请求消息。Msg3 的重传通过 PDCCH 通知 UE，UE 通过接收临时 C-RNTI 加扰的 PDCCH 获取重传指示，其中临时 C-RNTI 在 Msg2 中携带，UE 检测到属于自己的随机接入响应后，利用分配的资源发送高层信令消息；不同场景下，发送的信令消息内容不同。

Msg4 为下行消息：由基站发送、UE 接收。UE 通过 Msg4 完成最终的竞争解决，Msg4 的内容与 Msg3 的内容相对应，为基站发给 UE 的 RRC 建立或重建命令。Msg4 也采用 HARQ 机制，但只有成功解码 Msg4 并成功解决竞争的 UE 才反馈 ACK，其他情况不进行反馈。

（2）基于非竞争的随机接入

基于非竞争的随机接入不存在冲突，且 UE 已经拥有在接入小区内的唯一标识 C-RNTI，所以也不需要基站分配 C-RNTI，UE 根据基站指示，在指定的 PRACH 资源上使用指定的 Preamble 码发起的随机接入，基于非竞争的随机接入分为 3 步，标准中称为 Msg0、Msg1 和 Msg2，具体流程如图 2-37 所示。

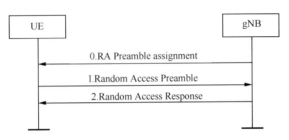

图 2-37 基于非竞争的随机接入流程

Msg0 为下行消息：由基站发送、UE 接收，Msg0 的内容包括 UE 发起基于非竞争的随机接入使用的 PRACH 资源和 Preamble 码，需要指出，用于基于非竞争的随机接入的 Preamble 码由基站自行预留，并不包含在系统消息通知的 Preamble 码中。

Msg1 为上行消息：由 UE 发送、基站接收，UE 在基站指定的 PRACH 资源上用指定的 Preamble 码发起随机接入。

Msg2 为下行消息：由基站发送、UE 接收，基站接收到 Msg1 后通过 Msg2 对 UE 进行响应，Msg2 的格式和内容与基于竞争的随机接入的 Msg2 相同。

3. 随机接入参数

每个小区内可用的 Preamble 码字总数为 64 个，基站可将其中部分或全部用于竞争随机接入，在所有用于竞争随机接入的 Preamble 码中，基站可以选择性地将其分为两组，称为集合 A（GroupA）和集合 B（Group B）。

触发随机接入时，UE 首先要根据待发送的 Msg3 大小和路径损耗大小确定 Preamble 码集合，其中集合 B 应用于 Msg3 较大且路损较小的场景，集合 A 用于 Msg3 较小或路损较大的场景，Msg3 大小门限和路损门限在系统消息中通知 UE，UE 确定 Preamble 码集合后，从中随机选择一个 Preamble 码发送，如果基站将小区内所有 Preamble 码都划归集合 A，即不存在集合 B，则 UE 直接从集合 A 中随机选择一个 Preamble 码发送，如图 2-38 所示。

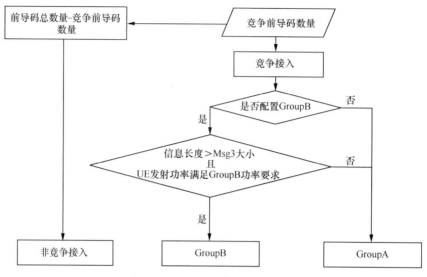

图 2-38　随机接入过程及参数

UE 根据最近估计的路径损耗和功率爬坡计数器计算用于重传前导码的 PRACH 发射功率。UE 需要在随机接入响应窗内接收 Msg2，随机接入响应窗的长度参数由基站指定并通过系统消息通知 UE，如果 UE 接收 Msg2 失败，则依据 backoff 时延参数，确定发起下一次随机接入的时刻，并选择发送随机接入资源发起下一次随机接入，当 UE 达到最大随机接入次数后，UE MAC 层向 RRC 层上报随机接入问题，指示随机接入失败，Msg2 不支持 HARQ，即没有反馈重传过程。

UE 在发送 Msg3 之后启动竞争解决定时器，如果竞争解决定时器超时后依然没有完成竞争解决，即终端始终未成功接收 Msg4，则重新发起并重启竞争解决定时器，直到达到最大传输次数，这被认为是竞争解决失败。竞争解决失败后，与 Msg2 接收失败的操作类似，依据 backoff 参数的时延限制确定下一次发起随机接入的时刻，并选择随机接入资源发起下一次随机接入，达到最大随机接入次数后，UE MAC 层向 RRC 层上报随机接入问题，Msg3 和 Msg4 支持 HARQ 过程。

对于基于非竞争的随机接入，如果 UE 在随机接入响应窗内没有正确接收到针对自己的随机接入响应，则判断本次基于非竞争的随机接入失败，然后在下一个指定的 PRACH 信道资源上用指定的 Preamble 码发起基于非竞争的随机接入，与基于竞争的随机接入不同的是，下一次基于非竞争的随机接入的发起时刻不受 backoff 参数的限制，达到最大随机接入次数后，UE MAC 层向 RRC 层上报随机接入问题，指示随机接入失败。

2.3.5　功率控制

功率控制是在保证网络覆盖和容量要求的前提下，通过链路损耗补偿方式有效避免相邻小区用户间的干扰，同时降低基站和 UE 能耗的一种技术。当信道环境较恶劣时需要增大发射功率，提高信号发送的功率强度。当信道环境较好时需要降低发射功率，减小信号发送的功率强度，节约设备能耗的同时又能保证网络通信质量的稳定，以下将从上行功率控制和下行功率分配两个方面进行介绍。

1. 上行功率控制

NR 系统上行功率控制算法分为开环功率控制和闭环功率控制。开环功率控制是指 UE 根据接收信号的强度决定上行信号的发射功率；闭环功率控制是指基站根据接收到 UE 发送的信号质量，控制 UE 提升或降低其发送上行信号的功率大小。闭环功率控制精度较高，但其是以下行信令开销作为代价的。5G 系统实现，在对物理信道和信号的处理中 PRACH 采用上行开环功率控制算法，PUSCH、PUCCH、SRS 采用上行开环加闭环功率控制算法。上行物理信通与信号功率控制如表 2-35 所示。

表 2-35 上行物理信道与信号功率控制

功率控制方式	物理信道信号	实现方
开环	PRACH	UE
	PUSCH	
	PUCCH	
	SRS	
闭环	PUSCH	gNB 和 UE
	PUCCH	
	SRS	

（1）开环功率控制流程

基站通过 SIB 消息将小区级功率控制参数发送给 UE，通过 RRC 消息将 UE 级功率控制参数发送给 UE；UE 接收基站发送的功率控制参数后计算出上行信道发射功率，具体流程如图 2-39 所示。

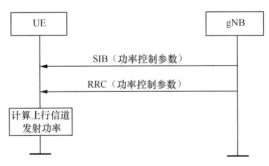

图 2-39 开环功率控制流程

（2）闭环功率控制流程

基站根据功率控制参数及对上行信号的测量结果生成发射功率指令（TPC，Transmit Power Command），TPC 通过 PDCCH 发送给 UE，UE 根据 TPC 进一步调整上行信道的发射功率。具体流程如图 2-40 所示。PUCCH 功率可以通过下行分配 DCI 中发信号的 TPC 命令来调整，而 PUSCH（或 SRS）功率可以通过上行授权 DCI 中发信号的 TPC 命令来调整。有两种类型的 TPC 程序用于更新上行发射功率，一类是累积（Accumulative）TPC，另一类是绝对（Absolute）TPC。累积 TPC 非常适合通过使用 TPC 值的相对较小的步长来微调 UE 发射功率，也可以通过使用 TPC 值相对较大的步长；绝对 TPC 可用于立即提高 UE 发射功率。

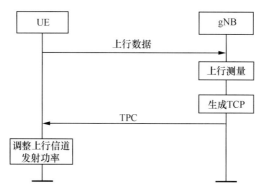

图 2-40 闭环功率控制流程

（3）PRACH 的功率控制

PRACH 功率控制的目的是在保证随机接入成功率的前提下，UE 以尽量小的功率发射前导码降低对邻区的干扰并使得 UE 节能，基站设置初始 Preamble 期望接收的功率，UE 估算下行路损，并结合基站的参数设置 PRACH 的发射功率，如果随机接入尝试失败，则 UE 通过增加发射功率尝试下一次随机接入，UE 在载波的上行 BWP 上确定物理随机接入信道（PRACH）的发射功率如下，相关参数释义如表 2-36 所示。

$$P_{\text{PRACH,b,f,c}}(i) = \min\left\{P_{\text{CMAX,f,c}}(i), P_{\text{PRACH,target,f,c}} + PL_{\text{b,f,c}} + \Delta_{\text{pre}} + (N_{\text{pre}}-1) \times P_{\text{rampup}}\right\} \quad (2\text{-}8)$$

其中，b 为激活的上行 BWP、f 为载波、c 为服务小区。

表 2-36 PRACH 信道的功率控制参数释义

参数名	单位	意义
$P_{\text{CMAX,f,x}}$	dBm	UE 的最大发射功率
$P_{\text{PRACH,target,f,c}}$	dBm	PRACH 目标接收功率：基站侧配置
$PL_{\text{b,f,c}}$	dB	UE 估计的下行链路路损：根据 referenceSignalPower-higher layer filtered RSRP 计算
Δ_{pre}	dB	不同 Preamble 格式偏移
N_{pre}	次数	Preamble 最大传输次数
P_{rampup}	dB	随机接入功率爬坡步长

由式（2-8）可知，PRACH 功率取两项最小值，表示功率不会超过 UE 的最大发射功率，后面项为 PRACH 到达基站的目标功率加上下行路径损耗，这里用下行路径损耗代表上行路径损耗值，下行路径损耗值由 UE 根据系统消息获取的同步信号功率减去测量到的同步信号

电平得到，如果 UE 没有收到基站确认，则 PRACH 的发射功率会提高一个步长。

（4）PUSCH 的功率控制（Msg3）

PUSCH 在承载 Msg3 消息时，其发射功率只需在 PRACH 的目标接收功率上增加 Msg3 的期望功率增量即可，Msg3 的重传是 HARQ 过程，因此重传时不会提升功率，算法如下。

$$P_{O\_NOMIMAL\text{-}PUSCH,f,c}(0) = P_{O\text{-}PRE} + \Delta_{PREAMBLE\_Msg3} \tag{2-9}$$

表 2-37 所示为承载 Msg3 的 PUSCH 功率控制参数，由算法可知，PUSCH 的发射功率在 PRACH 发射功率的基础上增加一个增量值，即 Msg3 期望的功率增量，此参数一般配置为 2dB，也可以根据实际无线环境灵活配置，因此在通信网络优化工作中，往往可以通过优化 PRACH 相关参数间接提升 Msg3 的发射功率，以此来应对上行质差问题导致的指标恶化。

表 2-37 承载 Msg3 的 PUSCH 的功率控制参数

参数名	单位	意义
$P_{O\text{-}PRE}$	dBm	PRACH 发射功率
$\Delta_{PREAMBLE\_Msg3}$	dB	Msg3 期望功率增量

（5）PUSCH 的功率控制

PUSCH 功率控制算法如下。

$$P_{PUSCH,b,f,c}(i,j,q_d,l) = \min \left\{ \begin{array}{l} P_{CMAX,f,c}(i), \\ P_{O\_PUSCH,b,f,c}(j) + 10\lg(2^\mu \times M_{RB,b,f,c}^{PUSCH}(i)) + \alpha_{b,f,c} \\ \\ (j) \times PL_{b,f,c}(q_d) + \Delta_{TF,b,f,c}(i) + f_{b,f,c}(i,l) \end{array} \right\} \tag{2-10}$$

PUSCH 功率取两项中的最小值，表示功率不会超过 $P_{CMAX,f,c}(i)$，这是 UE 的最大功率，相关参数释义如表 2-38 所示。在网络优化中，对于上行质差场景，可以通过调整相关参数来提升终端的发射功率，以此来提升上行无线性能。

表 2-38 PUSCH 的功率控制参数释义

参数名	单位	意义
$P_{CMAX,f,c}(i)$	dBm	UE 的最大发射功率：与终端能力等级及高层配置的最大允许功率相关
$PL_{b,f,c}(q)$	dB	UE 估计的下行链路路损
$M_{RB,b,f,c}^{PUSCH}(i)$		PUSCH 分配的 PRB 数
$P_{O\_NOMINAL\_PUSCH,f,c}(j)$	dBm	小区专属部分期望接收功率
$P_{O\_UE\_PUSCH,b,f,c}(j)$	dB	UE 专属部分期望接收功率增量
$\alpha_{b,f,c}(j)$		部分路损补偿系数
$\Delta_{TF,b,f,c}(i)$	dB	当前 MCS（调制与编码策略）相对于参考 MCS 的功率偏移
$f_{b,f,c}(i,l)$	dB	闭环功率调整参数

（6）PUCCH 的功率控制

PUCCH 承载的信令包括 UE 接收下行数据后反馈给基站的 ACK/NACK（应答 / 否定影器）信息以及终端反馈的 CQI 及 SR 信息，当基站对 PUCCH 信道信号的解调错误概率增加时，会严重影响用户吞吐率指标，PUCCH 功率控制的目的是保证 PUCCH 信道信号的接收性能，并减少对邻区的干扰，PUCCH 功率控制算法如下。相关介绍如表 2-39 所示。

$$P_{\text{PUCCH,b,f,c}}(i,q_u,q_d,l) = \min \left\{ \begin{array}{l} P_{\text{CMAX,f,c}}(i), \\ P_{\text{O\_PUCCH,b,f,c}}(q_u) + 10\lg(2^{\mu} \times M_{\text{RB,b,f,c}}^{\text{PUCCH}}(i)) + PL_{\text{b,f,c}} \\ \\ (q_d) + \Delta_{\text{F\_PUCCH}}(F) + \Delta_{\text{TF,b,f,c}}(i) + g_{\text{b,f,c}}(i,l) \end{array} \right\} \tag{2-11}$$

表 2-39　PUCCH 的功率控制参数释义

参数名	单位	意义
$P_{\text{CMAX,f,c}}(i)$	dBm	UE 的最大发射功率
$PL_{\text{b,f,c}}(q)$	dB	UE 估计的下行链路路损
$M_{\text{RB,b,f,c}}^{\text{PUSCH}}(i)$		PUCCH 分配的 PRB 数
$P_{\text{O\_NOMINAL\_PUCCH,f,c}}(j)$	dBm	小区专属部分期望接收功率
$P_{\text{O\_UE\_PUCCH,b,f,c}}(j)$	dB	UE 专属部分期望接收功率增量
$\Delta_{\text{F\_PUCCH}}(F)$	dB	传输格式相关调整量（高层配置）
$\Delta_{\text{TF,b,f,c}}(i)$	dB	传输格式相关调整量
$g_{\text{b,f,c}}(i,l)$	dB	闭环功率调整参数：UE 从 TPC 中获取该调整值

（7）SRS 的功率控制

SRS 功率控制是用于上行信道估计和上行定时，其目的是保证上行信道估计和上行定时的精度，SRS 功率控制算法如下。相关参数释义如表 2-40 所示。

$$P_{\text{SRS,b,f,c}}(i,q_s,l) = \min \left\{ \begin{array}{l} P_{\text{CMAX,f,c}}(i), \\ P_{\text{O\_SRS,b,f,c}}(q_s) + 10\lg(2^{\mu} \times M_{\text{SRS,b,f,c}}(i)) + \alpha_{\text{SRS,b,f,c}} \\ \\ (q_s) + PL_{\text{b,f,c}}(q_d) + h_{\text{b,f,c}}(i,l) \end{array} \right\} \tag{2-12}$$

表 2-40　SRS 的功率控制参数释义

参数名	单位	意义
$P_{\text{CMAX,f,c}}(i)$	dBm	UE 的最大发射功率
$PL_{\text{b,f,c}}(q_d)$	dB	UE 估计的下行链路路损：通过 RSRP 测量值和 SSB 发射功率获取
$M_{\text{SRS,b,f,c}}(i)$		SRS 分配的资源数
$P_{\text{O\_SRS,b,f,c}}(q_s)$	dBm	期望接收功率
$\alpha_{\text{SRS,b,f,c}}(q_s)$		部分路损补偿系数
$h_{\text{b,f,c}}(i,l)$	dB	SRS 发射功率调整值：UE 从 TPC 中获取该参数值

2. 下行功率分配

NR 系统的下行功率分配包括固定功率分配和动态功率分配两种策略。SSB 和 TRS（跟踪参考信号）采用固定功率分配；PDCCH、PDSCH 既可以采用固定功率分配，又可以采用动态功率分配。

为保证现网中 SSB 和 CSI 同覆盖，会配置 CSI 相对 SSB 的功率偏移，例如在 SSB 发送窄波束、CSI 发送宽波束的情况下，配置 3dB 或者 6dB 的功率偏移以达到同覆盖。

2.3.6 波束管理

使用大规模天线阵列的基站会在特定时间、特定方向上发送波束，然后在下一个时间帧改变波束发送的方向，直到扫描遍历到全部应覆盖的区域。当基站和 UE 的波束对齐时即可通信。将基站和 UE 的波束对齐，即发送波束和接收波束对齐的过程就是波束管理的过程。基站发射每个波束时，都要配置 SSB，以便 UE 实现下行同步。

波束管理是一组 L1/L2 程序，用于获取和维护一组可用于下行（DL）和上行（UL）传输 / 接收的 TRP（发送接收点）或 UE 波束，其目的是为各个信道选择合适的静态波束，提升小区覆盖、节约系统开销，3GPP 协议中定义了波束管理的 5 个步骤：波束扫描、波束测量、波束报告、波束选择、波束失败恢复。

1. 波束扫描

波束扫描是一种在一定的时间间隔内，将波束按预定的覆盖方向发射的技术。例如，终端附着过程的第一步是初始接入，即与系统同步并接收最小的系统消息广播。一个 SSB 携带着 PSS、SSS 和 PBCH，基站将在 5ms 窗口内以预定的方向（波束）在时域内重复发送 SSB，以达到覆盖整个小区的目的。因此小区扇区覆盖图的示意图将不会有固定的带有参考信号和同步信号的波束。波束扫描示意如图 2-41 所示。（该图仅为了可视化。）

图 2-41 波束扫描示意

2. 波束测量

波束测量用于 TRP 或 UE 测量接收到的波束赋形信号的特性。UE 通过测量参考信号选择最好的波束。在空闲模式下，测量基于同步信号；在连接模式下，测量基于 DL 的 CSI-RS 和 UL 的 SRS。与 SSB 一样，基站发送 CSI-RS 也进行波束扫描，考虑到覆盖所有预定义方向的开销，CSI-RS 将基于激活移动终端的位置，仅在那些预定义方向内进行传输，波束测量有 3 种类型。

（1）联合收发波束测量：基站和 UE 都执行波束测量。

（2）发送波束测量：基站通过轮询方式发送波束，UE 采用固定方式接收波束，如图 2-42 所示。

（3）接收波束测量：基站采用固定方式发送波束，UE 用轮询方式测试不同波束，如图 2-43 所示。

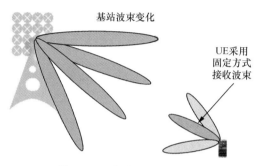

图 2-42　发送波束测量示例

图 2-43　接收波束测量示例

3. 波束报告

在波束测量时，虽然 UE 需要测量和估算多个波束的质量，但是不需要把所有波束的质量信息上报给基站，只需要选取其中质量最优的波束对进行上报即可，最优波束对对应的接收信息只需要存储在 UE 中，不需要上报给基站。在信息传输过程中，基站只需要指示 UE 所选择的发送波束，UE 可以根据存储的信息采用对应的接收波束进行接收处理。

4. 波束选择

波束选择是指基站指示 UE 选择指定的波束。在初始接入阶段，基站和 UE 使用 SSB 索引，PRACH 的发送时刻隐含地指示波束；在 RRC 建立后，基站通过波束指示将对应的 QCL（准共址）关系通知给 UE，在上行方向通过 SRS 进行波束训练，当 SRS 配置为 beamManagment 时，表示用于波束管理，基站通过参数直接指示 SRS 的发送波束 SRS resourceID。

上面介绍的 QCL 定义为若可以通过一个天线端口的无线信道属性推算出另一个天线端口的无线信道属性，则这两个天线端口是准共址端口。比如在随机接入过程中，UE 接收到 SSB 后，此时 RRC 连接还没有建立，基站无法把 SSB 和 PDCCH 共址关系（实际上是 SSB 的 DMRS 和 PDCCH 的 DMRS 的准共址关系）通知给 UE。因此，UE 假定接下来接收的 PDCCH 和已经接收的 SSB 是准共址关系。实际上在系统实现上，基站在波束赋形的时候就要考虑信道和信号之间的准共址关系。例如，RRC 信令通知 UE 某个 SSB 和 PDCCH 是准共址关系，则该 SSB 波束和 PDCCH 的波束的发送方向要尽量一致，以便 UE 能接收到具有准共址关系的 SSB 和 PDCCH。

由于大规模天线阵列所产生的波束很窄，基站需要使用大量的窄波束才能保证小区内任意方向上的用户都能得到有效覆盖。在此情况下，用户遍历扫描全部窄波束来寻找最佳发射波束的策略显得费时费力，与 5G 所期望的用户体验不符。为了快速对准波束，5G 标准采取分级扫描的策略。

第一阶段为粗扫描，基站使用少量的宽波束覆盖整个小区，并依次扫描各宽波束对准的方向，用户对准宽波束，对准方向精度不高，所建立的无线通信连接质量也比较有限。

第二阶段为细扫描，基站在第一阶段的基础上，再利用多个窄波束逐一扫描。对单个用户而言，尽管此时的扫描波束变窄，但所需扫描的范围已缩小，扫描次数便相应减少，基站采用有效的波束估计算法，可以结合用户报告信息进一步估计用户的最佳波束方向，提高现有波束扫描结果的精度并修正波束方向，从而减少或避免进一步细化扫描，同时通知 UE 的波束测量方法。

第三阶段，基站侧基于第二阶段 UE 上报的波束测量结果，指示 UE 相应地接收方向信息；UE 侧获得精准的接收方向信息，根据测量结果选择最优波束，无须上报给基站。

5. 波束失败恢复

使用多波束时，由于波束宽度比较窄，波束故障很容易导致网络和终端之间的链路中断，当 UE 的信道质量较差时，底层将发送波束失败通知，UE 将指示新的 SSB 或者 CSI-RS，并通过新的 RACH（随机接入信道）过程来进行波束失败恢复，该过程包括波束失败检测、候选波束选择、波束失败恢复请求、波束失败恢复响应，详细介绍如下。

（1）波束失败检测

UE 监测小区的下行无线链路质量，目的是向更高层指示同步状态，UE 不需要在小区检测非激活 BWP 的下行无线链路质量，如果活动下行 BWP 是初始下行 BWP，并且对于 SSB 和 CORESET 复用模式为模式 2 或模式 3，当 Radio Link Monitoring RS 提供关联的 SSB 索引时，UE 应使用关联的 SSB 执行无线链路监测。

（2）候选波束选择

UE 检测到波束失败后，需要选择新的波束，当对应参考信号的测量值高于一定门限时，该波束可以作为新的候选波束。

（3）波束失败恢复请求（BFRQ）

UE 判定满足波束失败条件后，发起波束失败恢复请求，有两种可能。

基站配置 beamFailureRecoveryConfig 时：使用 beamFailureRecoveryConfig 配置的 RACH 资源发起随机接入，发起基于非竞争的随机接入过程。UE 发送 Msg1，基站在 BFR（波束失败恢复）专属搜索空间内下发 C-RNTI 加扰的 PDCCH（在新的下行波束），终端发送 PUCCH HARQ-ACK，完成波束恢复请求。

基站未配置 beamFailureRecoveryConfig 时：发起基于竞争的随机接入过程。UE 发送 Msg1，基站下发 RA-RNTI 加扰的 RAR，UE 在 Msg3 中携带 C-RNTI 作为竞争解决 ID，基站在 Msg4 下发 UE Contention Resolution Identity，完成竞争解决。

（4）波束失败恢复响应（BFRP）

基站接收到波束失败恢复请求后，向 UE 发送波束失败恢复响应。网络为 UE 配置一个专用的 CORESET 用于波束失败恢复控制消息的传输，UE 通过检测特定的 CORESET 来判断波束失败恢复是否成功，如果检测到新波束发送的 PDCCH，则认为上报的波束失败事件已经在新候选波束被基站正常接收。

2.4　5G 信令流程

2.4.1　5G 信令基础

1. 信令的概念

在移动通信系统中，除了传输用户数据，还需要在各个节点之间发送控制信息，以保证网络有秩序地工作，这些控制信息称为信令。信令通常需要在通信网络的不同节点之间传输，各节点进行分析处理并通过交互作用而形成一系列的操作和控制，其作用是保证用户信息的有效且可靠地传输，因此，信令可看作是整个通信网络的控制系统，其性能在很大程度上决定了一个通信网络为用户提供服务的能力和质量。

2. 状态转换机制

处于网络中的 UE 有不同的状态，NAS-MM 子层中包括注册管理（RM）状态和连接管理（CM）状态，RRC 层中有 RRC 状态。RM 用于向网络注册或注销用户，并在网络中建立用户上下文；CM 用于建立、释放 UE 和 AMF 之间的信令连接，不同 RRC 层状态意味着 UE 与基站之间 RRC 层的连接状态不同。

（1）注册管理状态

在 UE 和 AMF 中可以使用去注册（RM-DEREGISTERED）和注册（RM-REGISTERED）两个 RM 状态来反映 UE 在所选 PLMN 中的注册状态。

在去注册状态下，UE 没有注册到核心网，AMF 中的 UE 上下文不包含有效的位置或路由信息，即 UE 对 AMF 是不可达的，但是一些 UE 上下文可能继续在 UE 和 AMF 里存储。当处于去注册状态时，UE 可以发起注册。如果注册成功，则进入注册状态；否则仍然处于去注册状态。

在注册状态下，UE 已注册到核心网，可以接受网络提供的业务。当处于注册状态时，UE 通过注册更新保持注册状态，如果 UE 接收到注册拒绝，则进入去注册状态。

在去注册状态下，如果 UE 或 AMF 的 MM 层接收到注册拒绝信令，则保持去注册状态；如果接收到注册接受信令，则 RM 状态模型将变为注册状态。在注册状态下，如果 UE 或 AMF 的 MM 层接收到注册拒绝信令，则 RM 状态模型将变为去注册状态；如果接收到注册更新接受信令，则保持注册状态。

（2）连接管理状态

5G 核心网定义两种连接管理状态，分别为空闲态和连接态。它们用于在 UE 和 AMF 间通过 N1 接口实现信令连接的建立与释放，用于实现 UE 和核心网之间的 NAS 信令交互，包含 UE 和 AN（接入网）间的 AN 信令连接及 UE 所属的 AN 和 AMF 间的 N2 连接。

① 空闲（CM_IDLE）态

UE 与 AMF 间不存在 N1 接口的 NAS 信令连接，不存在 N2 和 N3 连接，UE 可执行小区选择、小区重选和 PLMN 选择，空闲态 AMF 应能对非 MO-only（仅移动）模式的 UE 发起寻呼，执行网络发起的业务请求过程。

② 连接（CM_CONNECTED）态

UE 所属的 AN 和 AMF 间的 N2 连接建立后，网络进入连接态。处于连接态的 UE 通过 N1 与 AMF 建立 NAS 信令连接，NAS 信令连接使用 UE 和 NG-RAN 之间的 RRC 连接及接入网和 AMF 之间的 NGAP 连接。

CM 状态也可以通过信令过程来改变。每当在 AN 和 AMF 之间为该 UE 建立 N2 连接时，AMF 将进入 UE 的 CM-CONNECTED 状态，接收初始 N2 消息时会启动 AMF 从 CM_IDLE 态到 CM_CONNECTED 态的转换。

在连接态状态下，当释放 AN 信令连接时，UE 应进入空闲状态。当 AMF 中的 UE 状态为 CM-CONNECTED 时，若在完成 AN 释放过程后释放此 UE 的逻辑 NGAP 信令连接和 N3 用户面连接，则 AMF 将进入 UE 空闲态。

（3）RRC 状态

UE 建立 RRC 连接时，RRC 的状态可能是 RRC_CONNECTED 或者 RRC_INACTIVE；UE 没有建立 RRC 连接时，RRC 的状态为 RRC_IDLE。一个 UE 在网络中只有一个 RRC 状态，RRC 状态转换示意如图 2-44 所示。

① RRC_IDLE 状态

在 RRC_IDLE 状态下，采用基于网络配置的 UE 控制

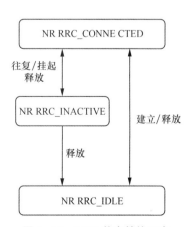

图 2-44 RRC 状态转换示意

的移动性管理机制，UE 特定的 DRX（非连续接收）可以由上层配置，UE 在 RRC_IDLE 状态下的行为包括 PLMN 选择、系统广播消息、小区重选移动性、5GC 发起的移动端数据寻呼、5GC 管理的移动端数据区域寻呼、用于 NAS 配置的 CN（核心网）寻呼的 DRX。

② RRC_INACTIVE 状态

RRC_INACTIVE 是新引入的状态，UE 保持在 CM_CONNECTED 状态，可以在配置的 NG-RAN 区域内移动时不通知 NG-RAN；最后服务的 gNB 节点保留 UE 上下文及与 UE 关联的 NG 接口上的 AMF/UPF 信息，当需要转为连接态时可以快速转换、信令少、时延低。在 RRC_INACTIVE 状态下，UE 特定的 DRX 可以由上层或 RRC 层配置，采用基于网络配置 UE 控制的移动性管理机制，UE 存储 UE Inactive AS（接入层）上下文，RRC 层配置基于 RAN 的通知区域。

UE 在 RRC_INACTIVE 状态下的行为包括 PLMN 选择、系统广播消息、小区重选移动性、NG-RAN 发起的寻呼（配置 RAN 寻呼的 DRX）、NG-RAN 管理基于 RAN 的通知区域（RNA）、NG-RAN 和 UE 存储 UE AS 上下文、NG-RAN 知道 UE 归属的 RNA。

③ RRC_CONNECTED 状态

在 RRC_CONNECTED 状态下，NG-RAN 知道 UE 归属的小区；网络控制 UE 的移动性，UE 在 RRC_CONNECTED 状态下的行为包括 UE 存储 AS 上下文、向 / 从 UE 传输单播数据、在较低层为 UE 配置 UE 特定的 DRX、对于支持 CA（载波聚合）的 UE 可以使用一个或多个 SCell（辅小区）进行聚合、对于支持 DC（双连接）的 UE 可以进行 SCG（辅小区组）与 MCG（主小区组）的聚合、NR 内和往返 E-UTRAN（演进通用无线接入网络）的控制 UE 的移动性。

3. SRB 与 DRB 概念

无线承载（RB）分为两类，分别为用于传输用户面数据的数据无线承载（DRB）和用于传输控制面数据的信令无线承载（SRB）。SRB 被定义为仅用于传输 RRC 和 NAS 消息的无线承载，3GPP 协议中定义了以下 SRB。

（1）SRB0 用于在 RRC 连接建立之前使用 CCCH（公共控制信道）RRC 消息。

（2）SRB1 用于 RRC 消息（可能包括捎带的 NAS 消息）及在 SRB2 建立之前的 NAS 消息，均使用 DCCH（专用控制信道）。

（3）SRB2 用于 NAS 消息，全部使用 DCCH，SRB2 的优先级低于 SRB1，在安全激活后始终由网络配置。

（4）SRB3 用于 UE 处于 EN-DC（LTE 与 NR 双连接）时的特定 RRC 消息，均使用 DCCH。

2.4.2 5G 系统消息读取

系统消息广播是 UE 获得网络基本服务信息的第一步，通过系统消息广播过程，UE 可以获得基本的 AS 和 NAS 信息。AS 信息包括公共信道信息、一些 UE 所需的定时器、小区选择 / 重选信息等；NAS 信息包括运营商信息等。UE 系统消息信息决定了 UE 在小区中进行驻留、重选及发起呼叫的行为方式。

UE 在小区选择（如开机）、小区重选、系统内切换完成、从其他 RAT 系统进入 5G 系统及从非覆盖区返回覆盖区时会主动读取系统消息。UE 在上述场景中正确获取了系统消息后，不会反复读取系统消息，只在满足以下任一条件时重新读取系统消息。

（1）收到基站寻呼，指示系统消息有变化。

（2）收到基站寻呼，指示有 ETWS（地震海啸告警系统）或 CMAS（商用移动告警服务）消息广播。

（3）距离上次正确接收系统消息 3h 后。

1. 系统消息分类

系统消息可以分为最小系统消息（MSI）和其他系统消息（OSI）两大类。

（1）MSI

MSI 周期性广播包括 MIB（主系统信息块）和 SIB1［也叫 RMSI（剩余最小系统消息）］。MIB 总是通过 BCH 以 80ms 为周期发送，在 80ms 内重复发送多次，MIB 为 UE 提供初始接入信息和 SIB1 的调度信息。SIB1 总传输周期为 160ms，在总传输周期内重复传输的次数可根据网络设置，默认为 8 次，即每 20ms 传输一次 SIB1，160ms 内传输 8 次 SIB1。SIB1 包含小区选择信息、小区接入相关信息、其他系统消息调度信息、服务小区公共配置、UE 定时器和常量信息。

（2）OSI

OSI 包括 SIB2 到 SIBn，即所有没有在最小系统信息中广播的系统信息都可以广播下发（空闲态 / 挂起态），也可以通过 RRC 专用信令下发（连接态），可以周期广播，也支持按需（on demand）发送方式，OSI 消息内容如表 2-41 所示。

表 2-41　OSI 消息内容

SIB 类型	内容
SIB2	包含频内、频间及异系统小区重选的公共信息
SIB3	包含邻区相关的频内小区重选的信息
SIB4	包含邻区相关的频间小区重选的信息
SIB5	包含邻区相关的系统间邻区之间小区重选信息
SIB6	包含 ETWS 主信息通知
SIB7	包含 ETWS 辅信息通知
SIB8	包含 CMAS 信息通知
SIB9	包含 GPS 和 UTC（协调世界时）相关的信息，UE 据此来获取 GPS、UTC 及本地时间

2. 系统消息获取

系统消息获取流程如图 2-45 所示，MIB 和 SIB1 为周期性下发。对于 OSI 的获取，3GPP 定义了两种获取方式：一种是广播（broadcast）下发获取其他系统消息；一种是基于用户需求（ODOSI）获取其他系统消息，连接态 UE 无须获取 OSI，ODOSI 流程仅涉及

RRC_IDLE 和 RRC_INACTIVE 状态的 UE，描述如下。

（1）搜索小区，解析 MIB，检查小区状态。如果小区被禁止，则停止系统消息获取过程；否则继续后续步骤。

（2）使用 MIB 中携带的参数，尝试解析 SIB1，如果 SIB1 解析成功，则存储相关信息，并继续后续步骤；否则停止系统消息获取过程。

（3）根据 SIB1 中指示的其他 SIB 发送方式，进一步尝试获取其他 SIB。如果其他 SIB 采用周期广播方式，则根据 SIB1 中指示的 OSI 搜索空间尝试接收和解析 SI；否则，UE 通过订阅请求获得其他 SIB（称作 ODOSI）。

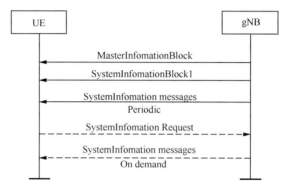

图 2-45　系统消息获取流程

ODOSI 信令过程由基站和 UE 协作完成。基站广播 SIB1，指示某个 OSI 是以广播方式下发还是以订阅方式下发。对于以订阅方式下发 OSI，基站可以分配专用的 PRACH 资源，并在 SIB1 中进行广播，供 UE 请求 OSI 时使用。当基站以订阅方式下发 OSI 时，UE 在接收 OSI 之前必须先解析 SIB1，获得自己所需要的 OSI 的 si-BroadcastStatus，如果当前状态是 broadcasting，则在该 OSI 对应的 SI-window 上接收即可；否则发起 ODOSI 订阅流程。UE 发起 ODOSI 请求有 Msg1 和 Msg3 两种方式。

（1）Msg1 请求方式

当 SIB1 中包含 ODOSI PRACH 资源时，UE 通过 Msg1 请求 OSI；基站通过 Msg2 确认收到请求（避免 UE 反复发送请求），立即广播被请求的系统消息。此种方式下，基站需要分配 ODOSI 专用的 PRACH 资源，适用于 PRACH 资源充足的场景。

（2）Msg3 请求方式

当 SIB1 中未包含 ODOSI PRACH 资源时，UE 通过 Msg3 请求 OSI；基站通过 Msg4 确认收到请求（避免 UE 反复发送请求），立即广播被请求的系统消息。在此种方式下，基站不分配 ODOSI 专用的 PRACH 资源，适用于 PRACH 资源紧张的场景。

2.4.3　5G 寻呼过程

寻呼的目的是传输寻呼消息给 RRC_IDLE 或者 RRC_INACTIVE 状态下的 UE，并通过短消息通知处于 RRC_IDLE、RRC_INACTIVE 和 RRC_CONNECTED 状态的 UE 系统信息变化和 ETWS/CMAS 指示。寻呼消息和短消息都在 PDCCH 上使用 P-RNTI（寻呼无线网络标识符）进行寻址，但寻呼消息在 PCCH（寻呼控制信道）上发送，短消息直接通过 PDCCH 发送。按照消息来源分，寻呼可以分为两类，即 5GC 寻呼和 RNA 寻呼。

1. 5GC 寻呼

5GC 寻呼来自 5GC，当处于 RRC_IDLE 状态的 UE 有下行数据到达时，5GC 通过 Paging 消息通知 UE，具体流程如图 2-46 所示。

（1）下行数据到达，5GC 触发寻呼。

（2）5GC 向基站发送寻呼消息。

（3）基站计算寻呼时机。

（4）基站发起对 UE 的寻呼。

（5）终端响应寻呼，触发 RRC 建立流程。

（6）触发服务请求流程。

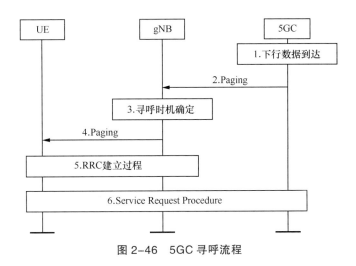

图 2-46　5GC 寻呼流程

2. RNA 寻呼

RNA 寻呼来自基站，当处于 RRC_INACTIVE 状态的 UE 有下行数据到达时，基站通过 RAN Paging 消息通知 UE 启动数据传输，若基站检测到处于 RRC_INACTIVE 状态的 UE 有下行数据需要发送，则在 RNA 区域内发起对 UE 的寻呼，流程如图 2-47 所示。

（1）网络侧有数据到达，向源基站传递。

（2）在源基站 PDCP 层检测到下行数据，然后触发向 UE 寻呼。

（3）源基站计算寻呼时机。

（4）源基站寻呼 UE。

（5）源基站向目标基站发起寻呼。

（6）目标基站计算寻呼时机。

（7）目标基站向 UE 发起寻呼。

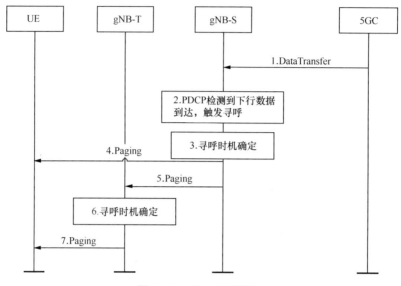

图 2-47　RNA 寻呼流程

2.4.4　RRC 建立过程

RRC 建立过程是终端和基站之间完成信令面连接的过程，本节将根据终端发起 RRC 后，分别从 RRC 建立正常、RRC 拒绝及 RRC 重发流程 3 个方面进行介绍。

1. RRC 建立正常流程

RRC 建立过程由 UE 触发，RRC 连接建立成功后，gNB 侧和 UE 侧分别完成 SRB1 承载（PDCP/RLC）、MAC 和 L1 的对等协议实体的建立，双方建立对等协议实体和消息交互的过程，图 2-48 所示为 RRC 建立流程，具体介绍如下。

（1）UE 向 gNB 发送 RRCSetupRequest 消息，携带 UE 的 InitialUE-Identity 和 Establishment Cause，请求建立 RRC 连接，该消息对应于随机接入过程的 Msg3。

（2）gNB 为 UE 分配并建立 SRB1 承载，并向 UE 发送 RRCSetup 消息。

（3）UE 向 gNB 发送 RRCSetupComplete 消息，RRC 连接建立成功。

2. RRC 拒绝流程

由于资源受限，gNB 无法接纳本次 RRC 请求时，通过 CCCH 在 SRB0 上向 UE 回复 RRC 拒绝消息，消息中携带 waitTime，在该时间窗内禁止 UE 重新接入。UE 接收到 RRC 拒绝消息后，停止 T300 定时器，复位 MAC 并释放

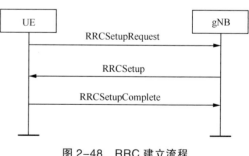

图 2-48　RRC 建立流程

MAC 配置，通知上层 RRC 连接建立失败，然后按照 RRC 拒绝消息中携带的 waitTime 启动 T302 定时器。在 T302 定时器运行期间，禁止发起新的 RRC 建立请求，超时后可再次发起 RRC 建立请求，如图 2-49 所示。

3. RRC 重发流程

RRC 重发处理过程主要围绕 UE 侧运行的两个关键定时器进行，即竞争解决定时器（ra-ContentionResolutionTimer）和 T300 定时器，具体流程如图 2-50 所示。

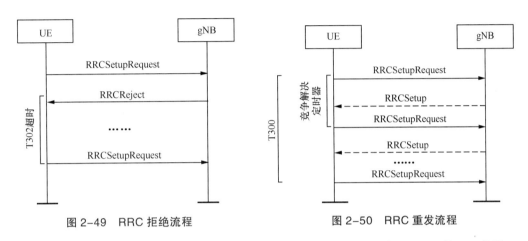

图 2-49 RRC 拒绝流程   图 2-50 RRC 重发流程

竞争解决定时器的时长由 gNB 通过 SIB1 广播，时长一般配置为 64ms，若 UE 发送 RRCSetupRequest 消息后，在 ContentionResolutionTimer 时长内没接收到 RRCSetup 消息，则重新发送 RRCSetupRequest。gNB 接收到同一用户从同一小区上重发的 RRCSetupRequest 消息后，重发 RRCSetup 消息，初传的 RRC 建立过程不算作失败。

T300 定时器的时长由 gNB 通过 SIB1 广播，默认为 1000ms，该定时器由 UE 使用。在 T300 启动期间没有接收到 RRCSetup 消息，会在竞争解决定时器超时后再次发送 RRCSetupRequest 消息（消息内容一样），直到 T300 超时。T300 超时后会发送一个新的 RRCSetupRequest 消息。

2.4.5 上下文建立过程

终端 RRC 建立成功后，通过 InitialUEMessage 触发初始上下文建立过程。初始上下文建立的目的是在 NG-RAN 节点建立必要的 UE 上下文，其中包括安全密钥、移动限制列表、UE 的无线能力和安全能力等，初始上下文建立流程如图 2-51 所示。相关流程介绍如下。

（1）RRC 建立成功后，UE 向 gNB 发送 RRCSetupComplete，携带 selectedPLMN-Identity、registeredAMF、s-nssai-list 和 NAS 消息。

（2）gNB 为 UE 分配专用的 RAN-UE-NGAP-ID，根据 selectedPLMN-Identity、registeredAMF、s-nssai-LIst 选择 AMF 节点，然后将 RRCSetupComplete 消息中携带的 NAS 消息通过 InitialUEMessage 发送给 AMF。

（3）gNB 透传 UE 和 AMF 之间的 NAS 直传消息，完成 NAS 鉴权、加密。

（4）AMF 向 gNB 发送 InitialContextSetupRequest 消息，启动初始上下文建立过程。[仅当此消息中未携带 UE 能力时，gNB 才会向 UE 发送 UE 能力查询，对应步骤（7）、（8）、（9）]。

（5）gNB 向 UE 发送 SecurityModeCommand 消息，通知 UE 启动完整性保护和加密过程。

（6）UE 根据 SecurityModeCommand 消息指示的完整性保护和加密算法，派生出密钥，然后向 gNB 回复 SecurityModeComplete 消息，启动上行加密。

（7）gNB 向 UE 发送 UECapabilityEnquiry 消息，发起 UE 能力查询过程。

（8）UE 向 gNB 回复 UECapabilityInformation 消息，携带 UE 能力信息。

（9）gNB 向 AMF 发送 UECapabilityInfoInd 消息，透传 UE 能力。

（10）gNB 向 UE 下发 RRCReconfiguration 消息，指示建立 SRB2 和 DRB。

（11）UE 接收到 RRCReconfiguration 消息后，开始建立 SRB2 和 DRB 无线承载，建立成功后向 gNB 回复 RRCReconfiguration Complete 消息。

（12）gNB 向 AMF 回复 InitialContextSetupResponse 消息，初始上下文建立完成。

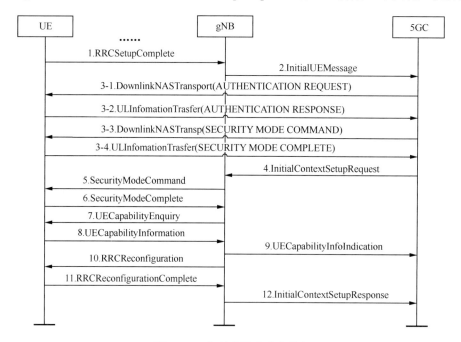

图 2-51 初始上下文建立流程

2.4.6 PDU 会话建立过程

PDU 会话建立可以由终端开机时初始注册过程触发，也可以由 UE 在发起具体业务时单独触发，PDU 会话建立的主要目的是为 UE 分配 IP 地址，并通知 UE 涉及的各核心网络单元的 IP 地址，PDU 会话建立的另一个重要作用是为一个或多个 PDU 会话和相应的 QoS 流分配 Uu 和 NG-U 上的资源，并为给定的 UE 配置相应的 DRB，触发 PDU 会话建立的场景如下。

（1）建立一个新的 PDU 会话（可以不和注册流程绑定，单独发起）。

（2）将用户在 4G 创建的 PDU 连接转移到 5G 中。

（3）在非 3GPP 接入和 3GPP 接入切换的过程中，核心网之间传递用户已经建立的 PDU 会话。

（4）为紧急业务请求建立 PDU 会话。

从无线网的角度来看，PDU 会话由终端触发，通过 NSA 消息把 PDU 建立请求发给核心网，并由核心网向接入网发起建立请求，PDU 会话建立流程如图 2-52 所示。具体流程介绍如下。

（1）终端触发 PDU 会话的建立，通过 NAS 信令发送 PDU session establishment request 到核心网。

（2）AMF 向基站发送 PDUSessionResourceSetupRequest 消息，携带需要建立的 PDU 会话列表、每个 PDU 会话的 QoS Flow 列表及每个 QoS Flow 的质量属性等。

（3）基站根据 QoS Flow 的质量属性和配置的策略，将 QoS Flow 映射到 DRB，向 UE 发送 RRCReconfiguration 消息，发起建立 DRB。

（4）UE 完成 DRB 的建立后，回复 RRCReconfigurationComplete 消息。

（5）基站向 AMF 发送 PDUSessionResourceSetupResponse 消息，将成功建立的 PDU Session 信息写入 PDUSessionResourceSetupResponse List 信元中，PDU 会话建立完成。

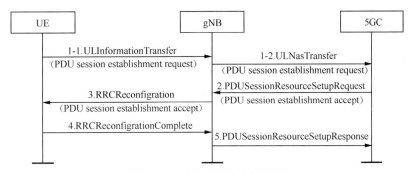

图 2-52　PDU 会话建立流程

2.4.7　测量与移动性管理过程

1. 5G 切换概述

处于 RRC_CONNECTED 状态下的 UE，其移动性由网络控制。网络控制的移动性分为两种类型——小区级移动性和波束级移动性。小区级移动性需要触发明确的 RRC 信令，即切换；波束级移动性不需要触发明确的 RRC 信令。本节主要对切换进行介绍。

切换主要发生在处于 RRC_CONNECTED 状态下的 UE 从一个小区移动到另一个小区时，为了保证通信的连续性和服务质量，可以将用户的通信链路转移到新的小区，切换流程可以分为以下 4 个步骤。

（1）测量配置和报告：基站向 UE 下发测量配置，包含邻区参数、测量参数、测量报告要求等，UE 根据接收到的配置执行测量，满足条件就上报测量报告。

（2）源和目标基站资源协商：UE 上报测量报告后，符合切换判决算法时，源基站会发起切换，并通过 Xn 或 N2 接口发出切换请求，目标基站执行准入控制并提供相关配置作为切换确认的一部分。

（3）切向目标小区：源基站向 UE 提供目标基站的相关接入配置，至少包括小区 ID 和接入目标小区所需的所有信息，使得 UE 无须读取系统信息就可以接入目标小区。

（4）源基站资源释放：UE 成功地将 RRC 连接转移到目标基站后，目标基站通知源基站释放 UE 资源。

需要注意的是，在切换流程中，测量配置和测量报告不是必需的，比如基于负荷均衡的切换不需要测量配置和测量报告。通常网络优化工程师工作过程中说的切换均是基于测量的切换，以下分析均以基于测量的切换为例进行介绍。

2. 切换信令流程

根据切换源小区和目标小区的不同，切换可以分为站内切换和站间切换。站间切换根据切换的信令接口又分为基于 Xn 接口的切换和基于 N2 接口的切换，以下分别对站内切换、基于 Xn 接口的切换和基于 N2 接口的切换的信令流程进行介绍。

（1）站内切换流程

站内切换是指源小区和目标小区归属于同一个基站，也是最常见的切换方式，具体切换流程如图 2-53 所示。

步骤 1：基站通过 RRC 重配置过程向 UE 下发测量控制，终端接收到后执行测量并回复 RRC 重配置完成消息。

步骤 2：UE 根据接收到的测量控制消息执行测量，判定达到测量事件条件后上报测量报告给基站。

步骤 3：如果切换判决通过，则发送 RRCReconfiguration 给 UE，指示 UE 切换到目标小区。

步骤 4：UE 向目标小区发起随机接入过程。

步骤 5：UE 向目标小区发送 RRCReconfigurationComplete 消息，切换完成。

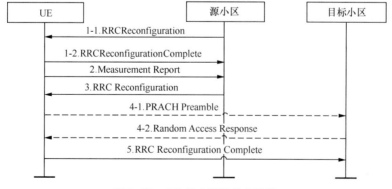

图 2-53　5G 站内切换信令流程

（2）基于 Xn 接口的切换流程

基于 Xn 接口的切换流程涉及 UE、源基站、目标基站、核心网。此流程执行的前提条件是源基站与目标基站之间有直接相连的 Xn 接口并且可以正常进行通信，具体流程如图 2-54 所示。

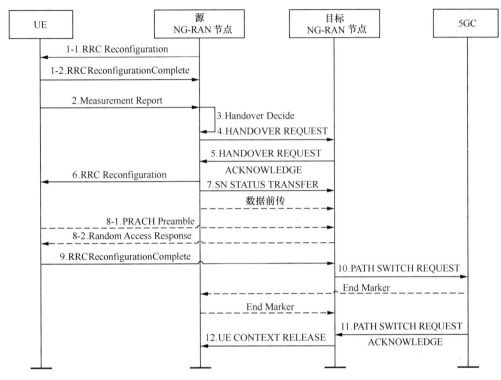

图 2-54 基于 Xn 接口的切换流程

步骤 1：基站通过 RRC 重配置向 UE 下发测量控制信息，UE 回复 RRCReconfigurationComplete 给基站，基站基于测量控制信息启动测量。

步骤 2：UE 根据接收到的测量控制信息执行测量，判定达到事件条件后，上报测量报告。

步骤 3：基站接收到测量报告后，根据测量结果进行切换判决。

步骤 4：源基站向选择的目标小区所在的基站发起切换请求。

步骤 5：目标基站接收到切换请求后，进行准入控制，允许准入后分配 UE 实例和传输资源，并回复 HANDOVER REQUEST ACKNOWLEDGE 给源基站，允许切入，如果有部分 PDU 会话切入失败，消息中需要携带失败的 PDU 会话列表。

步骤 6：源基站发送 RRCReconfiguration 给 UE，要求 UE 执行切换到目标小区。

步骤 7：源基站通过 SN STATUS TRANSFER 将 PDCP SN（序列号）发送给目标基站。

步骤 8：终端在目标小区进行随机接入。

步骤 9：UE 发送 RRCReconfigurationComplete 给目标基站，UE 空口切换到目标小区。

步骤 10：目标基站接收到切换请求后，进行准入控制，允许准入后分配 UE 目标基站向 AMF 发送 PATH SWITCH REQUEST 消息通知 UE 已经改变小区，消息包含目标小区标识和所转换的 PDU Session 列表，核心网接收到消息后，更新下行 GTP-U 数据面，将 RAN 侧的 GTP-U 地址修改为目标基站。

步骤 11：AMF 向目标基站响应 PATH SWITCH REQUEST ACKNOWLEDGE 消息，如果 AMF 在 Path Switch Request Ack 消息中指示核心网未能建立的 PDU Session，则基站删除未能建立的 PDU Session。

步骤 12：目标基站向源基站发送 UE CONTEXT RELEASE 消息，源基站释放已切换的用户。

（3）基于 N2 接口的切换流程

当执行切换的两个基站之间无 Xn 链路或者 Xn 链路异常时，可以通过 N2 接口与核心网进行切换协商，基于 N2 接口的切换流程如图 2-55 所示。

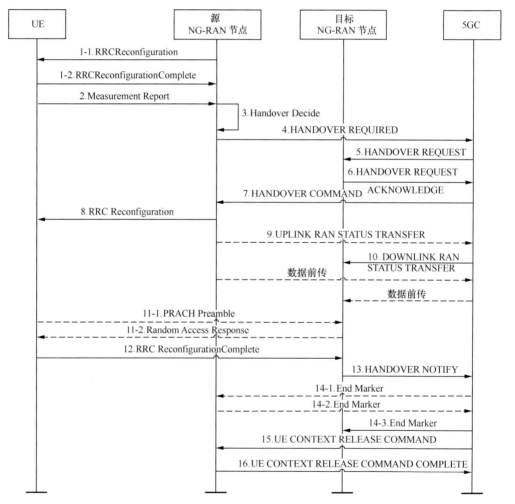

图 2-55　基于 N2 接口的切换流程

步骤 1：基站通过 RRCReconfiguration 向 UE 下发测量控制信息，包含测量对象（同频/异频）、测量报告配置、GAP 测量配置等；UE 回复 RRCReconfigurationComplete 给基站，开始启动测量。

步骤 2：UE 根据接收到的测量控制信息执行测量，判定达到事件条件后，上报测量报告给基站。

步骤 3：基站接收到测量报告后，根据测量结果进行切换判决。

步骤 4：源基站向 5GC 发送 HANDOVER REQUIRED 消息请求切换，消息包含目标基站 ID、执行数据转发 PDU Session 列表等。

步骤 5：5GC 向指定的目标小区所在的基站发起 HANDOVER REQUEST 切换请求。

步骤 6：目标基站接收到切换请求后，进行准入控制，允许准入后分配 UE 实例和传输资源；目标基站回复 HANDOVER REQUEST ACKNOWLEDGE 给 5GC，允许切入，如果有部分 PDU Session 切入失败，消息中需要携带失败的 PDU Session 列表。

步骤 7：5GC 向源基站发送 HANDOVER COMMAND 消息，消息中包含地址和用于转发的 TEID 列表、需要释放的承载列表。

步骤 8：源基站发送 RRCReconfiguration 给 UE，要求 UE 切换到目标小区。

步骤 9：源基站将 PDCP SN 通过 UPLINK RAN STATUS TRANSFER 发送给 5GC。

步骤 10：5GC 再通过 DOWNLINK RAN STATUS TRANSFER 消息将 PDCP SN 发送给目标基站。

步骤 11：UE 在目标小区发起随机接入过程，此处的随机接入可以是基于竞争的，也可以是基于非竞争的。

步骤 12：UE 发送 RRCReconfigurationComplete 给目标基站，UE 空口切换到目标小区。

步骤 13：目标基站发送 HANDOVER NOTIFY 给 5GC，通知 UE 已经接入目标小区，基于 N2 接口的切换已经完成。

步骤 14：下行切换到目标基站之后，向源基站发送 end Marker 包，源基站将此数据包转发给目标基站，这样，源基站的用户面就完成了转发数据包的使命。

步骤 15：5GC 向源基站发送 UE CONTEXT RELEASE COMMAND 消息，源基站释放切换的用户。

步骤 16：源基站向 5GC 回复 UE CONTEXT RELEASE COMPLETE，切换流程结束。

2.5 5G 无线网络 KPI

2.5.1 KPI 概念

关键绩效指标（KPI）是网络运营中网络运行质量的体现，也是网络优化的主要抓手，基于不同的维度有不同的 KPI，运营商对 5G 网络质量考核的 KPI 主要分为以下几类：覆盖类指标、接入性指标、保持性指标、资源利用率指标和容量类指标等，具体指标说明如表 2-42 所示。

表 2-42　5G 关键绩效指标说明

KPI 分类	KPI 描述
覆盖类指标	反映无线网络覆盖情况，是评估覆盖率的主要手段，涉及的指标有 MR 覆盖率、路测覆盖率、MR 弱覆盖小区占比等
接入性指标	反映接入过程中各阶段的情况、RRC 连接阶段建立情况、PDU Session 建立阶段情况和整体接入指标状况
保持性指标	反映接入成功后，业务保持的状况，是否存在掉线、重建等
移动性指标	反映系统内切换、系统间切换成功率的情况，系统内、基站内、基于 Xn 切换、基于 N2 切换等
资源利用率类指标	反映无线资源使用情况，例如 PRB 利用率、CPU（中央处理器）利用率等
容量类指标	反映无线资源利用率和各层吞吐量及 NG 接口吞吐量等

2.5.2　KPI 定义

1. 接入性指标

接入性 KPI 反映了用户成功接入网络并发起业务的成功率，主要内容包括 RRC 建立成功率、NG 接口 UE 相关逻辑信令连接建立成功率、QoS Flow 建立成功率，三者相乘即为无线接通率。

（1）RRC 建立成功率

指标统计公式为：RRC 建立成功率＝ gNB RRC 连接建立成功次数 / gNB RRC 连接建立请求次数 ×100%，其中涉及两个计数器，计数器说明如表 2-43 所示。

表 2-43　RRC 建立成功率相关计数器说明

计数器名称	计数器说明
gNB RRC 连接建立请求次数	gNB 接收到 UE 发来的 RRCSetupRequest 消息，则对应的计数器加 1
gNB RRC 连接建立成功次数	RRC 连接建立过程中，基站发送 RRCSetup 消息后，收到 UE 反馈的 RRCSetupComplete 消息，计数器加 1

（2）NG 接口 UE 相关逻辑信令连接建立成功率

指标统计公式为：NG 接口 UE 相关逻辑信令连接建立成功率＝ NG 接口 UE 相关逻辑信令连接建立成功次数 /NG 接口 UE 相关逻辑信令连接建立请求次数 ×100%，其中涉及两个计数器，计数器说明如表 2-44 所示。

表 2-44　NG 接口 UE 相关逻辑信令连接建立成功率相关计数器说明

计数器名称	计数器说明
NG 接口 UE 相关逻辑信令连接建立请求次数	gNB 发送 INITIAL UE MESSAGE 消息给 AMF，计数器加 1
NG 接口 UE 相关逻辑信令连接建立成功次数	gNB 发送 INITIAL UE MESSAGE 消息后，在同一个 UE 相关逻辑信令连接上接收到 AMF 返回的第一个消息，计数器加 1

（3）QoS Flow 建立成功率

指标统计公式为：QoS Flow 建立成功率 =Flow 建立成功次数 /Flow 建立请求次数 ×100%，其中涉及两个计数器，计数器说明如表 2-45 所示。

表 2-45　QoS Flow 建立成功率相关计数器说明

计数器名称	计数器说明
QoS Flow 建立请求次数	当 gNB 接收到来自 AMF 的 INITIAL CONTEXT SETUP REQUEST、PDU SESSION RESOURCE SETUP REQUEST 或者 PDU SESSION RESOURCE MODIFY REQUEST 消息时，统计其中要求建立的所有 QoS Flow 次数，如果相关消息中要求同时建立多个 QoS Flow，根据消息要求建立的 QoS Flow 个数对 QoS Flow 建立尝试总次数进行累加
QoS Flow 成功次数	当 gNB 发送 INITIAL CONTEXT SETUP RESPONSE、PDU SESSION RESOURCE SETUP RESPONSE 或者 PDU SESSION RESOURCE MODIFY RESPONSE 消息时，统计其中要求建立的所有 QoS Flow 次数，如果相关消息中涉及多个 QoS Flow，根据消息要求建立的 QoS Flow 个数对 QoS Flow 建立成功总次数进行累加

2. 保持性指标

保持性指标体现了业务过程中的保持能力，保持能力也是运营商主要关注的指标，在网络优化过程中，保持性指标主要关注掉线率和 RRC 连接重建比，指标定义如下。

（1）掉线率

掉线率即 UE 上下文异常释放率，其计算公式为：掉线率＝（gNB 请求释放上下文数 − 正常的 gNB 请求释放上下文数）/（初始上下文建立成功次数 + 遗留上下文个数）×100%，相关计数器说明如表 2-46 所示。

表 2-46　掉线率相关计数器说明

计数器名称	计数器说明
gNB 请求释放上下文数	gNB 向 AMF 发送 "UE 上下文释放请求"（UE CONTEXT RELEASE REQUEST）消息或者 GN Reset 消息中包含的上下文个数，计数器加 1
正常的 gNB 请求释放上下文数	gNB 向 AMF 发送的 "UE CONTEXT RELEASE REQUEST" 消息，释放原因为 User inactivity，Redirection、IMS voice EPS fallback 或 RAT fallback triggered，计数器加 1
初始上下文建立成功次数	gNB 向 AMF 发送 "INITIAL CONTEXT SETUP RESPONSE" 消息，计数器加 1
遗留上下文个数	统计周期结束时刻，上报存在的稳态上下文个数

（2）RRC 连接重建比

RRC 连接重建比也体现了业务的保持性能，其统计公式为：RRC 连接重建比＝ RRC 连接重建请求次数 /（RRC 连接建立成功次数 +RRC 连接重建请求次数）×100%；其中涉及两个计数器，计数器说明如表 2-47 所示。

表 2-47　RRC 连接重建比相关计数器说明

计数器名称	计数器说明
RRC 连接重建请求次数	gNB 接收到 UE 发来的"RRC 连接重建请求"（RRCReestablishmentRequest）消息，计数器加 1
RRC 连接建立成功次数	RRC 连接建立过程中，基站发送 RRCSetup 消息后，接收到 UE 反馈的 RRCSetupComplete 消息，计数器加 1

3. 移动性指标

移动性指标主要是指与切换或者互操作相关的指标，本节重点介绍系统内切换相关的指标，它包括站内切换成功率、基于 Xn 接口的站间切换成功率和基于 NG 接口的站间切换成功率。

（1）站内切换成功率

站内切换是指源小区和目标小区归属于同一个基站，站内切换成功率的统计公式为：站间切换成功率＝gNB 内切换出成功次数 /gNB 内切换出请求次数 ×100%，其中涉及的计数器说明如表 2-48 所示。

表 2-48　站内切换成功率相关计数器说明

计数器名称	计数器说明
gNB 内同频切换出请求次数	在基站内小区间切换过程中，基站向 UE 发送"RRC Reconfiguration"消息，并且消息中包含"ReconfigurationWithSync"字段，指示切换执行，计数器加 1
gNB 内同频切换出成功次数	在基站内小区间切换过程中，基站接收到 UE 发送的"RRC Reconfiguration Complete"消息，目标小区通知源小区切换成功后指示基站内切换出执行成功，源小区计数器加 1
gNB 内异频切换出请求次数	在基站内小区间切换过程中，基站向 UE 发送"RRC Reconfiguration"消息，并且消息中包含"ReconfigurationWithSync"字段，指示切换执行，计数器加 1
gNB 内异频切换出成功次数	在基站内小区间切换过程中，基站接收到 UE 发送的"RRC Reconfiguration Complete"消息，目标小区通知源小区切换成功后指示基站内切换出执行成功，源小区计数器加 1

（2）基于 Xn 接口的站间切换成功率

基于 Xn 接口的站间切换是指切换过程中两个基站间的信令交互直接通过 Xn 接口进行，gNB 间基于 Xn 接口的切换成功率计算公式为：基于 Xn 接口的站间切换成功率＝gNB 间 Xn 切换出成功次数 /gNB 间 Xn 切换出准备请求次数 ×100%。

如表 2-49 所示，Xn 接口同频切换出准备请求次数 + Xn 接口异频切换出准备请求次数即为 gNB 间 Xn 切换出准备请求次数；Xn 接口同频切换出执行成功次数 + Xn 接口异频切换出执行成功次数即为 gNB 间 Xn 切换出成功次数。

站间切换分为准备阶段和执行阶段，分别是准备请求、准备成功、执行请求和执行成功，具体计数器说明如表 2-49 所示。

表 2-49　基于 Xn 接口的站间切换成功率相关计数器说明

计数器名称	计数器说明
Xn 接口同频切换出准备请求次数	源基站向目标基站发送"HANDOVER REQUEST"消息，指示基站间通过 Xn 接口切换出准备请求，计数器加 1
Xn 接口同频切换出准备成功次数	源基站接收到目标基站发送的"HANDOVER REQUEST ACKNOWLEDGE"消息，指示基站间通过 Xn 接口切换出准备成功，计数器加 1
Xn 接口同频切换出执行请求次数	Xn 接口切换流程中，源基站向 UE 发送"RRC Reconfiguration"消息，并且消息中包含"ReconfigurationWithSync"字段，计数器加 1
Xn 接口同频切换出执行成功次数	源基站接收到目标基站发送的"UE Context Release"消息，指示基站间通过 Xn 接口切换出执行成功，计数器加 1
Xn 接口异频切换出准备请求次数	源基站向目标基站发送"HANDOVER REQUEST"消息，指示基站间通过 Xn 接口切换出准备请求，计数器加 1
Xn 接口异频切换出准备成功次数	源基站接收到目标基站发送的"HANDOVER REQUEST ACKNOWLEDGE"消息，指示基站间通过 Xn 接口切换出准备成功，计数器加 1
Xn 接口异频切换出执行请求次数	在 Xn 接口切换流程中，源基站向 UE 发送"RRC Reconfiguration"消息，并且消息中包含"ReconfigurationWithSync"字段，计数器加 1
Xn 接口异频切换出执行成功次数	源基站接收到目标基站发送的"UE Context Release"消息，指示基站间通过 Xn 接口切换出执行成功，计数器加 1

（3）基于 NG 接口的站间切换成功率

站间切换是指源小区和目标小区归属于不同的基站，基于 NG 接口的切换是指切换过程中两个基站间的信令交互需通过 NG 接口进行，gNB 间基于 NG 接口的切换成功率统计公式为：基于 NG 接口的站间切换成功率＝ gNB 间 NG 切换出成功次数 /gNB 间 NG 切换出准备请求次数 ×100%。

如表 2-50 所示，NG 接口同频切换出执行成功次数 +NG 接口异频切换出执行成功次数即为 gNB 间 NG 切换出成功次数，NG 接口同频切换出准备请求次数 + NG 接口异频切换出准备请求次数即为 gNB 间 NG 切换出准备请求次数。

站间切换分为准备阶段和执行阶段，分别是准备请求、准备成功、执行请求和执行成功，具体计数器说明如表 2-50 所示。

表 2-50　基于 NG 接口的站间切换成功率相关计数器说明

计数器名称	计数器说明
NG 接口同频切换出准备请求次数	源基站向 AMF 发送的"HANDOVER REQUIRED"消息，Handover Type IE 为 Intra5GS（5G 系统），指示基站间通过 NG 接口切换出准备请求，计数器加 1
NG 接口同频切换出执行成功次数	源基站接收到 AMF 发送的"UE Context Release Command"消息，并且释放原因是"handover successful"，指示基站间通过 NG 接口切换出执行成功，计数器加 1
NG 接口异频切换出准备请求次数	源基站向 AMF 发送的"HANDOVER REQUIRED"消息，Handover Type IE 为 Intra5GS，指示基站间通过 NG 接口切换出准备请求，计数器加 1

计数器名称	计数器说明
NG 接口异频切换出执行成功次数	源基站接收到 AMF 发送的 "UE Context Release Command" 消息，并且释放原因是 "handover successful"，指示基站间通过 NG 接口切换出执行成功，计数器加 1

4. 资源利用率类指标

资源利用率类指标体现了小区资源的占用情况，日常优化主要关注的是 PRB 利用率和 CCE 占用率，PRB 利用率体现了上下行物理信道的资源占用情况，CCE 占用率体现了下行物理控制信道的资源占用情况。

（1）PRB 利用率

PRB 利用率分为上行 PRB 利用率和下行 PRB 利用率：上行 PRB 利用率统计方式为：上行 PRB 利用率＝ PUSCH PRB 占用个数 /PUSCH PRB 可用个数 ×100%；下行 PRB 利用率统计公式为：下行 PRB 利用率＝ PDSCH PRB 占用个数 / PDSCH PRB 可用个数 ×100%，相关计数器说明如表 2-51 所示。

表 2-51　PRB 利用率相关计数器说明

计数器名称	计数器说明
gNB PUSCH PRB 占用数	统计 PUSCH 所有（含用户面和控制面）的物理资源块（PRB）占用个数，即为统计周期内 PUSCH 占用的所有的物理资源块（PRB）个数
gNB PUSCH PRB 可用数	统计 PUSCH 所有的物理资源块（PRB）可用数，即为统计周期内 PUSCH 可用的物理资源块（PRB）数
gNB PDSCH PRB 占用数	统计 PDSCH 所有（含用户面和控制面）的物理资源块（PRB）占用数，即为统计周期内 PDSCH 占用的所有的物理资源块（PRB）数
gNB PDSCH PRB 可用数	统计 PDSCH 所有的物理资源块（PRB）可用数，即为统计周期内 PDSCH 可用的物理资源块（PRB）数

（2）PDCCH CCE 占用率

PDCCH CCE 占用率统计公式：PDCCH CCE 占用率 =PDCCH CCE 占用个数 /PDCCH CCE 可用个数 ×100%，具体计数器说明如表 2-52 所示。

表 2-52　CCE 利用率相关计数器说明

计数器名称	计数器说明
PDCCH CCE 可用个数	统计物理下行控制信道（PDCCH）可用的 CCE 个数
PDCCH CCE 占用个数	统计物理下行控制信道（PDCCH）占用的 CCE 个数

5. 容量类指标

容量类指标主要反映小区的业务量情况，容量类指标主要作为日常优化分析的参考指标，如扩容需参考容量类指标，另外接入失败、切换失败的分析也会参考容量指标，主要关注的容量类指标如下。

（1）PDCP 吞吐量

PDCP 吞吐量分上行业务和下行业务，原始计数器的单位为 KByte，需换算成 MByte，计算方式如下。PDCP 上行业务量计算方式为：小区用户面上行 PDCP PDU 字节数 /1024（MByte）；PDCP 下行业务量计算方式为：小区用户面下行 PDCP PDU 字节数 /1024（MByte）。其相关计数器说明如表 2-53 所示。

表 2-53　PDCP 上行 / 下行业务量字节数相关计算器说明

计数器名称	计数器说明
小区用户面上行 PDCP PDU 字节数	在测量周期内，累加小区用户面成功接收的 PDCP PDU 字节数，即小区用户面 PDCP 层从下层接收到的 PDCP PDU 字节数
小区用户面下行 PDCP PDU 字节数	在测量周期内，累加小区用户面成功发送的 PDCP PDU 字节数，即小区用户面 PDCP 层向下层发送的 PDU 字节数。成功发送定义为接收到底层或者 F1 接口的 ACK 确认（字节数的统计在 PDCP 层），统计压缩之后的字节数

（2）MAC 吞吐量

MAC 吞吐量分上行流量和下行流量，原始计数器的单位为 KByte，需换算成 MByte，计算方式如下。MAC 层上行流量统计公式为：小区 MAC 层传输成功的上行流量 /1024（MByte）；MAC 层下行流量统计公式为：小区 MAC 层传输成功的下行流量 /1024（MByte）。其相关计数器说明如表 2-54 所示。

表 2-54　MAC 层上行 / 下行流量相关计算器说明

计数器名称	计数器说明
gNB 小区 MAC 层传输成功的上行流量	在测量周期内，累加小区通过空口成功接收的 MAC 层字节数，即小区 MAC 层从下层接收到的字节数
gNB 小区 MAC 层传输成功的下行流量	在测量周期内，累加小区 MAC 层通过空口成功发送的字节数，统计小区 MAC 层向下层发送的字节数。成功发送定义为接收到 UE 对 MAC 层数据的最后一个切片的 ACK 确认

2.5.3　KPI 获取

KPI 获取是优化的基础，基于获取的 KPI 数据进行网络质量的分析与评估，从而找出网络质量的质差指标项。无线侧的 KPI 获取方式主要有两种：测试获取和网管获取。

1. 测试获取

测试获取即通过 DT 或者 CQT（又称定点测）获取指标，测试指标是运营商评估网络质量的主要的考察指标，如网络接通率、无线掉线率、切换成功率、覆盖率等，图 2-56 所示为采用 ETG 软件进行 KPI 导出的界面。需要有测试日志（LOG），并选择对应的报表模板即可生成测试 KPI 报表。

图 2-56　采用 ETG 软件进行 KPI 导出的界面

2. 网管获取

网管获取 KPI 即通过网管的性能管理功能获取 KPI，网管获取 KPI 的方式依赖于基站上报的原始性能文件，基站会周期性上报性能文件，网管会基于 KPI 计算方式及原始性能文件生成 KPI，KPI 的定义包括 KPI 名称、KPI 描述、KPI 测量范围、KPI 公式和 KPI 相关计数器，具体介绍如图 2-57 所示。

图 2-57　通过网管进行 KPI 定义界面

（1）KPI 名称：是指 KPI 的描述性名称，如系统内切换成功率等。

（2）KPI 描述：是指 KPI 的简要概述。

（3）KPI 测量范围：是指 KPI 监控范围，一般情况下按照小区的测量，KPI 值反映一个小区的性能。

（4）KPI 公式：用来计算 KPI 值，即在原始计数器的基础上通过什么样的计算方法得到 KPI。

（5）KPI 相关计数器：与 KPI 相关的计数器，计数器通过公式即可计算出对应的 KPI。

网管获取指标的方式比较灵活，根据统计对象的不同，可以按照基站级、小区级及区域级进行 KPI 指标统计；根据统计时间的不同，可以按周、天、小时、分钟等粒度进行指标统计。在日常优化中，网管获取指标是网络优化的重要依据。

2.5.4 KPI 优化分析流程

KPI 优化是网络优化的重点工作，KPI 优化分析流程主要涉及 KPI 数据生成、KPI 数据分析、方案制定、效果评估几个关键步骤，如图 2-58 所示，以下将对网管 KPI 优化的关键步骤进行介绍。

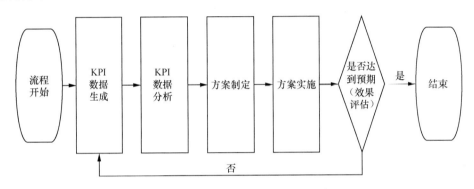

图 2-58　KPI 优化分析流程

1. KPI 数据生成

使用 OMC 预定义和自定义的统计项及模板生成 KPI 性能报表，并提取 KPI 报表，输出 KPI 报表和重要指标失败原因列表，根据 KPI 报表数据，选择 KPI 最差 TopN 小区。

TOP 小区的筛选原则：对某项指标按照失败率最高进行排序，选取前 20 个小区，再对这 20 个小区进行失败次数分析，失败次数大于一定次数的（如切换失败 20 次、RRC 建立失败 20 次等）作为 TOP 小区进行分析。另外，还需要对指标进行失败次数的降序排序，如果有小区失败次数很多，失败率也较高，但是未在之前选的 TOP 小区中，也需要将这些小区作为 TOP 小区分析。

此步骤的主要任务就是筛选出 TopN 小区，TopN 小区的筛选不仅要看失败率，还要看失败次数，同时在筛选的过程中要剔除无效数据，避免影响筛选结果。

2. KPI 数据分析

KPI 变化趋势分析：根据 KPI 报表数据，分析全网 KPI 变化趋势，尤其是存在设备版本升级或参数全网性修改后，需要至少持续一周重点监测 KPI 变化趋势。

TOP 小区分析：根据 TOP 小区列表、失败原因列表、历史告警信息、网管数据、CDL 日志、IoT（平均干扰抬升）数据、终端测试 LOG 等信息进行分析，先查看告警信息，确认设备故障类告警是否和 TOP 小区关联，再使用 CDL 工具进行指标统计和失败信令流程分析，确认 TOP 小区产生的原因。

3. 方案制定

确定指标恶化的原因后，向相关问题处理人员给出问题处理建议，这里的方案必须是可实施的方案，如故障处理、RF 优化、干扰排查、参数优化、产品缺陷处理等。

4. 效果评估

效果评估是 KPI 优化中关键的一步，每一次优化方案的实施都要进行效果评估，不仅要评估问题指标是否达到预期，还要评估问题指标是否对其他指标有影响，具体如下。

（1）如果方案实施后问题指标无明显改善，一般建议回退参数，并重新制定优化方案。

（2）如果优化实施后问题指标达到预期且对其他指标无明显影响，此时可对此问题进行闭环。

（3）如果优化实施后问题指标达到预期但对其他指标有影响，此时需要评估对其他指标的影响程度。如果影响比较大，需要对方案进行回退，重新制定优化方案。

思考与练习

1. 简述 5G 系统中的物理信道有哪些，各信道的基本功能是什么。
2. 简述 5G 终端开机搜索小区并进行随机接入的全过程。
3. 简述 5G 网络的功率控制有哪几类。
4. 简述 5G 网络中基本的信令流程。
5. 5G 网络中运营商重点关注的网络指标有哪些？如何定义？
6. 简述 5G 通信网络 KPI 的分析流程。

工程实践及实验

实验一：5G 网络协议栈仿真实践

1. 实验目的

协议栈属于网络基础理论的范畴，对协议栈的理解也是学习移动通信理论的基础，由于协议栈内容比较抽象，学生理解起来较难，通过本次实验可以加深学生对 5G 协议栈的理解，同时通过不同场景的模拟练习，加深学生对 5G 控制面和用户面数据处理整体流程的认知。

2. 实验教材

中信科移动内部培训教材《5G 协议栈基础》

3. 实验平台

中信科移动教学仿真平台

4. 实验指导书

《5G 网络协议架构》

实验二：5G 物理层过程仿真实践

1. 实验目的

"物理层过程 - 小区搜索流程"的仿真实验不仅可以加深学生对 5G 时频域资源、5G 物理信道与信号等基本概念的认识，同时还能让学生对物理层相关概念的理解更加系统化，为 5G 基础理论的进一步研究奠定基础。

2. 实验教材

中信科移动内部培训教材《5G 物理层过程 - 小区搜索流程》

3. 实验平台

中信科移动教学仿真平台

4. 实验指导书

《5G 物理层过程实验指导手册》

实验三：5G 信令过程仿真实践

1. 实验目的

信令过程的仿真实践不仅可以加深学生对 5G 系统消息、接入注册过程信令、PDU 会话建立过程及切换过程信令的认识，同时还能让学生对 5G 信令的认识更加系统化，为端到端信令过程的学习奠定基础。

2. 实验教材

中信科移动内部培训教材《5G 关键信令流程》

3. 实验平台

中信科移动通信技术股份有限公司（以下简称"中信科移动"）教学仿真平台

4. 实验指导书

《5G 信令流程实验指导手册》

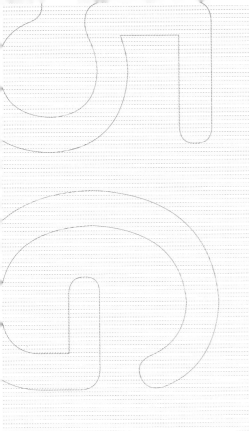

第 3 章

Chapter 3

5G 无线网络工程优化

3.1 概述

无线网络优化是指通过对网络进行现场测试数据采集、数据分析、参数分析、硬件检查等，找出引起网络质量恶化的原因，并且通过修改配置参数、调整网络结构、调整设备配置或其他技术手段，确保系统高质量运行，使现有网络资源获得最佳效益。

根据网络生命周期不同，无线网络优化分为无线网络工程优化和无线网络运维优化，无线网络工程优化是网络建设期，也是网络商用之前，在某一期网络建设后开展的提高网络运行质量的优化工作，一般在第一个基站开通后一周或者更短时间内启动网络优化工作，该阶段优化工作的重点是解决天馈系统问题和设备故障问题，达到网络的考核指标要求；无线网络运维优化在网络成熟期和发展期，也是网络正常运行商用之后，目的在于保证网络运行性能质量，该阶段优化工作的重点为优化网络性能指标、用户满意度、网络覆盖率、设备利用率等指标。

无线网络工程优化的总体流程包括单站验证、簇优化、片区优化及全网优化 4 个阶段，其中单站验证是基站入网前的测试验证，目的是保证基站基本性能正常。当多个连片基站完成单站验证后，网络覆盖形成连片区域（一般是 15 ～ 30 个基站作为一个簇）后，进行簇优化。簇优化阶段的重点工作为保障网络覆盖、切换成功率等性能指标；在簇的基础上开展片区优化，扩大测试优化范围，需要同时关注路测指标和网管性能指标，本章重点对单站验证和簇优化进行重点介绍。

3.2 无线网络测试

3.2.1 无线网络测试的概念

无线网络测试是获取无线网络质量信息的关键，也是无线网络工程优化工作的重点，无线网络工程优化主要围绕无线网络测试工作展开，无线网络测试根据工作的性质分为两种类型，即 DT（路测）和 CQT（呼叫质量测试），两种测试类型及差异介绍如下。

1. DT

DT 也称驱车测试，是为了掌握网络信号质量、电平、覆盖等状况，利用专门的测试设备沿道路进行的专门测试，是通过驱车搭载无线测试设备沿一定路线行驶测试无线网络性能的一种方法。在 DT 中模拟实际用户，用移动终端不停地拨打语音电话或进行数据业务，不断地上传或下载不同大小的文件，通过测试软件进行信令采集和统计分析，获得网络性能指标，发现网络中存在的问题，为网络优化提供实际数据支撑。

2. CQT

CQT 是采用定点拨打的方式开展的一种网络性能测试，是评估网络质量的重要手段，也是一种发现网络问题的重要手段。它可以有效弥补 DT、性能指标分析的局限，尤其是在处理用户投诉方面，CQT 要求必须到现场调查，更加贴近用户，掌握问题点的真实状况。CQT 的目的是发现和解决网络中存在的影响用户感受的网络问题，如断续、金属音、噪声、单通 / 双不通、回音、接续时间长、串话、掉话、有信号无法接通、信号不稳定、提示音错误等。

3. DT 和 CQT 对比

从以上的定义来看，不管是 DT 还是 CQT，均需要测试软件、测试计算机及测试手机，但是两种测试也存在一些差异，主要差异如表 3-1 所示。

表 3-1　DT 与 CQT 的差异

项目	DT	CQT
测试场景	高速公路、高铁、市区主干道等	酒店、住宅、场馆等
测试工具及资料	支持 USB 连接的 GPS、电子地图（在线或者离线均可）	手持 GPS、测试区域平面图
数据采集	移动测试、加载电子地图、自动打点	定点测试、加载室内平面图、手动打点
数据处理	输出 DT 的测试指标	输出 CQT 的测试指标

3.2.2　无线网络测试流程

无线网络测试流程如图 3-1 所示，详细介绍如下。

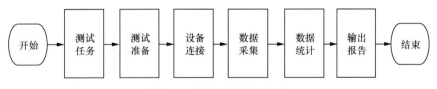

图 3-1　无线网络测试流程

1. 开始

开始环节即测试任务的触发环节。测试任务一般由项目测试经理安排，如有测试需求，测试经理就会触发测试任务，并派发给对应的测试工程师。

2. 测试任务

在测试人员进行测试之前首先需要明确测试任务，不同的测试任务不仅对测试人员的技能要求不同，对测试设备的要求也不同，因此必须提前明确测试任务，无线网络测试的主要测试任务及测试内容如表 3-2 所示。

表 3-2　无线网络测试主要测试任务及测试内容

测试任务	测试内容
单站验证	基础信息和配置验证 CQT：定点速率、Ping 时延、语音业务呼叫； DT：单站覆盖范围、外部干扰、单站小区间切换
簇优化、片区优化	DT：覆盖、接入、切换、掉线、速率、语音、互操作等
例行测试	数据业务 DT：覆盖、接入、切换、掉线、速率、互操作等； 语音业务 DT：语音接入、切换、掉话、互操作、MOS（平均意见得分）值等
保障测试	DT：覆盖、接入、切换、掉线、速率、语音、互操作等； CQT：覆盖、接入、切换、掉话、互操作、语音感知、数据感知等

3. 测试准备

明确了测试任务之后，测试人员就需要准备测试相关的设备。这里的设备包括硬件和软件，不同的测试任务对测试设备的需求不同，表 3-3 列出了常见测试任务的测试设备需求。

表 3-3　常见测试任务的测试设备需求

测试任务	工具及软件
单站验证	测试手机、SIM 卡、GPS、测试计算机、测试软件、测试车辆、工程参数表、罗盘、坡度测量仪、测距仪、移动电源、逆变器
簇优化、片区优化	测试手机、SIM 卡、GPS、测试计算机、测试软件、测试车辆、工程参数表、罗盘、坡度测量仪、测距仪、移动电源、逆变器
例行测试	测试手机、SIM 卡、GPS、测试计算机、测试软件、测试车辆、工程参数表、移动电源、逆变器
保障测试	测试手机、SIM 卡、GPS、测试计算机、测试软件、测试车辆、工程参数表、移动电源、逆变器

4. 设备连接

设备连接一般指的是测试设备和测试软件之间的连接，只有测试设备和测试软件正常连接，才能正常执行测试任务。例如路测时需要测试手机和测试软件正常连接、GPS 和测试软件正常连接。下面将以测试软件 ETG 和测试手机（型号：MATE20X）及 GPS（型号：G-STAR IV）的连接为例介绍设备的连接过程。

测试设备连接完成的标志是测试设备和测试软件的连接完成。要想完成测试设备和测试软件的连接，需要首先进行测试设备和测试计算机的连接，测试设备和测试计算机连接完成后才能进行测试设备和测试软件的连接，相关步骤如下。

（1）测试手机和测试计算机的连接

测试手机与测试计算机通过 USB 接口连接，从手机顶部下滑进入通知栏，点击 USB 设置，选择"传输文件"，将出现如图 3-2 所示的界面。

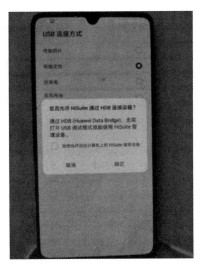

图 3-2 测试手机设置界面

点击"确定",将生成一串动态计算机连接验证码,将该验证码输入图 3-3 所示的框中,单击"立即连接",即可完成测试手机与测试计算机的连接。

图 3-3 测试计算机连接界面

打开测试手机的"调试"功能,按照路径"设置→系统和更新→开发人员选项",将界面中"USB 调试""监测 ADB 安装应用""选择待调试应用"选中。该操作的目的是触发手机端 ETG App 的安装(首次使用)及调用,在测试中与计算机端配合使用。

安装测试手机的驱动。首先要进行 Balong 端口设置,操作路径为:用手机拨号盘输入 *#*#2846579159#*#* 或 *#*#1673495#*#* → USB 端口配置→后台设置→ Balong 调试模式,选择模式之后,测试计算机会自动安装驱动,依次点击确认即可完成安装。手机 Balong 端口设置界面如图 3-4 所示。

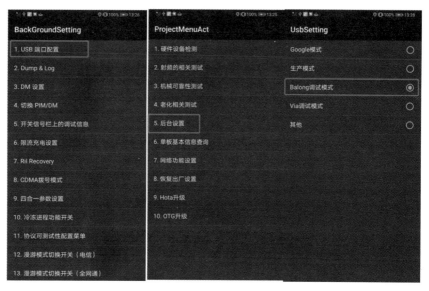

图 3-4　手机 Balong 端口设置界面

　　设置成功后会再次生成手机与计算机连接的验证码，把验证码输入手机助手，即可连接完成，是否连接成功可通过计算机的"设备管理器"界面的"端口"来查看，图 3-5 所示是手机正确连接计算机后的端口信息界面。

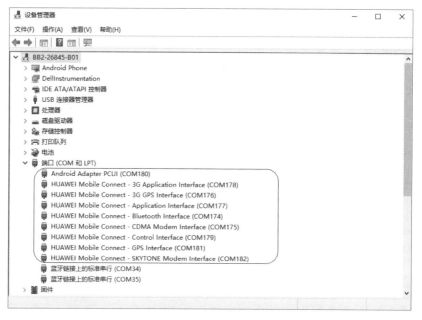

图 3-5　手机正确连接计算机后的端口信息界面

　　（2）GPS 和计算机的连接

　　GPS 的连接相对较简单，驱动安装成功后，把 GPS 通过 USB 接口连接到计算机，连接成功后可通过"设备管理器"的"端口"查看是否正常连接，图 3-6 所示是 GPS 正确连接计算机后的端口信息界面。

图3-6　GPS正确连接计算机后的端口信息界面

（3）测试设备和测试软件的连接

通过以上两步，手机和计算机及GPS和计算机已正确连接，接下来要完成的就是手机和测试软件及GPS和测试软件的连接，步骤如下。

① 设备添加：如图3-7左图所示，单击"自动查找"按钮，即可自动搜索和计算机连接的设备，也可以通过手动添加的模式添加设备。

② 设备连接：搜索完成后即可显示出对应设备和相应的接口，如图3-7中图所示，单击上方的"设备连接"按钮，即可连接设备。

③ 设备连接完成：如图3-7右图所示，"设备连接"按钮将变成"断开连接"按钮，同时GPS和UE1前出现"√"标识，表示设备与软件连接成功。

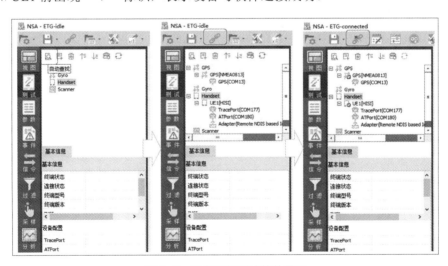

图3-7　设备连接测试软件界面

5. 数据采集

数据采集即测试中的数据采集过程。在数据采集过程中，要保证测试数据的正常保存、测试任务执行正常、测试软件和硬件连接完好。数据采集主要涉及测试计划创建、测试执行、测试结束3个步骤。

（1）测试计划创建

不同的测试计划其目的不同，常见的测试计划包括FTP（文件传输协议）上传、下载，Ping 测试等。其中FTP上传/下载的目的是测试速率情况，Ping 测试的目的是评估网络时延情况，下面以这两种类型测试计划的创建为例说明。

FTP 下载测试计划的创建如图3-8所示，首先需要设置对应参数，其中"服务器""端口""用户名""密码""远程全路径文件名""本地路径"需要根据实际情况进行配置，其他参数按默认即可。其中"远程全路径文件名"对应为服务器端下载文件的名称，所有参数填写完毕后，单击"添加"按钮，即完成FTP下载测试任务的创建。

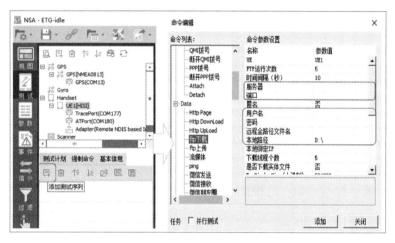

图 3-8　FTP 下载测试计划创建界面

Ping 测试计划的创建如图3-9所示，在界面中选择"ping"，完成图3-9右侧所示对应参数值的设置。其中"主机名/IP 地址"表示Ping 测试的目的端的标识或地址，可根据实际测试要求填写该处信息，其他参数选择默认值即可，单击"添加"即可完成Ping 测试计划创建。

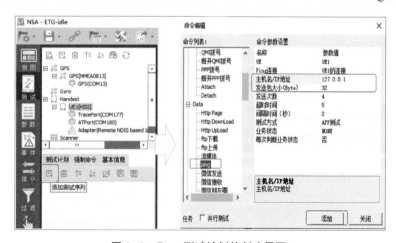

图 3-9　Ping 测试计划的创建界面

（2）测试执行

测试计划创建完成后即可进行测试执行，测试执行包括测试日志的记录、测试任务的启动，详细介绍如下。

① 测试日志的记录。单击工具栏的"记录日志"按钮（如图 3-10 所示），弹出日志保存界面（如图 3-11 所示），选择日志保存的路径，并对日志进行命名，然后单击"保存"即可开始日志记录，此时"记录日志"按钮转换成"停止记录"按钮（如图 3-12 所示）。

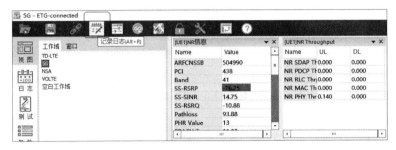

图 3-10 记录日志按钮截图

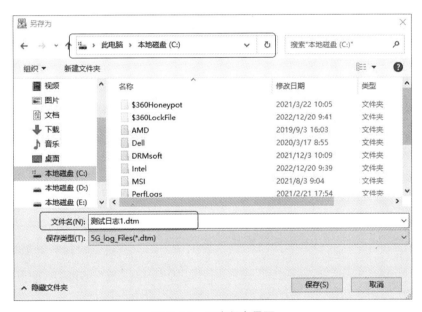

图 3-11 日志保存界面

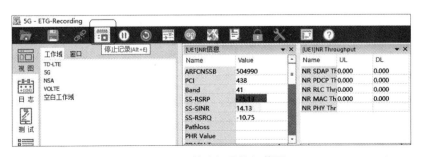

图 3-12 停止记录按钮截图

② 测试任务的启动：单击工具栏的"开始执行"按钮（如图 3-13 所示），即可开始执行测试计划，同时"开始执行"按钮转换成"停止执行"按钮（如图 3-14 所示），此时即开始了测试数据的采集。

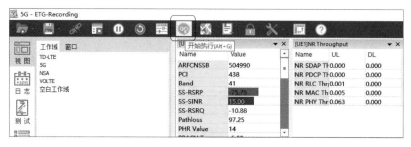

图 3-13　开始执行按钮截图

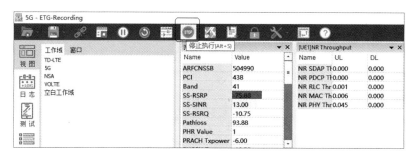

图 3-14　停止执行按钮截图

（3）测试结束

测试完成后，要先单击"停止执行"按钮，停止正在执行的测试计划，然后单击"停止记录"按钮，停止日志的记录。两者顺序不能变，一定是先"停止执行"再"停止记录"；否则会导致日志记录不全，停止记录后最好查看一下日志数据是否正常，以保证测试数据的正常采集。

6. 数据统计

数据统计即通过测试软件进行测试数据报表的输出，一般可以根据测试需求，选取对应的报表模板输出对应的报表。通过 ETG 进行报表导出的过程如下。首先单击工具栏的"报表导出"按钮（如图 3-15 所示），弹出报表导出界面（如图 3-16 所示），选择对应的日志及模板，设置报表导出的路径，最后单击"生产报表"按钮，即可导出报表。

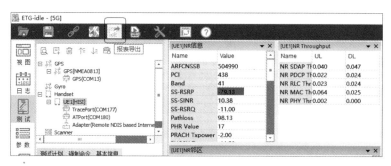

图 3-15　报表导出

图 3-16　报表导出界面

7. 输出报告

一般在完成测试工作后，还需要基于测试情况输出测试报告。测试报告一般会包括测试的整体指标、测试覆盖图、测试问题点分析等，详细信息在此不再赘述。

8. 结束

测试报告被递交给测试经理后，测试经理会基于测试报告评估本次测试工作是否结束，如果本次测试达到了测试目的，则本次测试工作闭环；否则需要重新执行测试。

3.2.3　无线网络测试关键参数

在无线网络测试过程中，需要实时地查看相关参数及指标，5G 无线网络测试重点关注的指标及参数介绍如下。

1. RSRP（参考信号接收功率）

RSRP 是衡量无线网络覆盖率的重要指标，数值为测量带宽内单个 RE 功率的线性平均值，表示的是有用信号的强度，是接收信号强度的绝对值，5G 需关注两个信号的 RSRP，即 SS（辅同步信号）和 CSI 参考信号。

（1）SS-RSRP

SS-RSRP 被定义为承载辅同步信号的 RE 的功率的线性平均值，单位为 dBm，RRC 空闲态和 RRC 连接态均可以使用，SS-RSRP 是衡量 5G 覆盖的主要指标，路测覆盖率、MR 覆盖率等指标均是基于 SS-RSRP 来定义的，测试中好点、中点、差点的定义都是基于此参数定义的。

（2）CSI-RSRP

CSI-RSRP 被定义为承载 CSI 参考信号的天线端口的功率贡献的线性平均值，一般只在 RRC_CONNECTED 状态中使用。

2. RSSI（接收信号强度指示）

RSSI 即接收信号强度指示，是测量周期内 OFDM 符号接收总功率的线性平均值，它是 UE 所接收到所有信号的叠加，因此它比 RSRP 的值要大。RSSI 过低，说明手机接收到的信号太弱，可能导致解调失败；RSSI 过高，说明手机接收到的信号太强，相互之间的干扰太大，也影响信号的解调。同样，RSSI 也包括 SS-RSSI 和 CSI-RSSI。

（1）SS-RSSI

SS-RSSI 表示 NR 载波接收信号的强度，它是测量周期内某些 OFDM 符号中接收到的总接收功率的线性平均值。在测量带宽中包括同信道服务和非服务小区、邻接信道干扰、热噪声等总共超过 N 个资源块。SS-RSSI 的测量时间资源被限制在 SS/PBCH 块测量时间配置（SMTC）窗口期内。

（2）CSI-RSSI

CSI-RSSI 是 CSI 接收信号强度，它是测量周期内 OFDM 符号上接收到的总功率的线性均值。在测量频带中，超过 N 个来自总资源的资源块，包括同频服务和非服务小区、邻接信道干扰、热噪声等，CSI-RSSI 测量周期（S）对应于包含已配置 CSI-RS 的 OFDM 符号。

3. RSRQ（参考信号接收质量）

RSRQ 即测量带宽中的有用信号与总接收功率的比值，可以由 RSRP 和 RSSI 算出。RSRQ 反映了参考信号的质量，此值越大，代表信号质量越好；反之，则信号质量越差。同样，RSRQ 也包括 SS-RSRQ 和 CSI-RSRQ。

（1）SS-RSRQ（SS 辅同步信号接收质量）

公式（3-1）为 SS-RSRQ 的计算方法，其中 N 是 NR 测量带宽中的资源块数，分子和分母的测量应在同一组资源块上进行。

$$SS\text{-}RSRQ = \frac{N \times SS\text{-}RSRP}{NR载波的RSSI} \tag{3-1}$$

（2）CSI-RSRQ（CSI 参考信号接收质量）

公式（3-2）为 CSI-RSRQ 的计算方法，其中 N 是测量带宽中的资源块数，分子和分母的测量应在同一组资源块上进行。

$$CSI\text{-}RSRQ = \frac{N \times CSI\text{-}RSRP}{CSI\text{-}RSSI} \tag{3-2}$$

4. SINR（信干噪比）

SINR 是指接收到的有用信号的强度与接收到的干扰信号（噪声和干扰）强度的比值，可以简单地理解为"信干噪比"。此参数是无线测试中重点关注的参数，代表覆盖质量，值越大越好。同样 SINR 也包括 SS-SINR 和 CSI-SINR。

（1）SS-SINR

SS-SINR 是辅同步信号（SS）强度和干扰信号强度的比值，它是同一频带宽度内，携带辅同步信号的资源粒子功率除以噪声和干扰功率贡献的线性平均值，SS-SINR 计算方法如下。

$$SS\text{-}SINR = \frac{SS\text{-}RSRP}{SS\text{-}RSSI - SS\text{-}RSRP} \tag{3-3}$$

（2）CSI-SINR

CSI-SINR 一般只在 RRC_CONNECTED 状态中使用，CSI-SINR 是载有 CSI 参考信号的资源粒子功率的线性平均值除以载有 CSI 参考信号的资源粒子的噪声和干扰功率的线性平均值，CSI-SINR 计算方法如下。

$$CSI\text{-}SINR = \frac{CSI\text{-}RSRP}{CSI\text{-}RSSI - CSI\text{-}RSRP} \tag{3-4}$$

5. 速率

速率是反映数据用户感知的主要指标，分为上行速率和下行速率。在无线网络测试中，通过测试软件可以查看不同协议层的速率，如图 3-17 所示。目前运营商指标考核一般以 PDCP 层的速率为准。

[UE1]NR Throughput				X
Name	DL		UL	
APP Thrput (Mbit/s)				
	LTE	NR	LTE	NR
SDAP Thrput (Mbit/s...)		1454.336		89.664
PDCP Thrput (Mbit/s...)	0.000	1457.904	0.000	90.424
RLC Thrput (Mbit/s)	0.000	1461.208	0.000	90.832
MAC Thrput (Mbit/s)	0.000	1464.424	0.000	92.880
PHY Thrput (Mbit/s)	0.000	1465.304	0.000	92.880

图 3-17　5G 无线网络测试中不同协议层的速率截图

6. 调度次数

调度次数是影响用户速率的主要因素。调度次数越多，意味着给用户服务的次数就越多，用户速率就越高；反之，用户速率越低，上下行调度次数分别用 UL GrantNum 和 DL GrantNum 表示，图 3-18 所示是测试过程中"NR 信息"窗口的调度次数截图。

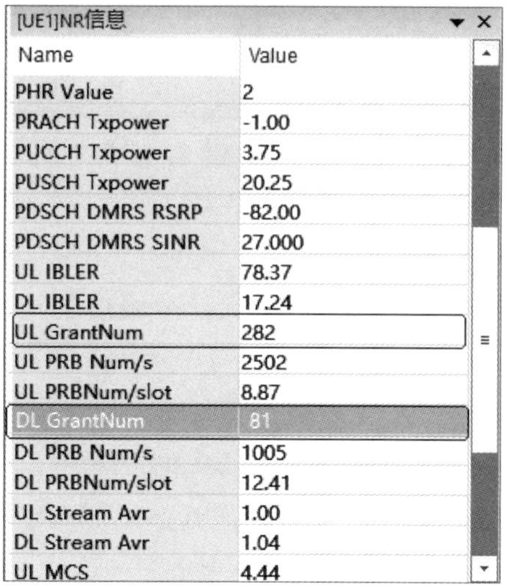

[UE1]NR信息

Name	Value
PHR Value	2
PRACH Txpower	-1.00
PUCCH Txpower	3.75
PUSCH Txpower	20.25
PDSCH DMRS RSRP	-82.00
PDSCH DMRS SINR	27.000
UL IBLER	78.37
DL IBLER	17.24
UL GrantNum	282
UL PRB Num/s	2502
UL PRBNum/slot	8.87
DL GrantNum	81
DL PRB Num/s	1005
DL PRBNum/slot	12.41
UL Stream Avr	1.00
DL Stream Avr	1.04
UL MCS	4.44

图 3-18　5G 无线网络测试中 NR 信息窗口的调度次数截图

7. PRB 数

PRB 数即终端占用的 PRB 数，其他条件相同的情况下，用户占用的 PRB 数越多，用户的速率越高；反之，用户的速率就越低。上下行每时隙的 PRB 数分别用参数 UL PRBNum/slot 和 DL PRBNum/slot 表示，例如系统带宽为 100MHz，子载波间隔为 30kHz，则理论上最多 273 个 PRB。图 3-19 所示是测试过程中“NR 信息”窗口的 PRB 数截图。

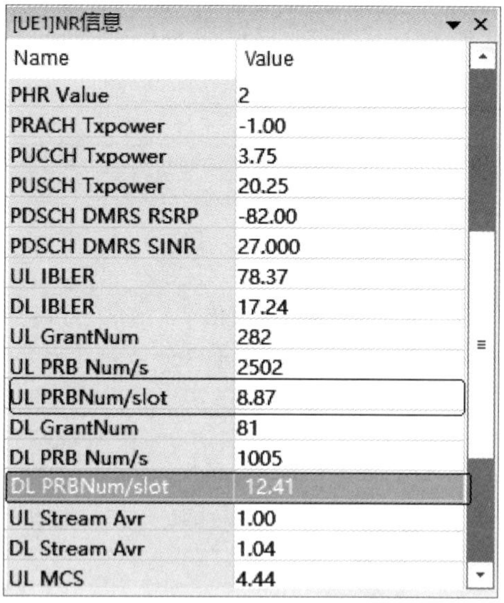

[UE1]NR信息

Name	Value
PHR Value	2
PRACH Txpower	-1.00
PUCCH Txpower	3.75
PUSCH Txpower	20.25
PDSCH DMRS RSRP	-82.00
PDSCH DMRS SINR	27.000
UL IBLER	78.37
DL IBLER	17.24
UL GrantNum	282
UL PRB Num/s	2502
UL PRBNum/slot	8.87
DL GrantNum	81
DL PRB Num/s	1005
DL PRBNum/slot	12.41
UL Stream Avr	1.00
DL Stream Avr	1.04
UL MCS	4.44

图 3-19　5G 无线网络测试中 NR 信息窗口的 PRB 数截图

8. MCS（调制编码方案）

MCS 值越大，对应的调制阶数就越高，在同样前提条件下，速率就越高，图 3-20 所示是测试过程中“NR 信息”窗口的 MCS 截图。

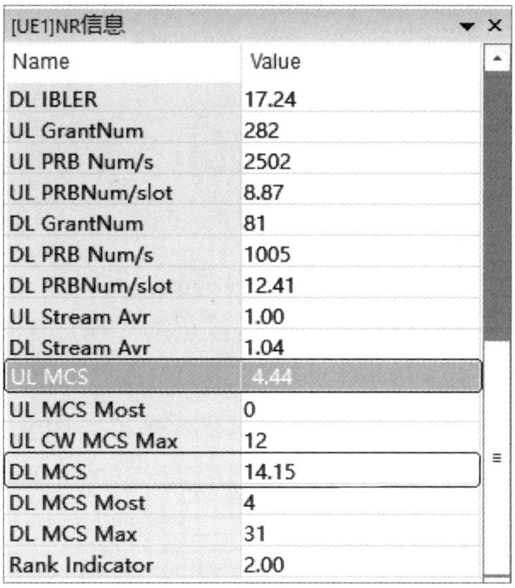

[UE1]NR信息

Name	Value
DL IBLER	17.24
UL GrantNum	282
UL PRB Num/s	2502
UL PRBNum/slot	8.87
DL GrantNum	81
DL PRB Num/s	1005
DL PRBNum/slot	12.41
UL Stream Avr	1.00
DL Stream Avr	1.04
UL MCS	4.44
UL MCS Most	0
UL CW MCS Max	12
DL MCS	14.15
DL MCS Most	4
DL MCS Max	31
Rank Indicator	2.00

图 3-20　5G 无线网络测试中 NR 信息窗口的 MCS 截图

9. BLER（误块率）

BLER 定义为传输块经过 CRC 校验后的错误概率，是出错的块在所有发送的块中所占的百分比，它与 MAC 层的 HARQ 处理机制有关。BLER 一般分两种，即初始（Initial）BLER 和残留（Residcal）BLER，具体如下。

（1）Initial BLER，即 IBLER，分上行和下行，如图 3-21 所示，第一次传输错误的块数 / 有效传输块数。定点峰值测试过程中，要求 BLER 尽可能接近 0，外场移动性测试一般要求在 10% 左右波动。

（2）Residual BLER：数据块重传以后仍然错误的块数 / 有效传输的块数，正常情况下会远低于 Initial BLER。

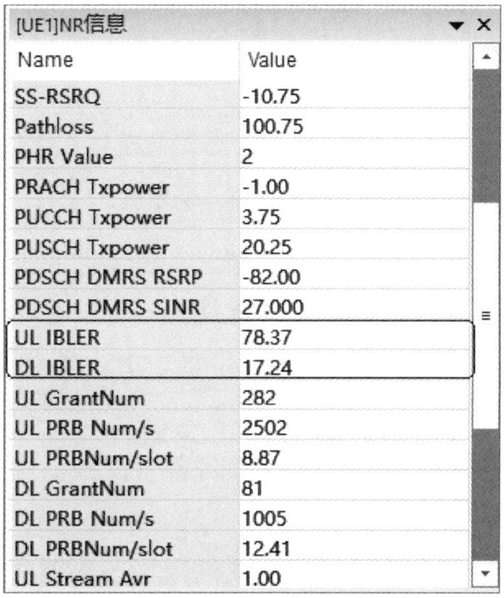

[UE1]NR信息

Name	Value
SS-RSRQ	-10.75
Pathloss	100.75
PHR Value	2
PRACH Txpower	-1.00
PUCCH Txpower	3.75
PUSCH Txpower	20.25
PDSCH DMRS RSRP	-82.00
PDSCH DMRS SINR	27.000
UL IBLER	78.37
DL IBLER	17.24
UL GrantNum	282
UL PRB Num/s	2502
UL PRBNum/slot	8.87
DL GrantNum	81
DL PRB Num/s	1005
DL PRBNum/slot	12.41
UL Stream Avr	1.00

图 3-21　5G 无线网络测试中 NR 信息窗口的 BLER 截图

3.3　单站验证

3.3.1　单站验证的概念

单站验证是网络优化的基础性工作，其目的是保证单个基站站点加载的各个小区基本功能（接入、Ping、FTP 上传 / 下载等）和信号覆盖正常，保证天馈安装、参数配置等与规划方案一致。通过单站验证，工程师可以将网络优化中由网络覆盖造成的问题与设备问题分离开来，有利于后期问题的定位和解决，提高网络优化效率。通过单站验证，工程师还可熟悉优化区域内的站点位置、配置、周围无线环境等信息，为下一步的优化打下基础，单站验证主要完成任务如下。

（1）核查天线方向角、下倾角、挂高、安装位置，是否存在天馈连接问题。

（2）基站经纬度确认。

（3）建站覆盖目标验证（是否达到规划前预期效果）。

（4）空闲模式下参数配置检查（PCI 等）、基站信号覆盖检查（RSRP 和 SINR）。

（5）基站基本功能检查（接入、双连接成功率、站内切换、Ping、FTP 上传 / 下载等）。

3.3.2　单站验证准备

在进行单站验证工作之前，需要对基站的状态和配置进行检查，并准备测试所需的工具等。具体包括以下几个方面。

（1）整理工程参数表：获取基站设计信息，如基站名、基站地址、经纬度、天线高度、方向角、下倾角（包括机械及电子下倾角）、天线类型、天线挂高等；获取规划的小区数据 [如 gNB ID（下一代基站标识）、Cell ID、PCI、邻区] 等。

（2）核查基站基础信息：基站 ID、基站名称、省份、城市、区县、乡镇、经度、纬度、基站类型（宏站 / 室分信源 / 小微站）、载频数目、是否与 2G/3G/4G 共站、部署模式（NSA/SA/ 双栈）等。

（3）核查小区基础信息：CI（小区 ID）、小区名称、PCI、省份、城市、区县、乡镇、覆盖区域类型（密集市区、市区、县城、乡镇、农村、高铁、其他）、覆盖类型（室内 / 室外）、所属 gNB ID、所属扇区编号、经度、纬度、天线振子数、收发通道数（如 64TR、32TR、16TR、8TR、4TR、2TR 等）、上行频点及系统带宽、下行频点及系统带宽、5G 帧结构、特殊子帧时隙配比、小区配置的载频发射功率。

（4）核查天线 /AAU 基础信息：挂高、方向角、机械下倾角、电子下倾角、广播波束数量及排列。

（5）核查基站状态：包括站点是否存在硬件告警、传输告警、闭锁等情况，license 是否完整，小区是否激活，注意，必须保证基站所有状态正常才开始测试工作，避免不必要的重复工作。

（6）向工程安装人员了解站点信息（联系人、上站条件、基站地址、环境）、天线安装情况。

（7）选择合适的测试路线：确认待测基站的覆盖区域，遍历各小区覆盖区域的主要道路。

（8）检查测试设备：测试前必须对所有测试设备进行检查，并将测试设备进行预连接和预测试，在有条件的情况下，预留一套备用测试设备，避免因为设备问题导致测试过程中出现故障和测试结果不准确，影响测试进度。

（9）核查邻区关系：核查系统内及系统间的邻区关系，保证系统内及系统间邻区配置完整。

3.3.3 单站验证步骤

单站验证的工作流程如图 3-22 所示，包括测试准备、测试验证、问题分析处理、输出报告 4 个部分，以下将对单站验证进行详细介绍。

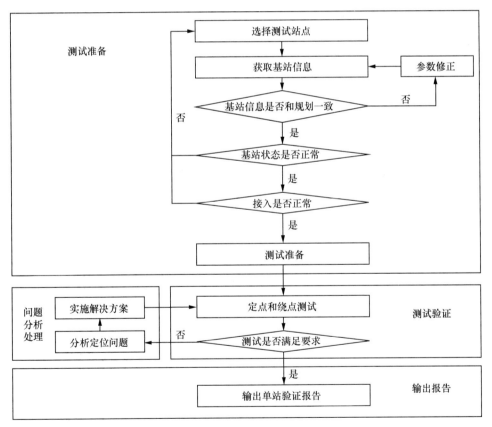

图 3-22 单站验证的工作流程

1. 基础信息和配置验证

获取基站信息时，要求到天线平面进行数据采集，同时拍摄天线安装和天线主瓣覆盖方向照片（从 1 小区开始，共 3 张）。如果天线挂高太高，不方便测量下倾角，可通过目测估计获得，在进行单站验证或天面验证时，若遇到天线覆盖方向有阻挡，需及时和物业进行协调解决。

基础信息验证时注意检查站高、经纬度、天线类型、天线方向角、天线下倾角是否与规划数据相符，其中经纬度需与后台工程师核对；检查覆盖方向是否有阻挡，与其他系统的隔离度是否足够大，基础信息采集示例如表 3-4 所示。

表 3-4　基础信息采集示例

站点名	博达化工西 NR		
站点地址	台安九股河路与京抚线交口		
记录项	小区 1	小区 2	小区 3
天线挂高（m）	40	40	40
经度	122°23'	122°23'	122°23'
纬度	41°24'	41°24'	41°24'
天线类型	64 通道	64 通道	64 通道
方位角	5°	130°	250°
机械倾角	6°	6°	6°
预置电子倾角	3°	3°	3°

部分配置数据需要通过路测软件采集的 DT 数据进行分析验证，需核查的配置数据有 PCI、SSB 频点、带宽、子帧配置、特殊子帧配置、CELL ID、gNB ID（下一代基站标识）、归属 TAC 等，配置数据核查示例如表 3-5 所示。

表 3-5　配置数据核查示例

记录项	小区 1	小区 2	小区 3
网络类型	NR	NR	NR
PCI	273	274	275
SSB 绝对信道号	513000	513000	513000
带宽	100MHz	20MHz	20MHz
子帧配置	5ms	5ms	5ms
特殊子帧配置	6DL:4GP:4UL	6DL:4GP:4UL	6DL:4GP:4UL
SSB 功率	15dBm	15dBm	15dBm
CELL ID	1	2	3
gNB ID	3999998	3999998	3999998
归属 TAC	43855	43855	43855

2. 定点功能性测试

单站验证进行定点和绕点测试的前提是终端用户能够正常接入小区。定点测试主要通过Ping 时延和 FTP 上传 / 下载方式进行站点基本指标验证；绕点测试主要是通过在站点区域内进行连续上传 / 下载业务，测试站点的覆盖情况和切换能力。

连接设备后通过观察软件判断终端是否正常接入，若发现无法接入或接入失败，先检查SIM 卡和终端是否正常，然后向后台工程师确认待测基站的状态和参数及核心网有无异常；若最后仍旧无法接入，记录好日志和问题现象并进行数据分析。

站点测试分为普通站点测试和重要站点测试。普通站点测试是在待测小区覆盖区域内选择极好点进行业务测试；重要站点测试是在待测小区覆盖区域内分别选择极好点、好点、中点、差点进行业务测试。极好点、好点、中点、差点是根据信道条件的 SS-RSRP 和 SS-SINR 不同来分类的，具体定义如下。

（1）极好点：SS-RSRP $\geq$ −70dBm 且 SS-SINR $\geq$ 25dB。

（2）好点：−80dBm $\leq$ SS-RSRP $<$ −70dBm 且 15dB $\leq$ SS-SINR $<$ 20dB。

（3）中点：−90dBm $\leq$ SS-RSRP $<$ −80dBm 且 5dB $\leq$ SS-SINR $<$ 10dB。

（4）差点：−100dBm $\leq$ SS-RSRP $<$ −90dBm 且 −5dB $\leq$ SS-SINR $<$ 0dB。

测试之前，需要针对具体测试环境进行预测试判别。在测试区域中，尽量遍历（多次遍历，每次遍历尽可能不停留、不断链、不重复历经，必须包含链路质量差的区域；如果因场景限制，遍历有困难，可以仅在径向路径上进行测量，直到断链，并且可以反复多次）被测小区内所有位置，测得小区内 RSRP、SINR 的详细指标。

采用路测软件或 FTP 软件分别进行下载、上传测试，单项指标的测试时长不小于 30s，记录数据为 30s 内获取的数据的均值（峰值测试采用 30s 内的最大值），整体测试应进行至少 3 次，最终结果取多次的均值。

Ping 时延测试按照运营商规定对指定包大小进行 Ping 包测试，若测试过程中因偶然性较大的波动值影响测试结果，可选择重新测试。

测试时以小区为单位记录数据，示例如表 3-6 所示。

表 3-6　业务数据记录示例

测试点	极好点	好点	中点	差点
RSRP	−68dBm	−75dBm	−86dBm	−95dBm
SINR	26dB	18dB	8dB	−3dB
FTP 下载吞吐量（60s 均值）	1253Mbit/s	943Mbit/s	553Mbit/s	153Mbit/s
FTP 上传吞吐量（60s 均值）	112Mbit/s	80Mbit/s	50Mbit/s	5Mbit/s
Ping 平均时延	15ms	15ms	14ms	13ms
Ping 成功率	100%	100%	100%	100%

小区定点测试主要关注业务指标，测试时若发现指标不达标，应及时协调、检查与速率相关的小区参数、告警情况等，解决后需进行复测。若暂时无法解决，记录好日志和问题现

象后进行问题分析。

对于定点功能性测试，普通站点需要记录极好点上传 / 下载的测试日志，重要站点需要记录极好点、好点、中点、差点上传 / 下载日志，所有日志需命名规范。

3. 绕点 DT

在单站验证中采用 DT 方式进行绕点测试，在接入正常情况下，进行 DT 时，车速一般保持在 30 ～ 40km/h，FTP 下载测试采用路测软件或 FTP 软件进行下载测试，选择较大文件、多线程；FTP 上传测试采用路测软件或 FTP 软件进行，选择较大文件、多线程，一般取 10 线程同时进行。

DT 中应重点关注是否可以接收到指定小区信号、覆盖范围与规划是否一致、切换是否正常、业务是否连续、是否存在掉线等现象，一旦发现问题，应立即协调解决。

测试过程中保持测试终端进行 FTP 或 TCP/UDP 数据下载业务，在距离基站 50 ～ 300m 的范围内，在站内各 5G 小区间两两进行往返测试各 10 次。规划测试路线时，所有小区都要遍历到，对于车辆进不去的站点可以步行测试。测试过程中注意各小区 RSRP、SINR 是否达标，PCI 与规划是否一致，切换点是否正常，是否存在天馈接反问题；对测试中发现的异常现象（天馈接反、覆盖异常、切换失败等）进行记录并分析问题原因，然后及时解决，如现场无法解决，需做好记录并当天反馈以便于尽快处理，单小区性能测试项目如表 3-7 所示。

表 3-7　单小区性能测试项目

测试项目	测试内容	测试说明
单用户多点吞吐量和小区平均吞吐量	单用户多点吞吐量	测试单用户多点吞吐量
	小区平均吞吐量	测试小区平均吞吐量
单用户峰值吞吐量	单用户峰值吞吐量	测试单用户峰值吞吐量
单用户 Ping 包时延	单用户 Ping 包时延	测试单用户在好点 / 中点 / 差点的 Ping 包时延
	单用户 Ping 包成功率	测试用户在好点 / 中点 / 差点的 Ping 包成功率
控制面时延	接入时延	测试用户在好点 / 中点 / 差点的控制面接入时延
	寻呼时延	测试用户在好点 / 中点 / 差点的控制面寻呼时延

测试具体步骤描述如下。

（1）单用户多点吞吐量和小区平均吞吐量测试

步骤 1：邻小区开启 50% 加载，NSA 组网环境下网络关闭分流功能。

步骤 2：依次在选定的各个测试点进行测试，将测试终端放置在预定的测试点。

步骤 3：测试终端进行满缓存下行 TCP 业务，稳定后保持 30s 以上；记录 L2 吞吐量；记录 RSRP、CQI、SINR、MCS、MIMO 方式等信息。

步骤 4：测试终端进行满缓存上行 TCP 业务，重复步骤 3。

步骤 5：在不同测试点重复步骤 3、步骤 4。

（2）单用户峰值吞吐量测试

步骤 1：邻小区空载，NSA 组网环境下网络关闭分流功能。

步骤 2：将测试终端放置在信道条件最好的位置。

步骤 3：测试终端进行满 buffer 下行 TCP 业务（如 FTP 下载），稳定后保持 30s 以上；记录 L2 平均吞吐量；记录 RSRP、RSRQ、CQI、SINR、MCS 等信息。

步骤 4：测试终端进行满 buffer 上行 TCP 业务（如 FTP 上传），重复步骤 3。

（3）单用户 Ping 包时延测试

步骤 1：邻小区开启，NSA 组网环境下网络开启分流功能。

步骤 2：测试终端处于主测小区内覆盖"好"点。

步骤 3：测试终端接入系统，分别发起 32Byte、2000Byte Ping 包，重复 Ping 100 次。

步骤 4：测试终端处于覆盖"中"点、"差"点，重复步骤 3。

（4）控制面时延测试

步骤 1：UE 发起业务（如 Ping 包）触发从 IDLE 态到连接态，记录进入 Active 状态时延。

步骤 2：记录从 gNB 发出 Paging 消息至接收到 RRC 的时延。

步骤 3：重复步骤 1～步骤 2 各 9 次（共记录 10 次数据）。

步骤 4：在不同测试点重复步骤 1～步骤 4。

3.3.4　单站验证报告输出

如果测试过程或结果显示有明显问题，需要把这些问题记录在《单站验证问题记录表》中，并给出问题分析结论，硬件安装问题交由工程安装人员解决，功能性问题由基站测试工程师或开发工程师配合解决。问题解决后再次进行测试验证，直到测试结果符合预期，才能依据测试结果输出《单站验证报告》。

《单站验证报告》包括宏站验证记录单、性能验证测试表格、性能验证覆盖效果图、网管性能指标、站点验证天面勘测报告、遗留问题汇总，具体说明如下。

（1）宏站验证记录单：包括基站基本信息描述、基站参数和小区参数核查、性能验证结果、室外天线结构验证是否通过、可管可控验证项及整体网络优化验证是否通过等。

（2）性能验证测试表格：详细记录本基站各小区、各项业务验证的数据，包括测试业务内容、测试方法、测试具体结果等。

（3）性能验证覆盖效果图：能够有效判断各小区的覆盖方向和效果，截图呈现 PCI 扇区图、RSRP 整体覆盖图、SINR 整体覆盖图、上传 / 下载速率整体覆盖图及各小区 RSRP 覆盖图等。

（4）网管性能指标：包括站点切换成功率、连接建立成功率、掉线率及各小区干扰情况等。

（5）天面勘测：包括站点天面经纬度和地址信息、对站点现场和覆盖方向拍照，照片要求包括单小区覆盖和塔体照片，能够判断天线覆盖方向是否存在遮挡。

（6）遗留问题汇总：记录站点仍然存在的问题，对问题进行具体描述和初步分析，并提供照片、操作过程日志、测试日志、数据配置文件等记录信息留存。在后续工作中需对遗留问题跟踪解决，推动问题闭环。

3.4 簇优化

3.4.1 簇优化工作流程

在簇优化阶段需要完成的工作主要有覆盖优化、邻区优化、PCI 优化、接入问题优化、掉线问题优化、切换优化等。簇优化是一个通过重复测试发现网络问题并进行问题分析、优化调整后再测试验证的过程，直到簇优化的所有指标项均满足网络目标 KPI 指标为止。图3-23 所示是簇优化工作的基本流程。

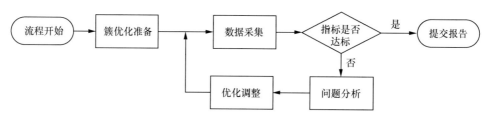

图 3-23 簇优化的基本工作流程

（1）簇优化准备：主要包括簇的划分、簇内站点规划数据核查、簇内站点状态核查、测试路线规划、测试工具准备和检查。

（2）数据采集：簇优化道路数据测试（包括覆盖测试、上下行速率测试）、优化区域 KPI 数据收集等。

（3）指标评估：评估指标是否达到预期，涉及的指标包括覆盖率、上下行速率、接通率、切换成功率等，如果指标未达到预期则需执行问题分析和优化调整流程。

（4）问题分析：对采集后的数据进行分析，如果存在上行干扰、弱覆盖、低速率、重叠覆盖等问题，则需要对测试过程的记录信息进行深入分析，排查问题出现的根因，并制定合理的优化方案。

（5）优化调整：是针对网络问题的解决方案实施的过程。方案实施后需要重新进行网络指标数据采集并进行指标评估，直到各项指标均达到预期为止。

（6）提交报告：簇优化工作完成后，需输出簇优化报告，簇优化报告审核通过后，簇优化工作流程全部结束。

3.4.2 簇优化准备

簇优化是工程优化的主要环节，在簇优化工作开展前，需要完成簇优化工作的准备，主要涉及簇划分、簇优化条件评估、簇优化相关文档获取等，详细内容如下。

1. 簇划分

单站优化之后，需按照簇来对网络进行优化，簇优化是指对某个区域内多个基站进行指标优化（工程项目上一般定义每个簇为 15 ~ 30 个基站）。簇划分的主要依据是地形地貌、区域环境特征、网络 TAC 区域等信息，簇所包含的基站数目不宜过多，簇之间应该有重叠覆盖区域，以避免簇的边缘位置出现孤岛站点。

2. 簇优化条件评估

为提升优化工作的执行效率，一般情况下当簇内基站建设开通比例超过 85% 时，开始簇优化工作。另外，根据网络覆盖区域的重要性定义簇的优先级，优先级高的簇先优化。在实际网络建设过程中，各簇内基站开通进展相同，往往单站优化和簇优化两项工作会并行开展。

3. 簇优化相关文档获取

簇优化需要参考的重要文档资料包括网络设计工程师提供的基站设计图纸、勘查工程师提供的站点勘查报告、单站优化工程师提供的单站优化报告、网络规划工程师提供的站点工程参数表和网络拓扑结构图、系统工程师提供的无线参数配置数据及网络运营商提供的电子地图等。上述资料均需在簇优化测试前获取。

4. 参数及邻区核查

获取站点相关文档之后，还要确保已规划基站的邻区关系等参数导入网管系统，并核查 NG 和 Xn 链路是否正常、IP 地址和路由是否正确，确保测试终端在站点间正常切换。需从后台导出各小区无线参数表，并对参数进行一致性核查，避免由于参数配置错误影响测试结果。

5. 簇内站点状态确认

确认簇内站点状态是为了保证测试工程师和优化工程师能够提前了解簇内每个站点的运行状态，如站点地理位置、站点是否开通、站点是否正常运行、站点工程参数的配置、站点覆盖区域和簇内热点覆盖区域等。

簇优化测试前需确保单站验证信息的完整，比如基站的经纬度、天线型号、天线方位角和下倾角等工程参数准确无误。根据工程参数及 PCI 规划数据提前制作测试软件导入的参数表，也是提升分析网络问题效率的良好工作习惯。必须确保参数表中的 PCI 参数与小区名一一对应。在簇优化过程中，工程师需要确保测试小区参数导入表与调整后的站点 PCI 和小区天线方位角保持一致。

向系统工程师确认网管系统中各站点邻区都按照规划添加完整；获取告警表格，确保簇内各站点正常运行。

6. 测试路线规划

测试路线规划的基本原则是保证路线经过簇内所有开通的站点。如果测试区域内存在主干道或高速公路，这些道路也需要作为测试路线；如果簇边界出现孤岛站点，即相邻簇内无站点可提供连续覆盖，那么应该选择将孤岛站点附近 RSRP 大于 -100dBm 的路线作为测试路线；测试路线应该经过相邻簇重叠的区域，以便测试簇间重叠区域的网络性能，包括邻区关系的正确性。规划测试路线时应该标明车辆行驶的方向，同时考虑当地的行车习惯。测试路线文件的保存格式一般为 tab 格式，以便后续重复测试的路线一致。

簇内站点的开通比例是影响测试路线规划的一个重要因素，对规划开通比例小于 85% 的簇的测试路线，尽量避开未开通站点的覆盖区域，且要保证测试路线连续性。实际情况下，路测数据中包含了覆盖空洞区域的异常数据，在对路测数据进行后处理分析时需要将这部分数据滤除。

7. 簇测试工作准备

优化测试前需要准备测试软件、分析软件、测试终端、SIM 卡、笔记本计算机、电子地图、车载逆变器、GPS、测试车辆等必备工具。对上述工具的准备要求如表 3-8 所示。

表 3-8　簇优化测试涉及的工具

测试工具名称	描述
数据采集软件	支持 5G NR 网络的测试，同时支持 5G NR 测试终端的数据采集（RF 覆盖测试必须支持 Scanner 的数据采集），优选 ETG 软件
后台分析软件	支持 5G NR 网络测试终端或 Scanner 数据的分析，包括支持覆盖分析、KPI 分析、越区覆盖分析、缺加邻区分析、Layer3 信令解码等，同时应该能够从测试 LOG 当中提取相应的测试数据
测试终端	支持 5G NR 网络
Scanner	支持 5G NR 频段的测试，必要时可使用
GPS	支持 USB 接口，测试数据采集时提供 GPS 信息
车载逆变器	从车辆点烟器取电，为车载测试笔记本计算机、Scanner 和测试终端提供电源
测试笔记本计算机	运行数据采集软件，连接 Scanner 及测试终端
电子地图	为路测提供地理信息
测试车辆	具备方便测试操作的空间与平台；具备点烟器或者蓄电池供电装置

3.4.3　簇优化内容和步骤

簇优化主要包括覆盖优化、干扰优化、切换优化、速率优化、掉线率与接通率优化及告警和硬件故障排查等环节，具体介绍如表 3-9 所示。

表 3-9　簇优化主要工作内容

优化内容	说明
覆盖优化	1. 对覆盖空洞的优化，保证网络覆盖的连续性； 2. 对弱覆盖区域的优化，保证网络的覆盖质量； 3. 对主控小区的优化，保证各区域有较为明显的主控小区； 4. 越区覆盖问题的优化； 5. 大规模天线多波束覆盖优化

续表

优化内容	说明
干扰优化	1. 对网内干扰而言，干扰问题体现为 RSRP 数值很好而 SINR 数值很差（主要关注 SSB 上的干扰）； 2. 对网外干扰而言，干扰问题体现为扫频测试得出的测试区域底噪数值很高或基站侧 OMC 统计得出的上行底噪很高
切换优化	主要包括邻区关系配置及切换相关参数的优化，解决相应的切换失败和切换异常事件，提高切换成功率（NSA 网络包括 4G 切换和 5G 切换优化）
速率优化	通过切换带优化、干扰优化、参数优化、波束优化来整体提升 5G 网络速率，达到簇优化的指标要求
掉线率与接通率优化	专项排查，解决掉线和接通方面的问题，进而降低掉线率和提高接通率，接通率优化方面，在 NSA 组网情况下增加 EN-DC，建立成功率优化
告警和硬件故障排查	解决存在的告警故障和硬件问题

1. 簇站点道路摸底测试及拉网测试

簇站点道路摸底测试的主要目的是了解簇区域中的道路环境和站点情况。摸底测试前要明确站点的状态信息，了解相关站点的规划及单站验证情况，并通过电子地图了解簇内道路情况。摸底测试要求尽可能遍历簇区域内的主要道路，可以使用 idle 测试也可以带业务测试，根据摸底测试的结果、簇内站点情况及区域现阶段规划目的设计簇优化的路线，并进行优化前拉网。

2. 簇优化数据分析

数据分析、天线调整和参数优化是簇优化工作的重点，该过程往往需要反复进行，摸底测试之后，需要根据测试 LOG 分析簇内的问题点并进行记录，针对每个问题点进一步详细分析，提出解决方案。将发现问题点更新到问题跟踪表中跟踪记录，一般将问题类型分为切换类、覆盖类、干扰类、硬件类等。

3. 覆盖优化

覆盖优化是基于簇内拉网数据或扫频数据识别覆盖问题并优化网络覆盖质量的一种优化方法。在网络覆盖质量测试完成后，用测试后台处理软件对测试数据（包括经纬度、RSRP、SINR 及 PCI 覆盖等数据）进行分析，对覆盖异常点进行优化。覆盖问题主要包括覆盖空洞、弱覆盖、过覆盖、重叠覆盖等。解决覆盖问题的主要手段是天馈调整、参数优化、工程整改等，覆盖问题的分析及思路将在 4.1 节重点介绍。

4. 干扰优化

干扰分析包括网内干扰分析和网外干扰分析，信号干扰会影响终端业务的性能和感知指标，严重时会导致用户切换失败、掉线和接入失败等问题。系统内干扰主要考虑重叠覆盖度的影响和模 30 的影响。通常在 PUSCH 信道中携带了 DMRS 和 SRS 信息，这两种参考信号用于信道估计和解调，它们是由 30 组基本的 ZC 序列构成的，即有 30 组不同的序列组合。

如果相邻小区的 PCI mod30 值相同，则会使用相同的 ZC 序列，这将造成上行 DMRS 和 SRS 的相互干扰。对于外部干扰一般需要协调专题优化团队进行干扰排查。干扰问题的分析及优化思路将在 4.2 节进行介绍。

5. 切换优化

切换优化可以解决部分网络弱覆盖问题，避免由于漏配邻区关系导致不切换，从而引起终端信号持续恶化的情况，因此，邻区优化也是覆盖优化的基础。切换优化主要依据对初测结果的分析，通过网管系统添加漏配的邻区关系，邻区关系添加完成后，再次对漏配邻区的区域进行复测，直至切换关系正常为止。切换优化主要包括邻区优化和切换参数优化，切换问题的分析及优化思路将在 4.4 节重点介绍。

6. 速率优化

速率是簇优化指标中的关键指标，基于测试数据进行速率指标评估，并对速率异常点进行优化，影响速率的因素主要包含如下几个。

（1）弱覆盖和强干扰：覆盖和干扰是影响速率的主要因素，一般要想达到较好的上下行速率，网络覆盖质量要足够好、干扰要尽可能小。

（2）切换带优化：频繁切换也会导致用户速率降低，这是切换优化要关注的重点。

（3）功率优化：基站的功率需根据场景灵活配置，鉴于深度覆盖需求，小区功率一般建议按照上限设置，以提升覆盖能力。

（4）多波束优化：5G 引入了多波束概念，可基于实际覆盖环境灵活地进行波束配置，以达到提升整体性能的目的。

7. 接通率和掉线率的优化

接通率也是簇优化指标中的关键指标，影响接通率的因素主要包括网络覆盖、信号干扰、参数配置、网络负荷、终端以及设备异常等，接入指标的优化及分析思路将在 4.3 节重点介绍。

掉线率指标与网络覆盖性能、信号干扰水平和终端切换性能相关。对掉线率指标的分析首先应核查网络覆盖性能、信号干扰水平和切换性能；设备硬件和软件故障也是通常要考虑的影响因素。因此对异常告警信息进行收集分析时，分析也常会发现因硬件或软件故障导致终端掉线的情况。测试终端故障也可导致掉线发生，因此在进行掉线率统计时应当排除手机的影响。

8. 优化后的报告输出

簇优化完成后，需要输出簇优化报告，主要包括运营商重点关注的指标、簇内存在的遗留问题及簇优化实施的相关内容等。簇优化报告审核通过意味着项目团队的簇优化工作真正结束。

3.4.4　簇优化验证标准及输出结果

簇优化结果验证的重点是检查关键 KPI 是否达到预期目标值。如果达到目标值，则意味着达到验证标准；否则需要继续进行簇优化，不同运营商会用不同的指标项来定义簇优化验证标准，表 3-10 所示为某运营商簇优化验证标准示例。

表 3-10　某运营商簇优化验证标准示例

用户感知	评测指标	建议目标
占得上	5G 网络测试覆盖率	≥ 90%
	LTE 锚点覆盖率	95.00%
	SgNB（辅基站）添加成功率	95.00%
驻留稳	5G 时长驻留比	95%（核心城区）
	NR 掉线率	5.00%
	NSA 切换成功率	95.00%
	NSA 切换控制面时延	< 350ms
体验优	用户路测上行平均吞吐率	> 45Mbit/s
	用户路测下行平均吞吐率	> 550Mbit/s
	用户路测上行低速率占比	5.00%
	用户路测下行低速率占比	5.00%
	用户路测上行高速率占比	10.00%
	用户路测下行高速率占比	10.00%

簇优化工作结束后，项目组通常需要输出优化报告，除此之外，表 3-11 列举了整个簇优化过程中不同优化阶段需要输出的组织过程资产。

表 3-11　整个簇优化过程中不同优化阶段需要输出的组织过程资产

工作子项	工作内容	输出成果
簇划分	按基站簇划分原则确定簇范围	簇 MAPINFO 图层
提取基站数据库	提取簇中基站和周边基站的数据库	基站数据库表（EXCEL）
覆盖优化	覆盖类问题的优化	簇优化总结报告
干扰优化	干扰类问题的优化	参数调整记录表（汇总）
PCI 优化	PCI 优化	基站数据库表（更新）
切换问题优化	切换问题的优化	切换问题分析报告
性能监控	KPI 性能分析、提升	性能指标优化前后对比
投诉处理	对基站簇中的投诉跟进、处理	投诉处理汇总表
告警处理、排障	现场排障	硬件排障汇总表

思考与练习

1. 简述 DT 和 CQT 的区别。
2. 简述无线网网络测试的流程。
3. 简述 5G 单站验证的流程。
4. 简述单站优化重点关注的指标项和各指标的优化方法。
5. 简述簇优化重点关注的指标项和各指标的影响因素。

工程实践及实验

实验：5G 单站验证实操演练

1. 实验目的

单站验证是 5G 基站入网的第一步，单站验证工作也是 5G 优化的重点工作，本次实践，不仅可以加深学生对 5G 单站验证工作的认识，还可以通过虚拟项目的形式提升学生对单站验证工作团队的认知。

2. 实验教材

参考本书 3.2 和 3.3 节

3. 实验平台

中信科移动测试软件 ETG、测试手机、SIM 卡

4. 实验指导书

《5G 单站验证实践指导手册》

第 4 章

5G 无线网络专题优化

4.1 覆盖优化

良好的无线覆盖是保障移动通信网络质量和指标的前提，它只有与合理的参数配置相结合才能得到一个高性能的无线网络。5G 网络一般采用同频组网，同频干扰严重，良好的覆盖和干扰控制对网络性能的意义重大。本章将分别从覆盖优化基础、影响覆盖的因素分析、覆盖优化流程及问题分析等几个方面进行介绍，结合现网覆盖优化实践案例的分析，通过理论结合实际的方式对覆盖优化工作的开展进行深入的探讨。

4.1.1 覆盖基础理论

1. 覆盖概念

无线网络覆盖是无线网络业务的基础。开展无线网络覆盖优化工作，可以使网络覆盖范围更合理、覆盖水平更高、干扰水平更低，为业务应用和性能提升提供保障，无线网络覆盖优化工作贯穿于实验网建设、预商用网络建设、工程优化、日常运维优化、专项优化等各个网络发展阶段，是网络优化工作的主要组成部分。

2. 5G 覆盖评估

覆盖评估有两种方式，一种基于 SS 信号，另一种基于 CSI 信号。SS 信号空闲态和连接态均可以测量，CSI 仅连接态可以测量。目前运营商多采用基于 SS 信号的方式进行覆盖评估，详细介绍如表 4-1 所示。

表 4-1 覆盖评估参数

指标项	指标释义	测量方式
SS-RSRP	SS-RSRP：SS 参考信号接收功率是衡量 5G 系统无线网络覆盖率的重要指标，数值为测量带宽内单个 RE 功率的线性平均值，反映的是本小区有用信号的强度，是一个接收信号强度的绝对值	空闲态 / 连接态均可测量
SS-RSSI	SS-RSSI：SS 接收信号强度指示，它是测量周期内 OFDM 符号上接收到的总功率的线性均值，包括服务小区和非服务小区、邻信道干扰、热噪声等	空闲态 / 连接态均可测量
SS-SINR	SS-SINR：SS 信干噪比，基于广播同步信号 SSB 测量，它可以由 RSRP 和 RSSI 算出：SS-RSRP/（SS-RSSI－SS-RSRP）	空闲态 / 连接态均可测量
CSI-RSRP	CSI-RSRP：CSI 参考信号的接收功率，是衡量系统无线网络覆盖率的重要指标，承载 CSI 参考信号的天线端口的功率贡献的线性平均值，是一个接收信号强度的绝对值	仅连接态可测量
CSI-RSSI	CSI-RSSI：CSI 接收信号强度指示，它是测量周期内 OFDM 符号上接收到的总功率的线性均值，包括同频服务和非服务小区、邻信道干扰、热噪声等	仅连接态可测量
CSI-SINR	CSI-SINR：CSI 信干噪比，基于用户 CSI-RS 测量，它可以由 RSRP 和 RSSI 算出：CSI-RSRP/（CIS-RSSI－CSI-RSRP）	仅连接态可测量

3. 5G 覆盖指标

覆盖是网络质量的基础，覆盖相关的指标是运营商经营业绩考核的主要指标，覆盖相关的指标主要从两个维度来考虑，即路测指标和 MR 指标，主要指标定义如表 4-2 所示。

表 4-2　覆盖指标定义

指标	指标计算方式	来源
NR 路测覆盖率	ATU 自动路测 SS–RSRP ≥ -110dBm 且 SS–SINR ≥ -3dB 的采集点占比	路测
连续弱覆盖里程占比	NR 连续弱覆盖里程 /NR 测试里程 ×100%	路测
NR MR 覆盖率	NR MR SS–RSRP ≥ -110dBm 的采样点占比	MR
MR 弱覆盖小区比例	MR 弱覆盖小区比例 = 弱覆盖小区数量 / 评估的总小区数量	MR

4. 覆盖优化原则

覆盖优化是日常优化的主要内容，也是提升网络质量的基础，实现高效覆盖优化需要遵循如下原则。

原则 1：先优化 SS-RSRP 指标，后优化 SS-SINR 指标。

首先要保证评估区域内有 5G 信号覆盖，即 SS-RSRP 指标达到最优，然后优化 SS-SINR 指标。一般情况下，如果 SS-RSRP 较弱，那么覆盖质量也较难保证。只有在 SS-RSRP 良好的情况下才有可能通过对 SS-SINR 指标的优化获得更好的覆盖质量，因此，应先做到"有覆盖"再做到"优覆盖"，这是覆盖优化的第一原则。

原则 2：消除重叠覆盖，净化切换带。

重叠覆盖是影响性能指标的主要因素，也是覆盖优化的重点，只有消除重叠覆盖才能保证 SINR 指标质量。

净化切换带主要体现在对切换带进行控制，消除重叠覆盖后，需进一步对切换参数优化，切换参数的配置决定了切换带是否最优。

原则 3：优先优化弱覆盖、越区覆盖，再优化重叠覆盖。

在覆盖优化工作中，通常会面临多种不同覆盖问题，一般做法为先解决弱覆盖和越区覆盖问题，再解决重叠覆盖问题。因为重叠覆盖问题有时会通过对周边小区优化调整得到缓解。严格按照此原则执行可在一定程度上减少优化工作量，提高工作效率。

原则 4：先考虑参数优化，再考虑工程手段。

对于多种可行的优化方案，可以先选择先权值与功率调整，再进行天馈调整，最后考虑工程整改、增加新站点的执行顺序。

4.1.2　影响覆盖的主要因素

影响覆盖的因素较多，对于不同的覆盖问题，需基于问题及场景的特点进行分析，总体来看，影响 5G 无线覆盖的因素主要有以下几点。

1. 规划因素

站址规划不合理。即基站的位置在规划设计时没有基于站点周围的无线环境选择合适的位置，导致基站建成后依然无法解决本区域覆盖问题，此类问题需要通过站点搬迁的方式来解决。

AAU 挂高规划不合理。在规划设计时，网络规划工程师没有基于站点周围的无线环境设计 AAU 挂高，AAU 挂高过高或者过低都会影响信号覆盖，此时需通过工程整改调整天面高度的方式来解决。

方位角及倾角规划不合理。在规划设计时，网络规划工程师没有基于周围的无线环境规划 AAU 的方位角及倾角，导致基站建成后，依然无法解决本区域覆盖问题，此时需通过天馈调整的方式进行优化。

2. 无线环境问题

阻挡。天面主瓣方向被建筑物等物体阻挡，也会导致覆盖质量恶化。

无线环境变化。覆盖区域的用户分布、基站周边的建筑物等发生了变化，也会导致覆盖质量恶化。

新增覆盖需求。新增覆盖一般是指新建楼宇、新修道路、新建场馆等，这些区域的覆盖一般表现为弱覆盖，需进行已建站点的优化调整或规划新站点。

3. 工程质量问题

施工质量。施工质量问题导致站点覆盖受影响，如施工过程中 AAU 安装不规范导致 AAU 的方位角、下倾角受外部环境影响而变化、未按照工程规划参数正确安装 AAU 等。

天馈接反。站点各扇区天馈接反，如覆盖 1 扇区的 AAU 光纤接到了 2 扇区对应的光口，覆盖 2 扇区的 AAU 光纤接到了 1 扇区对应的光口，也会导致覆盖质量较差。

4. 设备故障

电力问题。基站断电或者无法正常启动而影响信号覆盖。

时钟问题。基站时钟异常，导致小区不能正常激活，进而影响网络覆盖。

设备运行异常。AAU 或 BBU 设备故障、传输故障等都会导致小区退服、无信号覆盖。

5. 参数问题

天馈参数：天线挂高、方位角、倾角设置不合理均会影响覆盖，此问题也是覆盖问题的主要原因。

功率参数：主要涉及小区的最大发射功率、SSB 发射功率等。

切换参数：切换事件门限设置不合理、邻区漏配、外部小区配置错误等均会导致切换异常，进而影响覆盖率。

小区选择及重选参数：最小接入电平、重选门限等参数配置不合理，会影响用户的覆盖，一般按照规范配置即可，可以基于覆盖场景灵活配置。

频段配置参数：频率越低，波长越长，绕射能力越强，覆盖能力越好；频率越高，波长越短，绕射能力越差，覆盖能力越差。因此频段也是影响覆盖的因素。

SSB 权值参数：不同的覆盖场景可以选择不同的权值配置，权值配置不合理也会导致 5G 的覆盖受到影响，需基于不同场景进行权值规划。

4.1.3 覆盖问题分析思路

1. 覆盖优化基本流程

图 4-1 所示为路测覆盖优化的基本流程。首先是覆盖测试准备，准备路测相关的硬件及软件资源。然后进行覆盖测试。测试完毕后基于测试数据进行分析，如果测试指标达到覆盖的基本要求，则可以转入业务测试阶段；如果未达到覆盖的基本要求，则要启动覆盖优化流程，这里涉及工程整改、新建站点、更换硬件、天馈调整、参数优化等。

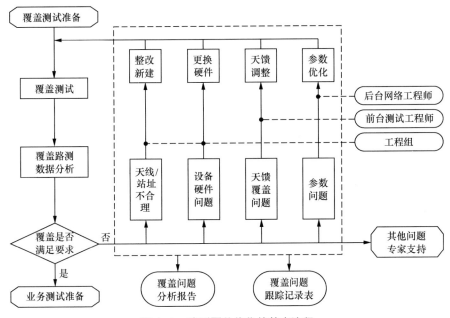

图 4-1　路测覆盖优化的基本流程

2. 弱覆盖问题及优化

（1）指标定义

弱覆盖是指在连片站点中间出现的完全没有 5G 覆盖或者连续 SS-RSRP 低于 -110dBm 的区域，在运营商的考核指标中，主要考核路测覆盖率、MR 弱覆盖小区占比等指标。

（2）弱覆盖场景

电梯场景：电梯场景是室内覆盖优化较难的场景，一般电梯内不单独放置天线，仅能借助室内天线解决电梯内无线覆盖问题，但由于电梯内信号衰减较大，此方案并不是解决电梯内的覆盖的最优方案。

地下室场景：地下室一般用户较少，投资回报比较低，因此，部分地下室未部署室内分布系统，导致地下室成为典型的弱覆盖或无覆盖场景。

城中村场景：城中村由于结构复杂，无线信号的深度覆盖效果较差，也是一种较常见的弱覆盖场景。

楼宇底层：楼宇底层内在没有部署室内分布系统的情况下，仅靠室外宏站覆盖时，由于路径损耗较大，一般达不到理想的覆盖效果，也是一种常见的弱覆盖场景。

停车场场景：部分停车场用户较少，尤其地下停车场，投资收益比较低，因此，部分停车场没有部署室内分布系统，导致相关区域出现弱覆盖或无覆盖。

（3）原因及优化措施

针对弱覆盖类问题，需在深入分析问题根源后，再制定合理的优化方案。弱覆盖的问题根源主要来自规划、施工、故障、参数、环境变化、新增覆盖需求6个方面，具体原因及优化措施如表4-3所示。

表4-3 弱覆盖问题具体原因及优化措施

原因	原因细化	优化措施
规划问题	站间距过大	规划新建
	站点位置不合理	位置搬迁
	方位角和倾角规划不合理	天馈调整
	天线挂高规划不合理	工程整改
施工问题	施工位置不合理（偏离规划位置）	站点搬迁
	工程参数设置不合理（天线挂高、倾角、方位角）	工程整改、天馈调整
	施工工程质量差	工程整改
故障问题	射频资源故障	故障处理流程
	基带资源故障	
	主控板故障	
	传输故障	
	时钟故障	
参数问题	功率参数	参数优化
	功控类参数	
	切换重选参数	
	天线权值	
	波束管理	
环境变化	阻挡严重	站点搬迁、工程整改、天馈调整、权值优化
	用户流动	
	季节变换	规划仿真加入季节变换因素
新增覆盖需求	新建楼宇	天馈调整、参数优化、规划新建
	新修道路	
	新建场馆	
	标准提高	

（4）弱覆盖问题分析流程

弱覆盖是覆盖优化中常见的问题，对于弱覆盖场景的优化，一般遵循图4-2所示的分析流程。按照该流程对问题逐步分析并制定合理的优化方案，优化方案实施后继续评估优化效果。如果问题解决，则可闭环；否则进行第二轮优化，直至问题彻底解决。

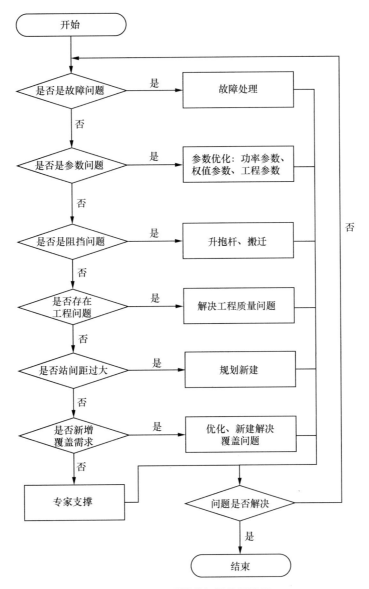

图4-2　5G 弱覆盖问题分析流程

（5）弱覆盖问题优化方法

上面对弱覆盖的问题定义及问题分析流程进行了介绍，接下来进行弱覆盖问题优化方法的介绍。弱覆盖问题优化的方法一般有3种，即天馈调整、参数调整及工程整改，详细介绍如下。

① 天馈调整

天馈调整包括物理方位角和物理倾角的调整。物理方位角控制水平半功率角方向（正对的方向为覆盖方向），物理倾角控制垂直半功率角方向（倾角度数越大，覆盖越近，反之亦然），如图 4-3 所示，左图为垂直波束在不同倾角时的波束覆盖情况，右图为不同倾角时水平波瓣的覆盖范围变化情况。

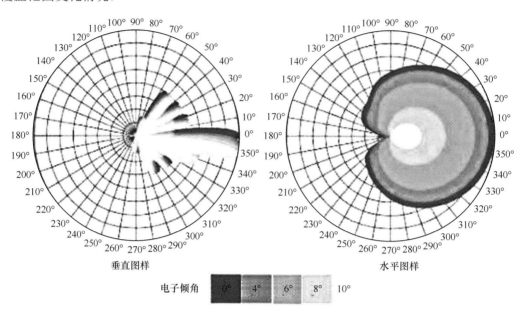

图 4-3　不同方位角 / 倾角下的覆盖范围示意

在弱覆盖问题优化中，天馈调整是主要的优化手段，采用天馈调整方法一般要考虑以下几个方面。

- 天线正对方向不能有遮挡物，否则信号无法有效覆盖，会造成阴影效应。
- 在路边位置规划的小区，其天线方位角不可与道路平行，尽量保持 30° 夹角。
- 同基站内两个小区的天线夹角不小于 90°。
- 计算覆盖距离时，电子倾角与机械倾角均需计算在内，保证抱杆垂直安装。
- 天线调整需携带罗盘与坡度测量仪，保证测量准确、调整准确。
- 上下铁塔时注意安全施工生产。

② 参数调整

参数调整主要涉及的参数有 SSB 发送功率、小区最大发射功率、DMRS 功率等，表 4-4 所示是功率相关参数及参数描述。

表 4-4　功率相关参数及参数描述

参数	参数属性	参数描述
SSB 发送功率	网络规划参数	示例：假如 AAU 的总功率是 240W，则小区最大发射功率为：10 lg (240 000)=53.80dBm，SSB 功率 =53.80−10 lg (273 × 12)=18.64dBm，但因协议上 SSB 功率都是整数（向下取整），所以选择配置 SSB 发送功率为 18dBm
小区最大发射功率	网络规划参数	RRU 的总功率是 240W，则 10 lg (240 000)=53.80dBm
PDSCH DMRS 功率	网络规划参数	基于不同的 RRU/AAU 型号来配置，满足如下检验规则才能配置成功：PdschDmrsPower+10 lg(12 × 带宽对应 RB 数）≤小区最大发射功率

参数	参数属性	参数描述
PDCCH DMRS 功率	网络规划参数	RRU 的总功率是 240W, 则 10 lg(240 000)=53.80dBm, 按照带宽折算 PDCCH DMRS EPRE(每个资源粒子的能量)功率 =53.01−10 lg10(273×12)=18dBm

覆盖优化过程中可通过核查及修改图 4-4 所示的 SSB 发送功率、小区最大发射功率、PDSCH DMRS 功率和 PDCCH DMRS 功率参数提升覆盖质量。

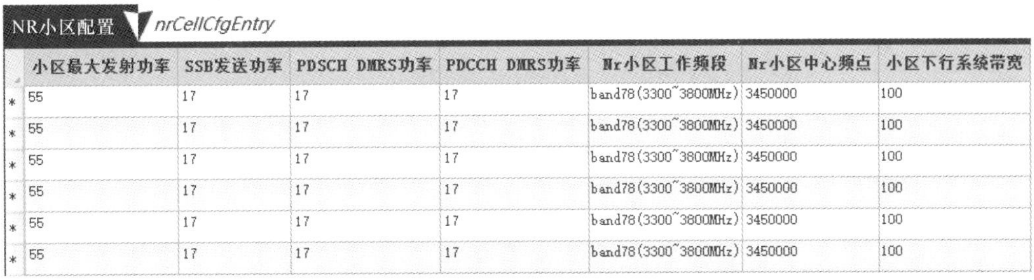

NR小区配置	nrCellCfgEntry						
	小区最大发射功率	SSB发送功率	PDSCH DMRS功率	PDCCH DMRS功率	Nr小区工作频段	Nr小区中心频点	小区下行系统带宽
*	55	17	17	17	band78(3300~3800MHz)	3450000	100
*	55	17	17	17	band78(3300~3800MHz)	3450000	100
*	55	17	17	17	band78(3300~3800MHz)	3450000	100
*	55	17	17	17	band78(3300~3800MHz)	3450000	100
*	55	17	17	17	band78(3300~3800MHz)	3450000	100
*	55	17	17	17	band78(3300~3800MHz)	3450000	100

图 4-4 功率相关参数调整界面

不同型号的 AAU 功率相关参数设置上限值参考表 4-5, 配置后需要查看小区状态是否正常,如果出现小区激活失败,则需确认参数配置是否正确,需要注意的是小区最大发射功率、SSB 发送功率、PDCCH DMRS 功率和 PDSCH DMRS 功率只能配置为整数。

表 4-5 不同型号的 AAU 功率相关参数设置上限值

AAU 功率	小区带宽	小区个数	收发模式	小区最大发射功率(dBm)	SSB 发送功率(dBm)	PDSCH DMRS 功率(dBm)	PDCCH DMRS 功率(dBm)
320W	100MHz	1	64TR/32TR	55	19	19	19
		2		52	16	16	16
240W	100MHz	1	64TR	53	18	17	17
		2		50	15	14	14

③ 工程整改

工程整改的目的是将覆盖不合理或者工程施工不合格的天线调整为最优覆盖状态。常见手段主要包括迁移抱杆、升降平台及其他 AAU 调整方式,需要专门的工程施工人员进行现场施工,优化工程师需要提供现场照片、图示说明等信息,便于工程施工人员一次上站调整到。

3. 越区覆盖问题及优化

越区覆盖是覆盖优化面临的主要问题,下面将分别从越区覆盖的定义、越区覆盖的影响、越区覆盖的原因、越区覆盖的优化措施、越区覆盖流程几个方面进行介绍。

(1)越区覆盖的定义

越区覆盖是指在无线通信系统中,由于无线信号经过山脉、建筑物及大气层产生反射或折射、天线安装位置过高、大气波导效应等,在远离本小区覆盖的区域外形成一个强场区域的情况。如图 4-5 所示。

图 4-5　5G 越区覆盖问题示意

（2）越区覆盖的影响

越区覆盖是覆盖优化中常见的优化场景,越区覆盖对网络的影响也是多方面的,主要体现如下。

① 影响切换成功率:越区覆盖可能存在邻区漏配,导致终端无法正常切换,以至于信号持续恶化,影响切换成功率。

② 影响掉话率:无法正常切换,服务小区质量会持续恶化,导致用户掉话。

③ 影响接通率:由于用户不能正常切换,服务小区质量持续恶化,网络接通率降低。

④ 影响速率:服务小区质量持续恶化,会影响用户上传 / 下载业务的速率。

⑤ 影响语音感知:服务小区质量持续恶化会影响语音用户的感知。

（3）产生越区覆盖的原因

产生越区覆盖现象的原因往往是多方面的,因此在分析该类网络问题时,需要综合考虑并制定合理的优化方案,常见的影响因素如下。

① 天线挂高过高:建设位置高的站点是产生越区覆盖现象的主要原因。

② 天线方位角、下倾角设置不合理:如天线倾角为0甚至设置为负值,导致覆盖距离过远,天线方位角设置不合理出现沿街道发射或朝水面发射信号等。

③ 基站发射功率太大:站间距小的情况下配置了较高的基站发射功率。

④ 无线环境影响:街道效应、水面反射。

⑤ 站点规划不合理:站点规划位置不合理导致覆盖较难控制。

（4）越区覆盖的优化措施

一般需采用多种优化措施结合的方式来消除越区覆盖现象,主要的优化措施如下。

① 调整工程参数:包括天线挂高、方位角、倾角的调整。

② 调整发射功率:优化小区的最大发射功率、SSB 发送功率等,尤其对于高站,要基于场景进行功率参数设置。

③ 优化邻区配置:对于越区覆盖小区,可考虑添加邻区关系规避,但不是最优解决方案。

④ 站点搬迁:如果站点位置不合理,需考虑采用站点搬迁的方式解决越区覆盖问题。

（5）越区覆盖优化流程

越区覆盖优化流程如图 4-6 所示。首先核查天线挂高,如果天线挂高过高,则可以考虑降低天线挂高来优化。接着核查工程参数如方位角、倾角等,如果存在工程参数的问题,则进行工程参数优化；核查配置功率大小，如果功率设置过高，则考虑通过降低功率的手段来优化。最后考虑站点位置，如果站点位置不合理，则可考虑站点搬迁。

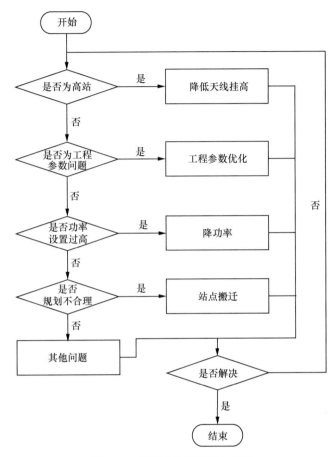

图 4-6 越区覆盖问题优化流程

4. 重叠覆盖

重叠覆盖是覆盖优化面临的主要问题，下面将分别从重叠覆盖定义、重叠覆盖的影响、重叠覆盖的原因及重叠覆盖的优化措施几个方面进行介绍。

（1）重叠覆盖的定义

重叠覆盖主要是指多个小区深度交叠，RSRP 较强但 SINR 较差，判断方式如下。评估区域内终端测量到 3 个或 3 个以上小区的 RSRP 大于预定义门限值（一般为 -105dBm），且这些小区的 RSRP 与最强小区 RSRP 差值在一定范围内（一般为 6dB），则定义为重叠覆盖。以下将举例予以说明。

示例：例如终端在某一测试点的情况为服务小区 RSRP 为 -85dBm、邻区 1 的 RSRP 为 -86dBm、邻区 2 的 RSRP 为 -87dBm、邻区 3 的 RSRP 为 -89dBm，最强小区电平（-85dBm）- 最弱小区电平为（-89dBm）=4dB（在 6dB 以内），在此点共计 4 个小区（大于 3 个）电平高于 -105dBm，因此可以判定此点存在重叠覆盖问题。

（2）重叠覆盖的影响

重叠覆盖问题是覆盖优化常见的问题，也是影响网络指标的主要因素，重叠覆盖对网络指标的影响主要表现为如下几点。

① 乒乓切换：重叠覆盖区域小区信号强度相当，会导致终端在多个小区间频繁切换。

② 接通率低：由于终端无法稳定地驻留在一个小区内，会严重影响用户的接通率。

③ 掉话率高：信号频繁地切换，会导致用户掉话的概率升高，同时由于重叠覆盖区域信号质量较差，导致掉线率指标的恶化。

④ SINR 低：多个小区信号强度相当，导致重叠覆盖区域内的 SINR 指标变差。

⑤ 速率低：覆盖质量差必然会影响用户业务速率。

（3）重叠覆盖的原因

从优化实践来看，重叠覆盖的主要原因有如下几点：

① 站间距过小：站间距过小是重叠覆盖的主要原因，特别在市区内，站点较密集，容易出现重叠覆盖现象。

② 功率过高：站点功率设置过高导致覆盖范围扩大，一般可采用调整倾角的方式进行覆盖控制。

③ 站点过高：站点过高也是造成重叠覆盖的主要因素。

④ 街道效应：方位角设置不合理导致信号沿街覆盖较远，产生过覆盖，要避免方位角和街道夹角过小。

⑤ 湖面效应：主瓣朝向湖面、江面，导致信号覆盖较远，进而产生重叠覆盖。

（4）重叠覆盖的优化措施

重叠覆盖场景的优化是覆盖优化中的难点，需要结合重叠覆盖区域周围的无线环境，通过天馈调整、工程整改、参数优化等手段来解决重叠覆盖问题，主要从以下两个方面考虑。

① 分析区域内的覆盖及切换指标，确定主服务小区：通过天馈调整、功率优化、AAU拉远等手段扩大问题区域的覆盖。

② 控制其他小区覆盖：通过天馈调整、功率优化等手段降低对其他小区覆盖的影响。

4.1.4 覆盖问题案例

案例一 天馈接反的案例分析

1. 问题描述

在单站验证测试中，某局城关镇党校 NSDB-ZD-1/2/3 小区的 PCI 应该为 101/110/91，从现场测试来看，此站点存在天馈接反的问题，测试验证过程如下。

（1）某局城关镇党校 NSDB-ZD-1 小区测试结果

图 4-7 为优化前 NSDB-ZD-1 小区测试结果截图，从中可以看出 PCI 为 101 的小区本应该覆盖基站东北方向，但实际测试是覆盖西北方向。

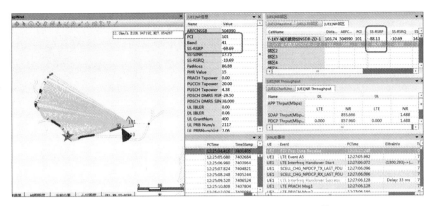

图 4-7　优化前 NSDB-ZD-1 小区测试结果截图

（2）某局城关镇党校 NSDB-ZD-2 小区测试结果

由图 4-8 优化前 NSDB-ZD-2 小区测试结果截图可以看出，PCI 为 110 的小区本应该覆盖基站东南方向，但实际测试是覆盖东北方向。

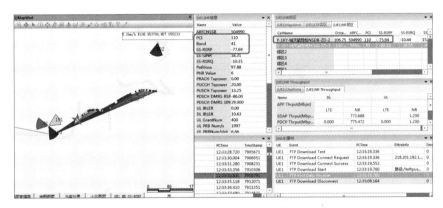

图 4-8　优化前 NSDB-ZD-2 小区测试结果截图

（3）某局城关镇党校 NSDB-ZD-3 小区测试结果

由图 4-9 优化前 NSDB-ZD-3 小区测试结果截图可以看出，PCI 为 91 的小区本应该覆盖基站西北方向，但实际测试是覆盖东南方向。

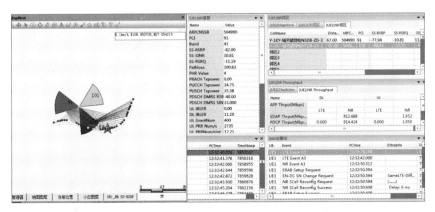

图 4-9　优化前 NSDB-ZD-3 小区测试结果截图

小结：通过以上测试发现，此站点 3 个小区的 PCI 实际覆盖和规划不一致。某局城关镇党校 NSDB-ZD-1 小区规划 PCI 是 101，实际测试 PCI 是 110；某局城关镇党校 NSDB-ZD-2 小区规划 PCI 是 110，实际测试 PCI 是 91；某局城关镇党校 NSDB-ZD-3 小区规划 PCI 是 91，实际测试 PCI 是 101。

2. 解决措施

从以上的测试分析来看，3 个扇区实际 PCI 和规划的不一致，此类问题一般是天馈接反导致的。天馈接反是覆盖优化中经常遇到的问题，天馈接反可能会导致邻区漏配、切换不及时引起弱覆盖、影响路测覆盖率。天馈接反最直接的解决办法就是在 BBU 侧对 1/2/3 小区的尾纤进行调换。

3. 处理效果

光纤对调后进行复测，NSDB-ZD-1 小区和 NSDB-ZD-3 小区的覆盖效果截图如图 4-10 和图 4-11 所示，两个小区的覆盖均与规划的保持一致，问题得到解决。

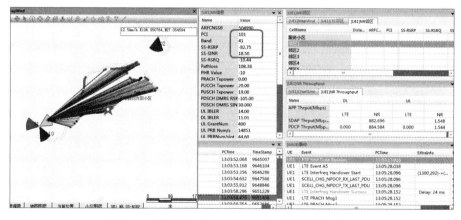

图 4-10　优化后 NSDB-ZD-1 小区覆盖效果截图

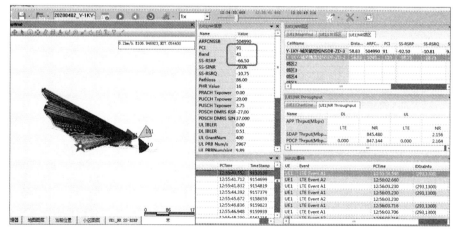

图 4-11　优化后 NSDB-ZD-3 小区覆盖效果截图

4. 问题总结

天馈接反的问题是优化过程中经常遇到的问题，尤其是在工程优化阶段，主要通过如下几种手段来分析。

（1）绕站进行各个扇区的覆盖测试。

（2）通过小区物理标识来分析。

（3）天线的旁瓣太强，会造成接反的假象。

案例二　参数配置导致弱覆盖案例分析

1. 问题现象

某局拉网测试中，测试 UE 占用"Y-1XW- 某某气象局 NSDB-JC-2 PCI=402"小区沿虎山路由东往西，切换至"Y-1XW- 某某气象局 NSDB-JC-3 PCI=403"，RSRP 由 -70dBm 左右陡降至 -90dBm 以下，持续 65m 后，在路口切换至"Y-1XW- 文化广场拉远 NSDY-ZD-2 PCI=410"，RSRP 保持在 -70dBm 以上，如图 4-12 所示。

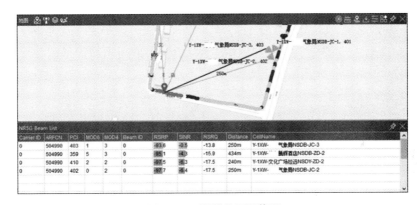

图 4-12　弱覆盖问题截图

2. 问题分析

此处 UE 所占用小区的功率正常，SSB 为单波束比特位对齐发射，无故障告警；现场勘察无线环境发现，此问题路段为短下坡路段，已有站点之间遮挡极其严重，且附近站点已无 RF 优化调整空间，需要新建站才能从根本上解决此路段的弱覆盖问题，但新建站周期较长，可以尝试通过将单波束改为 8 波束配置的方式进行优化。

3. 问题处理

此处已无 RF 优化调整的余地，RSRP 陡降是由于下坡路段建筑遮挡严重，通过将基站波束修改为 8 波束，弱覆盖问题虽然没有彻底解决，但整体效果得到明显改善。

4. 处理结果

受限于新站点建设周期，处理弱覆盖区域的一个较实用的方案为单波束覆盖改为多波束覆盖。

4.2　干扰优化

4.2.1　干扰基础理论

所有网络上存在的影响通信系统正常工作的信号均为干扰，通常将出现在接收带内但不影响系统正常工作的非系统内部的信号也称为干扰。通信质量的好坏，除了取决于有用信号强度，还取决于干扰与噪声的大小。干扰会抬升噪声，信号正确解析需 SNR（信噪比）达到一定门限，所以干扰的本质是同频、邻频及谐波、互调后的频率进入通信带内，引起噪声抬升，从而影响信号的解调。本节将从干扰的分类及干扰水平评估两个方面展开介绍。

1. 干扰的分类

干扰的分类有多种，一般根据 5G 系统干扰的来源，可把干扰分为两类，一类是系统内干扰，另一类是系统间干扰。5G 系统干扰分类如图 4-13 所示。

（1）系统内干扰

系统内干扰是指 5G 系统内部产生的干扰，与外部环境无关。如同频干扰、相邻同频小区之间由于时隙配比不一致带来的上下行时隙间相互干扰、设备硬件故障带来的干扰，以及同系统远端基站由于大气波导效应越过近端基站 GP（保护间隔）的保护对近端基站产生的上行时隙干扰等。

（2）系统间干扰

系统间干扰是指外部系统对 5G 系统的干扰，例如，4G 与 5G 均采用 2.6GHz 频段组网，此时如果帧偏移设置不合理，会导致 4G 与 5G 之间上下行时隙无法对齐，从而带来上下行时隙间相互干扰；4G 的 D1/D2 频段如果被占用，5G 采用 D1/D2 组网时，也会出现同频干扰；不同系统间的发射机、接收机性能，系统间隔离度不合理会带来杂散、谐波、互调、阻塞干扰。

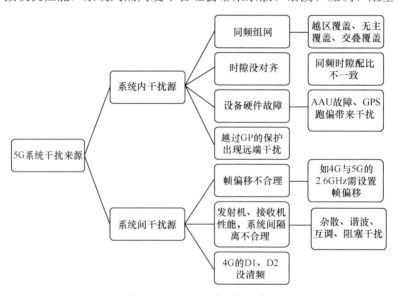

图 4-13　5G 系统干扰分类

2. 干扰水平评估

5G 系统干扰水平的评估按照信息传输的上行和下行进行区分，下行信号干扰水平的评估采用 SINR 指标，上行信号干扰水平的评估采用 IoT（平均干扰抬升）。

（1）下行干扰指标 SINR

SINR（信干噪比）表示信号电平相对于干扰加噪声的比值，计算方式参照 3.2.3 节。

在 5G 系统中下行 SINR 的测量可以基于 SS、CSI 信号，还可以基于 PDSCH 的 DMRS，一般对下行覆盖质量的评估，空闲态和连接态均可采用 SS 评估，但 CSI 信号只能用于连接态评估，现网不管空闲态和连接态均采用 SS 来评估，详细介绍如表 4-6 所示。

表 4-6 评估覆盖质量信号

参数	状态	参数说明
SS-RSRP	空闲态	SSB 中 SS 的电平强度，衡量下行覆盖强度
CSI-RSRP	连接态	CSI 信号的电平强度，连接态时衡量下行覆盖强度
SS-SINR	空闲态	SSB 中 SS 的信干噪比，衡量下行覆盖质量
CSI-SINR	连接态	CSI 信号的信干噪比，连接态衡量下行覆盖质量
PDSCH-RSRP	业务态	下行分组共享信道的接收电平，衡量下行业务信号强度
PDSCH-SINR	业务态	下行分组共享信道的信号质量，衡量下行业务信号干扰强度

（2）上行干扰指标 IoT（干扰噪声）

5G 中对上行干扰评估的指标采用类似于 CDMA（码分多址）系统中采用热噪声增加量（ROT）来描述干扰，OFDMA（正交频分多址）系统中采用 IoT（平均干扰抬升）来表征上行干扰的大小，采用比热噪声功率大几倍的方式来描述，IoT 用公式（4-1）来表示。

$$\mathrm{IoT} = \frac{I+N}{N} \tag{4-1}$$

其中，I 是 PRB 接收到的干扰；N 是噪声。

单 PRB 的 IoT 计算方法：假设噪声为 $-174\mathrm{dBm}$，子载波间隔为 $30\mathrm{kHz}$，噪声系数 nf 为 3，则每个 PRB 上的噪声功率 $= -174+10\log（3000×12）+3=-115\mathrm{dBm}$，即 $N = -115\mathrm{dBm}$；如果 PRB 上不存在信号（PUSCH 或 PUCCH 信号），则 $I+N=$ 总接收功率；如果 PRB 上存在信号（PUSCH 或 PUCCH 信号），则 $I+N=$ 总接收功率 − 信号功率。

（3）现网验收标准

在网络运维中，运营商对于干扰类指标的定义也形成了标准，表 4-7 所示为中国移动、中国电信和中国联通对室外不同场景的质量要求。

表 4-7　中国移动、中国电信和中国联通对室外不同场景的质量要求

信道定义	中国移动	中国电信和中国联通
极好点	—	SS-RSRP ≥ –75dBm 且 SS-SINR ≥ 25dB
好点	SS-RSRP ≥ –80dBm 或 SS-SINR ≥ 15dB	–85dBm ≤ SS-RSRP < –75dBm 且 15dB ≤ SS-SINR < 20dB
中点	–90dBm ≤ SS-RSRP < –80dBm 且 5dB ≤ SS-SINR < 10dB	–95dBm ≤ SS-RSRP < –85dBm 且 5dB ≤ SS-SINR < 10dB
差点	SS-RSRP < –90dBm 或 SS-SINR < 0dB	–105dBm ≤ SS-RSRP < –95dBm 且 –5dB ≤ SS-SINR < 0dB

运营商对路测覆盖指标的定义来自于覆盖 RSRP 和 SINR 两个维度，一般会根据建网目标需求，提出本地网络无线覆盖率的要求，即拉网后统计的测试点满足电平和质量的点占比数量，如果达到覆盖概率门限，即满足要求。

4.2.2　干扰来源分析

不同的频段对干扰的影响有所不同，本节以中国移动 2.6GHz 频段干扰为例分别从系统内、系统间及设备故障等维度详细介绍。

1. 系统内的同频干扰

目前运营商采用多层异构组网方式规划 5G 网络结构，即在同一个覆盖区域内，利用不同频段组成不同层次的无线网络。同层内为同频组网，不同层间为异频组网，需要根据无线覆盖要求和业务带宽需求进行无线通信网络每一层的规划建设，如图 4-14 所示。国内运营商由工信部统一规划分配可使用的频段资源，中国移动可建设 2.6GHz、4.9GHz 频段网络，另外可与中国广电共建共享 700MHz 频段网络，其根据获得合法建网频段的特点和网络规划的带宽来组网，从而满足广覆盖层、容量层、语音层等多种应用需求。

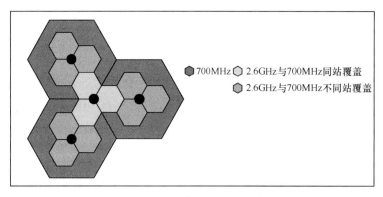

图 4-14　2.6GHz 与 700MHz 异构网络

由于同一层小区组网采用同频组网方式，所以相邻小区属于同频邻区。而小区间存在交

叠覆盖区,从而满足重选、切换需求。交叠覆盖区就是干扰区,因此同频组网情况下,越区覆盖、无主覆盖会引起严重的干扰,如图4-15所示,UE会同时检测到服务小区和邻小区基站下行同频信号,产生下行干扰。

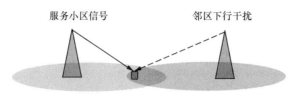

图 4-15　下行干扰示意

同频组网时,基站会同时检测到服务小区 UE1 和邻小区 UE2 的上行同频信号,因此会出现上行干扰,如图 4-16 所示。

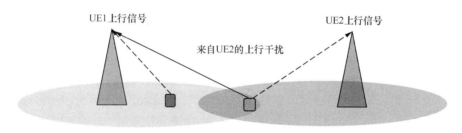

图 4-16　上行干扰示意

2. 系统内时隙配比不一致产生的干扰

中国移动 5G 网络建设时规划的子帧配比结构如图 4-17 所示,为 5ms 单周期帧结构。每 5ms 帧结构中包含 7 个全下行时隙、2 个全上行时隙和 1 个特殊时隙,Slot7 为特殊时隙,时隙配比为 6:4:4(可调整)。

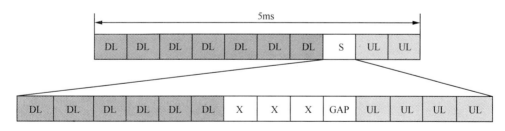

图 4-17　中国移动子帧配置结构示意

当 NR 相邻小区间为同频组网时,要求子帧中时隙配比必须一致,即相邻小区之间需同时进行数据收发。如果同频相邻小区之间时隙配比不一致,将会导致一个小区下行发送信号时,另一小区接收上行信号,该小区接收的信号一个是 UE 上行信号,另一个是相邻基站的信号,从而会导致严重的上行干扰。

如图 4-18 所示,如果 2 个同频小区的子帧配比和特殊子帧配比不同,会造成严重的干扰。

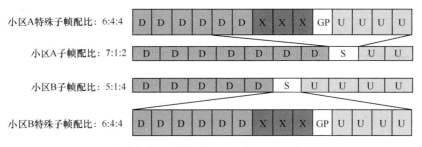

图 4-18　时隙配比不一致干扰示意

3. 系统内设备故障导致的干扰

5G 接入网设备包括室外设备和室内设备，室内设备如基站设备、传输设备等，室外设备如时钟、射频单元、天线设备等，设备出现故障也可能带来干扰，如时钟跑偏会导致基站之间时钟不一致，系统子帧时隙无法对齐，从而带来干扰。设备故障导致的干扰如图4-19 所示。

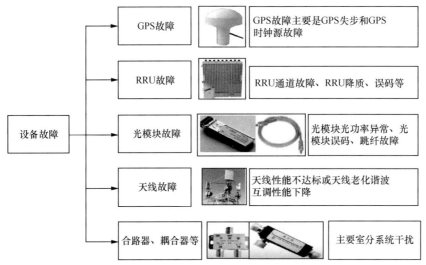

图 4-19　5G 接入网设备故障导致的干扰

因 TDD 系统为时分双工处理方式，对系统时钟同步要求较高。如果同一网络中某基站 A 与其他基站时钟不同步，将导致基站 A 的下行信号被其他基站所接收到，故而对基站的上行信号造成干扰。同理，基站 B 的下行信号也可能干扰基站 A 的上行信号，如图4-20 所示。

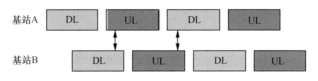

图 4-20　GPS 跑偏带来干扰示意

4. 系统内大气波导导致远端干扰

远端基站信号经过传播，到达被干扰站点时，因为传播环境较好，信号衰减较小，同时因为传播过程中的时延导致干扰站点的 DwPTS（下行导频时隙）与被干扰站点的 UpPTS（上行导频时隙）对齐（严重的甚至会落到被干扰站点的上行子帧），导致干扰站点的下行信号干扰到被干扰站点的上行信号，如图 4-21 所示。

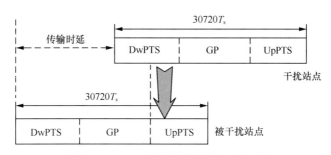

图 4-21　5G 大气波导导致的远端干扰

以频率 2.6GHz、SCS=30kHz、GP 为 4 个符号的配置为例，可推算只要信号延迟不超过 4 个符号，即 $0.5ms \times 4 \times 1/14 \times 3 \times 108 = 46.29km$，就不会出现远端干扰。远端干扰是遥远基站越过 GP 的保护对近端上行符号产生的干扰，所以离远端基站近的基站干扰信号强，但干扰符号少，反之干扰信号弱。

5. 系统内 –PCI 模 3/ 模 4 干扰

PCI 即物理小区标识，它是 5G 系统的重要参数，每个 NR 小区对应一个 PCI，用于无线侧区分不同小区，PCI 会影响下行信号的同步、解调及切换。

终端进行小区搜索时通过 PSS 和 SSS 计算得到当前小区的 PCI，如果相邻的两个小区的 PCI 模 3 相同，意味着相邻小区之间的 PSS 相同。同频邻区会导致终端识别 PSS 困难。为避免相邻小区之间的干扰，相邻小区需要采用不同的 PSS，以便于接入时能区分不同的小区，即 PCI 模 3 结果不同。考虑到 m 序列良好的自相关性，理论上即使两个邻区采用同样的序列、同样的循环移位，正确解出的概率也很高，从 5G 现网验证来看 PCI 模 3 相同与否对网络整体性能影响不大。

5G 模 4 问题的引入与 SSB 时频资源有关。PBCH DMRS 的时频域位置如表 4-8 所示，变量 k 和 l 分别表示在一个 SSB 内的频率和时间索引变量。

表 4-8　PBCH DMRS 的时频域位置

信道或信号	OFDM 符号序号 l 相对于 SSB 的开始位置	子载波序号 k 相对于 SSB 的开始位置
PBCH DMRS	1, 3	$0+v, 4+v, 8+v, \cdots, 236+v$
	2	$0+v, 4+v, 8+v, \quad, 44+v$ $192+v, 196+v, \quad, 236+v$

其中 PBCH DMRS 的频率资源所承载的子载波与 PCI mod 4 相关，即

$$v= PCI \bmod 4$$

如果同频邻小区之间 PCI 模 4 相同，则相邻小区之间对应的 PBCH 的 DMRS 的频率资源相同，会导致相互之间干扰。

为避免邻小区之间的 DMRS 干扰，提高 PBCH 解调性能，需要邻小区的 PCI 模 4 结果不同．但邻小区 DMRS 错开后，仍受到 PBCH 数据的持续干扰，且 PBCH EPRE 和 PBCH DMRS EPRE 相同，所以邻小区标识模 4 结果不同理论上意义不大。从 5G 真实网络环境下验证结果来看，PCI 模 4 是否相同对网络整体性能影响不大。

基于 3GPP 协议 38.211 各信道参考信号及时频位置的设计规划，为了降低参考信号的干扰，需要支持 PCI 模 3（可选）、PCI 模 30 规划，按照从小到大的顺序优先保证规划效果。有部分算法特性需要以 PCI 作为输入，这些算法的输入基于 PCI 模 3。从不改动这些算法的输入角度考虑，PCI 模 3 可作为 PCI 规划的可选项，开启这些特性的小区建议按照 PCI 模 3 值错开规划。

6. 系统间设备性能或频率、隔离度带来的干扰

在实际通信环境中并没有完美的无线电发射机和接收机。通信系统中的理想滤波器是不可能实现的，通常我们无法将传输的信号严格束缚在指定的工作频带内，因此，发射机在指定信道发射信号的同时将泄漏部分功率到其他频率上，接收机在指定信道接收时也会收到其他频率上的信号，也就产生了系统间干扰，如图 4-22 所示。

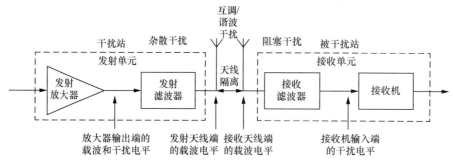

图 4-22　系统间干扰示意

（1）接收机阻塞干扰

阻塞干扰是指当强干扰信号与有用信号同时进入接收机时，强干扰信号会使接收机链路的非线性器件饱和，产生非线性失真。设计系统接收机时，为保证系统可靠工作，通常考虑接收机输入 1dB 压缩点远高于系统指标。只要保证达到接收机输入端的强干扰信号的功率不超过系统指标要求的阻塞电平，系统就能可靠地工作。阻塞最大耦合损耗计算方式如下。

$$MCL_{blocking} \geqslant P_o - P_b \tag{4-2}$$

其中，P_o 为干扰发射机的输出功率；P_b 为接收机的阻塞电平指标。

（2）发射机杂散干扰

杂散干扰是由于发射机非理想特性产生的谐波辐射、寄生辐射、发射互调产物及变频产物等引起的非期望辐射，$MCL_{emission}$（杂散干扰的最大耦合损耗）计算方式如下。

$$MCL_{\text{emission}} \geqslant P_{\text{spu}} - P_{\text{n}} - N_{\text{f}} - N_{\text{rise}} \tag{4-3}$$

其中，P_{spu} 为干扰基站发射的杂散信号功率；P_{n} 为受干扰系统的接收带内热噪声；N_{f} 为接收机的噪声系数；N_{rise} 为正常工作时接收机的干扰提升。

（3）互调干扰、谐波干扰

互调干扰是指两个干扰信号的三阶或更高阶混频产生的干扰信号落入有用信号接收带宽内，从而影响有用信号的正常解调。

谐波干扰是指干扰信号的 2 倍或 3 倍频率产生的干扰信号落入有用信号接收带宽内，从而影响有用信号的正常解调。

从以上的分析来看，发射机和接收机之间的干扰主要有阻塞干扰、杂散干扰、互调干扰和谐波干扰，在实际工程中要想规避此类干扰，就需要设置合理的隔离度。

发射机的发射功率和杂散辐射作用于接收机时，带内发射功率可能导致接收机阻塞，需要考虑满足接收机阻塞指标时所必需的隔离度；而杂散辐射可能导致灵敏度下降，此时需要考虑满足杂散辐射时的另一个隔离度要求。这样，在我们的简化工程分析中，对每一种情况可能获得两个隔离度，在一种应用环境中，只要选取最大的一个作为隔离度要求即可满足，综合考虑阻塞和杂散的影响，要求的最小隔离度为阻塞最大耦合损耗和杂散最大耦合损耗的最大值。

$$\text{MCL} = \max\left(MCL_{\text{blocking}}, MCL_{\text{emission}}\right)$$

天线隔离度一般从水平和垂直两个维度来考虑。

（1）水平隔离度

水平隔离度 I_{h} 计算公式如下。

$$I_{\text{h}}(\text{dB}) = 22 + 20\lg\left(\frac{d_{\text{h}}}{\lambda}\right) - G_{\text{Tx}} - G_{\text{Rx}} + SL_{\text{Tx}} + SL_{\text{Rx}} \tag{4-4}$$

其中，G_{Tx} 为发射天线增益；G_{Rx} 为接收天线增益，d_{h} 为天线水平方向的间距，单位为 m，λ 为载波波长；SL_{Tx} 为发射天线在信号辐射方向上的相对于最大增益的附加损失；SL_{Rx} 为接收天线在信号辐射方向上的附加损失。

（2）垂直隔离度

垂直隔离度 I_{v} 计算方式如下。

$$I_{\text{v}}(\text{dB}) = 28 + 40\lg\left(\frac{d_{\text{v}}}{\lambda}\right) - G_1 - G_2 \tag{4-5}$$

其中，d_{v} 为天线垂直方向的间距；G_1 和 G_2 分别是发射天线和接收天线的增益。当两个天线垂直放置时，天线增益通常可以忽略。

2.6GHz 频段和 LTE 等现有频段相隔较远，主要存在杂散干扰、阻塞干扰，其对空间隔离要求如表 4-9 所示。

表 4-9　2.6GHz 与其他系统间隔离度要求

施扰	受扰	杂散隔离度要求 /dB	阻塞隔离度要求 /dB	综合隔离度要求 /dB	垂直隔离距离 /m	水平隔离距离 /m
NR 2.6GHz	DCS1800 –45.005	39	37	39	0.3	1.12
NR 2.6GHz	DCS1800（05.05 V8.20.0）	39	53	53	0.49	4.09
DCS1800Hz	NR 2.6GHz	31	30	31	0.18	0.4
NR 2.6GHz	GSM900	37	37	37	0.56	1.88
GSM（全球移动通信系统）900	NR 2.6GHz	31	30	31	0.37	0.84
NR 2.6GHz	FDD1800	37	37	37	0.28	0.94
FDD1800	NR 2.6GHz	31	30	31	0.19	0.42
NR 2.6GHz	FDD900	39	37	39	0.31	1.18
FDD900	NR 2.6GHz	31	30	31	0.19	0.42
NR 2.6GHz	CDMA850	34	37	37	0.5	1.39
CDMA850	NR 2.6GHz	87	30	87	3.44	205.19
CDMA850（增加滤波器）	NR 2.6GHz	31	30	31	0.14	0.33

7. 系统间由于帧偏移不合理带来的干扰

4G 与 5G 都采用 2.6GHz 组网时，NR 与 4G 帧头不对齐会存在严重的上行干扰，详细时隙分布如下，NR 为 5ms 单周期，5G 帧头推迟 3ms 或提前 2ms 才能保持 5G 与 4G 子帧对齐，如图 4-23 所示。

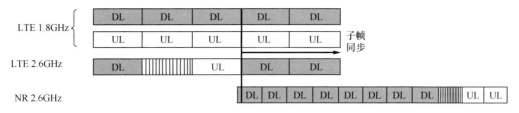

图 4-23　5G 与 4G 帧偏移对齐示意

8. 系统间 –D1/D2 同频干扰

目前 NR 组网采用 100MHz 带宽时，会使用 D4/D5/D6 和 D1/D2 频段，D1/D2 是现网 LTE 频段，如果不清频，则会出现 NR 与 4G 的系统间同频干扰，如图 4-24 所示。

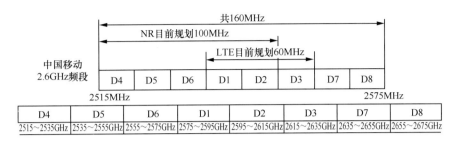

图 4-24 5G 与 LTE D1/D2 干扰示意

4.2.3 干扰问题分析

分析干扰首先需获取干扰数据，根据干扰数据确定是否存在干扰，干扰数据的来源主要有以下几个方面，如表 4-10 所示。

表 4-10 干扰数据的来源

干扰数据源	描述
路测指标SS–SINR/SS–RSRP/CSI–SINR/CSI–RSRP/DMRS–SINR/DMRS–RSRP 等	用于下行是否有干扰判断，在 RSRP 大于一定门限条件下，SINR 如果不符合该条件对应值大小，即可判断有干扰
网络 IoT 指标，100MHz 带宽，SCS=30kHz 时，提取上行子帧 273 个 PRB 历史或实时指标	上行干扰判断，相对值 IoT>5dB 或干扰绝对电平大于一定门限
MRR（测量结果记录）干扰指标，UE 和基站周期上报测量报告，RSRP 和干扰可作为全网干扰分析依据	上下行全网干扰大数据分析
设备对应时间段告警：GPS/AAU 等	作为设备带来干扰的判断依据
网络配置参数：频率、邻区、子帧、功率、带宽等	判断系统内外干扰的参考数据
接入、切换、掉线、速率低等指标或投诉	作为干扰分析的间接数据

获得干扰数据后，需要利用干扰分析工具，如地理化分析工具、干扰指标统计工具等，快速发现干扰，常用干扰分析工具软件如表 4-11 所示。

表 4-11 常用干扰分析工具软件

干扰分析手段	描述
路测软件	获取下行 RSRP 和 SINR 指标，以及 UE 上行发射功率等，分析上下行是否有干扰
OMC/LMT	LMT（本地维护终端工具）本地操作维护，远端操作维护中心（OMC），均可提取上行干扰指标、设备告警、参数配置
MRR 软件	提取 MR（测量报告）周期报告数据进行数据解析和地理化呈现，进行全网分析
MapInfo	开放式地理化分析软件，主要用于判断干扰是否具备地理化收敛特性，便于判断干扰来源
扫频仪配套设备	进行外部干扰源查找，常见扫频仪有安利扫频仪、罗德与施瓦茨 TSME 6 扫频仪、创远扫频仪等
干扰智能分析系统	可以是单独干扰分析软件，也可以利用优化大数据平台

1. 下行 SINR 质差分析

获取干扰数据后可利用路测软件统计 SINR 指标，并结合地理化呈现工具分析出 SINR 较差的路段。也可以通过 MRR 软件采集的全网干扰指标结合地理化呈现工具进行分析。不同运营商对干扰指标的要求略有不同。一般来讲，当下行信号较好时，其相对应的 SINR 值却偏小，存在下行干扰的概率较大。例如，SS-RSRP > −110dBm，但此时 SS-SINR < −3dB，此时可重点分析下行干扰。

判断下行存在干扰后，需依次分析是哪种原因导致下行 SINR 质差。一般遵循"先进行系统内分析再进行系统间分析"的方法，具体分析思路如图 4-25 所示。

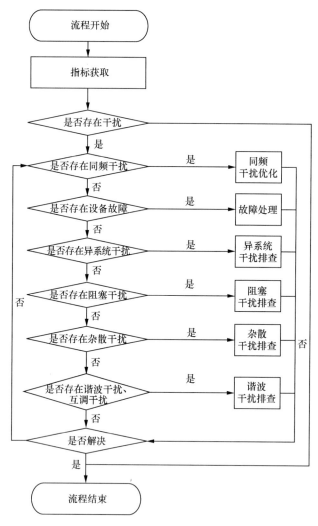

图 4-25　下行干扰分析方法

2. 上行 IoT（干扰噪声）分析

利用本地维护工具（LMT）软件统计的 IoT 指标（也可以通过 MRR 软件采集的全网

IoT 干扰指标）结合地理化信息对获取干扰的数据进行分析，首先判断是否存在干扰。通常当全部 273 PRB 的 IoT 平均干扰电平值大于 −107dBm 时，就可判断该小区为高干扰小区（不同运营商对干扰指标要求略有不同）。

判断上行存在干扰后，需根据上述干扰源进行分析，依次分析是哪种原因导致 IoT 高，一般遵循"先进行系统内分析再进行系统间分析"的方法，如图 4-26 所示。

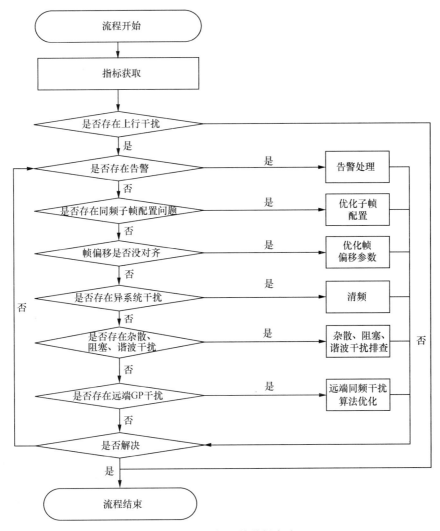

图 4-26　上行干扰分析方法

4.2.4　干扰问题案例

案例一　无线回传设备导致外部干扰

1. 问题描述

在某市万达广场第三小区覆盖方向香槟路和亚龙路交叉口东侧附近存在干扰，干扰频段范围为 2523 ～ 2541MHz，干扰强度在 -105dBm 左右，如图 4-27 所示。

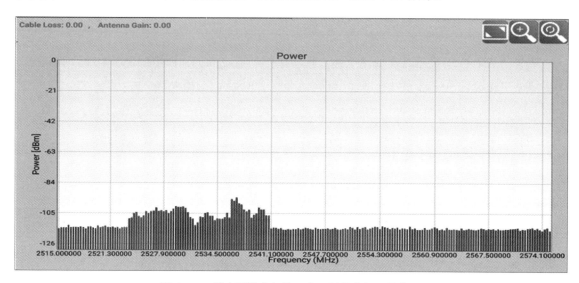

图 4-27　某市万达广场第三小区覆盖方向干扰截图

在迎春东街附近第一扇区，干扰频段范围为 2518 ～ 2534MHz，干扰场强为 -105dBm，如图 4-28 所示。

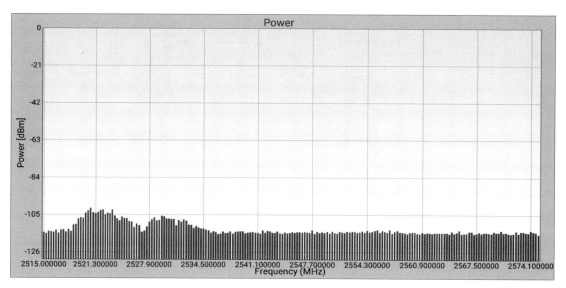

图 4-28　迎春东街附近覆盖方向干扰截图

2. 问题分析

由于两处干扰点频率相近，都在 D4 频点附近，干扰带宽为 18MHz 左右，干扰影响范围大概 30MHz 左右，因此，推断两处干扰是同一种干扰源导致，在两处干扰点附近扫频发现，两个干扰点附近都有外部观光电梯，而在电梯附近干扰变强，经排查存在无线回传设备，如图 4-29 所示。

图 4-29 干扰扫频

3. 问题解决

通过以上分析，初步定位干扰是无线回传设备导致的，通过协调关闭无线回传设备，重新扫频，结果如图 4-30 所示，关闭无线回传设备后小区干扰消除，问题得以解决。

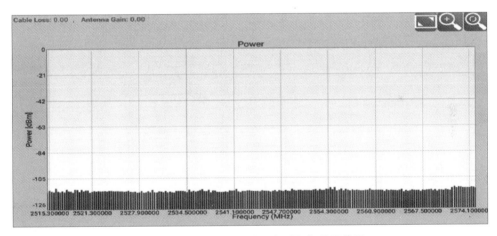

图 4-30 关闭无线回传设备后扫频结果截图

案例二 重叠覆盖导致 SINR 较差问题

1. 问题描述

在某城市拉网测试中发现平阳路与胜利街交叉路口区域终端下载速率只有 500Mbit/s 左右。

2. 问题分析

通过分析日志记录发现 SS-SINR 较差，只有 3dB，该区域存在 3 个站点：工商银行平办、老丹尼斯大厦、豫北大厦，且该区域 3 个站点覆盖小区电平相差约 6dB，存在重叠覆盖现象，且豫北大厦距离该区域较近，因此，建议以豫北大厦 -2 小区为主覆盖小区，如图 4-31 所示。

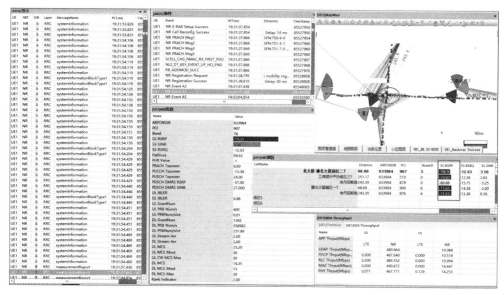

图 4-31　重叠覆盖导致 SINR 较差截图

3. 解决方案

通过以上分析，确定对豫北大厦 -2 小区进行覆盖优化。优化后 SS-RSRP 由 -70dBm 左右提升为 -64dBm；SS-SINR 由 3dB 提升至 16dB，下载速率由 500Mbit/s 左右提升至 1.2Gbit/s，如图 4-32 所示，问题得到解决。

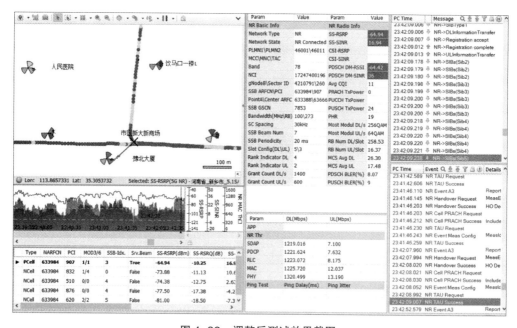

图 4-32　调整后测试效果截图

4. 案例总结

重叠覆盖主要是多个强信号或无主覆盖导致的，解决思路通常为提高一个小区的信号覆盖强度使其作为主覆盖小区，同时减弱周边小区信号的覆盖强度，减少终端频繁切换，提升网络性能，保障客户感知。

4.3 接入优化

4.3.1 接入基础理论

接入类指标是移动通信网络中的关键指标，直接关系到用户感知，因此，接入优化是网络优化工程师必须掌握的优化技能。终端的接入流程主要涉及随机接入过程、RRC 建立过程、初始上下文建立过程及 PDU 会话建立过程。基本流程已经在第 2 章中介绍，本节重点对接入信令的解码信息进行介绍。

1. 随机接入过程

小区搜索过程完成后，UE 已经与小区取得了下行同步，能够接收下行数据。但 UE 只有通过随机接入过程与小区建立连接并取得上行同步才能进行上行传输。NR 随机接入分为基于竞争的性随机接入（CBRA）和基于非竞争的随机接入（CFRA），具体介绍如下。

（1）基于竞争的随机接入流程

基于竞争的随机接入是指 UE 随机选择前导码发起随机接入过程，它适用于除辅助定位之外的其他各种场合，初始接入过程是基于竞争的随机接入过程，基于竞争的随机接入可分为 4 个步骤，与第 2 章的图 2-36 相同。

Msg1 消息：UE 发送 random access preamble，主要作用是通知 gNB 有一个随机接入请求，并使 gNB 能估计其与 UE 之间的传输时延，以便校准 uplink timing 并将校准信息通过 timing advance command 告知 UE。

Msg2 消息：UE 发送 Preamble 之后，将在 RAR 窗（Random Access Response window）内监听 PDCCH，以接收对应 RA-RNTI，如果在 RAR 窗内接收 RA-RNTI 失败，则认为此次随机接入过程失败。Msg2 消息携带了与 Msg1 消息对应的 RAPID（随机接入前导标识）以及用于 Msg3 的 UL Grant（上行授权）和 TA（时间提前量）；

Msg3 消息：只有基于竞争的随机接入过程才需要图 2-36 中的步骤 3 和步骤 4，不同随机接入场景对应的 Msg3 信令不同。Msg3 消息中包含 UE 唯一标识，该标识将用于图 2-36 中的步骤 4 冲突解决，不同场景的 Msg3 类型如表 4-12 所示。

表 4-12 不同场景的 Msg3 类型

随机接入场景	Msg3 类型
RRC_IDLE 态下初始接入	RRCSetupRequest
RRC_INACTIVE 态下恢复接入	RRCRsumeRequest

续表

随机接入场景	Msg3 类型
RRC 连接重建	RRCReestablishmentRequest
上行失步，上行数据到达，下行数据到达（竞争）	通过 C-RNTI MAC control element 将自己的 C-RNTI 告诉 gNB
其他 SI 请求	RRCSystemInfoRequest
切换（竞争）	RRCSystemInfoRequest

Msg4 消息：UE 在 Msg3 消息中携带的唯一标识为 C-RNTI，或由来自核心网分配的 UE 标识［S-TMSI（短格式临时移动用户标识）或一个随机数］。gNB 发送 Msg4 消息时携带该唯一标识以指定竞争胜出的 UE。其他未在冲突解决中胜出的 UE 将重新发起随机接入过程。

（2）基于非竞争的随机接入流程

基于非竞争的随机接入流程与第 2 章的图 2-37 相同。该过程相对基于竞争的随机接入流程增加了 Msg0 消息。Msg0 消息主要目的是发送基站为 UE 分配的用于非竞争随机接入的专用 preamble 及随机接入使用的 PRACH 资源信息。由于该 UE 发起随机接入占用的资源不会与其他 UE 发起随机接入占用的资源发生冲突，因此基于非竞争的随机接入流程无冲突解决过程。

2. RRC 建立过程

该过程的主要作用是建立 RRC 连接，建立 SRB1 用于传输 UE 到核心网的 NAS 消息，RRC 建立过程如图 4-33 所示。

（1）终端通过 SRB0 发送 RRCSetupRequest 消息，该消息携带用户标识信息（5G-S-TMSI 或随机数）、establishmentCause 信息，同时保持 IDLE 态的小区重选过程。

（2）基站接收到 RRCSetupRequest 后为终端分配 SRB1。

（3）终端接收到基站发送的 RRCSetup 消息后完成 SRB1 的建立，停止小区重选，进入 RRC Connected 状态。

（4）如果基站由于某种原因拒绝终端进入 Connected 状态，则会发送 RRCReject 消息，终端接收到该消息后释放 MAC 层配置，保持 IDLE 状态，如图 4-33 所示。

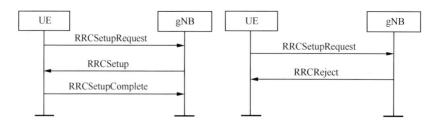

图 4-33 RRC 建立过程

在优化问题分析中，不仅要掌握信令流程，还需要具备信令的分析能力，即通过终端侧或者基站侧抓取的信令，要用专用的工具进行分析，以下将以中信科移动的 CDL 工具为例介绍相关信令的分析思路。

（1）RRCSetupRequest 信令

该消息主要携带 UE ID 及 RRC 连接建立的原因，ue-Identity 的设置方法为：若 UE 在建立本次请求前注册过，则核心网会为 UE 指派一个 5G-S-TMSI，该消息的 ue-Identity 设置成 ng-5G-S-TMSI-Part1；否则把 ue-Identity 设置为 39 位的一个随机数，图 4-34 所示为 RRCSetupRequest 消息解码信息截图。

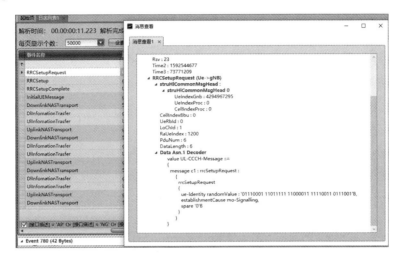

图 4-34　RRCSetupRequest 消息解码信息截图

（2）RRCSetup 信令

该消息用于建立 SRB1，主要携带无线承载配置和 MCG（主小区组）配置信息，以及用于 RLC 层建立 SRB1 的配置信息等，具体介绍如下。

① radioRearerConfig：主要是 SRB 和 DRB 相关配置。

② CellGroupId：0 表示 MCG；其他值表示 SCG（辅小区组）的 ID，SCG 最多有 3 个。

③ RLC 层配置参数：rlc-BearerToAddModList 、rlc-BearerToReleaseList。

④ MAC 层配置参数：mac-CellGroupConfig。

⑤ PHY 层配置参数：physicalCellGroupConfig。

⑥主小区配置参数：spCellConfig。

⑦ 辅小区配置参数：sCellToAddModList、 sCellToReleaseList。

图 4-35 所示为 RRCSetup 消息解码截图，由于此条信息下包括的内容较多，这里仅用示例加以说明，具体信息可以通过实测信令进行查看。

（3）RRCSetupComplete 信令

该消息是 RRC 过程建立完成后，终端发送给基站的正确建立反馈消息，主要携带无线承载配置和 MCG 配置信息，RRCSetupComplete 解码消息截图如图 4-36 所示。该消息主要携带参数信息说明如下。

① selectedPLMN-Identity：UE 从 SIB1 广播的 PLMN 列表中选择的 PLMN 标识。

② registeredAMF：UE 注册的 AMF。

③ guami-Type：表明"guami"是从 5G-GUTI 获得还是从 EPS GUTI 获得的。

④ s-nssai-List：此节点为可选节点，表明 UE 选择的切片信息。

图 4-35　RRCSetup 消息解码截图

⑤ dedicatedNAS-Message：代表专用 NAS 消息，gNB 透传。

⑥ ng-5G-S-TMSI-Value：若对应的是 RRCSetup 发起的 RRC 建立流程，则把该值置为 ng-5G-S-TMSI-Part2；否则把该值置为 ng-5G-S-TMSI。

图 4-36　RRCSetupComplete 消息解码截图

3. 初始上下文建立过程

核心网通过初始上下文建立过程获取 UE 的网络能力、鉴权信息、安全算法、归属基站信息等，初始上下文建立过程如图 4-37 所示。

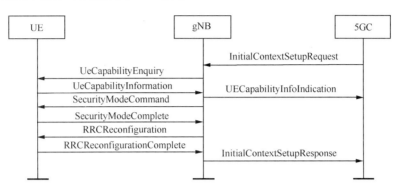

图 4-37 初始上下文建立过程

初始上下文建立关键信令解析如下。

（1）InitialContextSetupRequest

AMF 向 gNB 发送 InitialContextSetupRequest 消息，启动初始上下文建立过程，此消息主要包括的信息为：AMF-UE-NGAP-ID、RAN-UE-NGAP-ID、允许终端的最大速率、允许的切片、安全模式信息、GUAMI（全局唯一的 AMF 标识符）信息等，信令解码信息截图如图 4-38 所示。

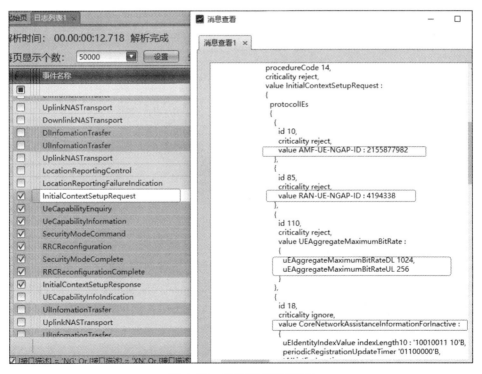

图 4-38 信令解码信息截图

（2）终端能力查询过程

当 InitialContextSetupRequest 消息中未携带 UE Radio Capability IE 时，gNB 会向 UE 发送 UeCapabilityEnquiry 消息，发起 UE 能力查询过程。

步骤 1：gNB 向 UE 发送 UeCapabilityEnquiry 消息，发起 UE 能力查询过程。

步骤 2：UE 向 gNB 回复 UeCapabilityInformation 消息，携带 UE 能力信息。

步骤 3：gNB 向 AMF 发送 UECapabilityInfoIndication 消息，透传 UE 能力。

终端能力信息主要包括支持的频段信息、支持的协议版本、DRX 支持情况及支持的业务数据流数等，图 4-39 所示为终端能力信息解码示例截图。

图 4-39　终端能力信息解码示例截图

（3）安全模式过程

gNB 向 UE 发送 SecurityModeCommand 消息，消息中包括加密算法和完整性保护算法选择，gNB 发送 SecurityModeCommand 消息后，开始使能 RRC 下行加密功能，UE 接收到 SecurityModeCommand 消息后，根据消息中的算法选择派生密钥，校验消息中的 MAC-I（message authentication code for integrity），然后回复 SecurityModeComplete 消息（含 MAC-I）给 gNB，UE 发送完 SecurityModeComplete 消息后，开始使能 RRC 上行加密功能，gNB 接收到 SecurityModeComplete 消息后，开始使能 RRC 完整性保护算法和上行解密功能，SecurityMode Command 消息解码截图如图 4-40 所示，消息中携带了加密算法和完整性保护算法。

图 4-40　SecurityModeCommand 消息解码截图

（4）RRC 重配置过程

gNB 向 UE 下发 RRCReconfiguration 消息，指示 UE 完成空口的配置，RRCReconfiguration 主要包括 BWP 信息、PDCCH 配置信息、PDSCH 配置信息等，消息解码部分信息截图如图 4-41 所示。

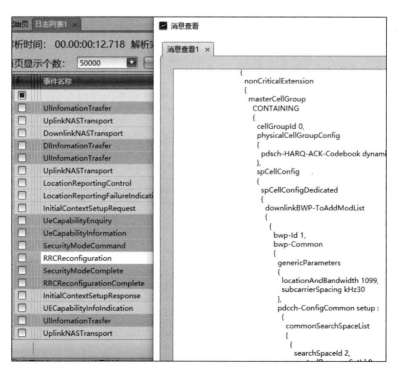

图 4-41　消息解码部分信息截图

（5）InitialContextSetupResponse

UE 接收到 gNB 的 RRCReconfigurationComplete 消息后，向 AMF 发送 InitialContextSetup Response 消息，初始上下文建立完成。InitialContextSetupResponse 消息解码信息截图如图 4-42 所示。

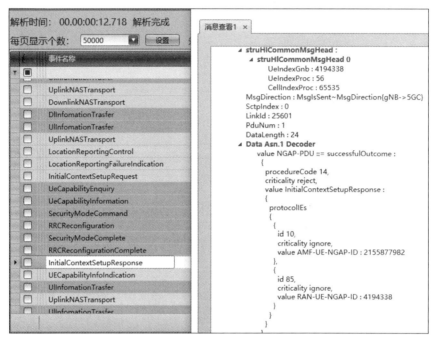

图 4-42　InitialContextSetupResponse 消息解码信息截图

4. PDU 会话建立过程

PDU 会话是指 UE 与数据网络（DN）之间进行通信的通道，PDU 会话建立后，也就是建立了 UE 和 DN 的数据传输通道。PDU 会话信息、PDU 会话 ID、会话类型、上下行速率、计费 ID、漫游状态信息、UE 的 IP 信息、PCF（策略控制功能）信息、QoS 信息、隧道信息、目的地地址、SMF（会话管理功能）标识、切片信息（如果支持）、默认 DRB 信息、数据网名、AMF 信息、用户位置信息、会话管理信息、UPF ID、在线计费标识、离线计费标识等相关信息。PDU 会话建立流程如图 4-43 所示。

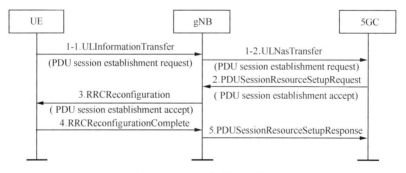

图 4-43　PDU 会话建立流程

从 PDU 会话建立的流程来看，PDU 会话的建立涉及终端、基站和核心网，其信令的分析更加复杂，以下主要对接入网侧的关键信令进行介绍，其中终端侧信令分析采用 ETG 软件、基站侧信令分析采用 CDL。

（1）PDU session establishment request

这是一条 NAS 消息，是由 UE 发给 AN（接入网），然后由 AN 透传给 AMF 的，由 RAN 发出一个 UllinkNasTransfer，由该消息里面的 NAS-PDU 携带 PDU session establishment request 给 AMF。此消息主要携带 PDU Session ID、PDU Session Type、SSC mode（会话业务连续模式）等信息，在 UE 侧此消息部分解码信息截图如图 4-44 所示。

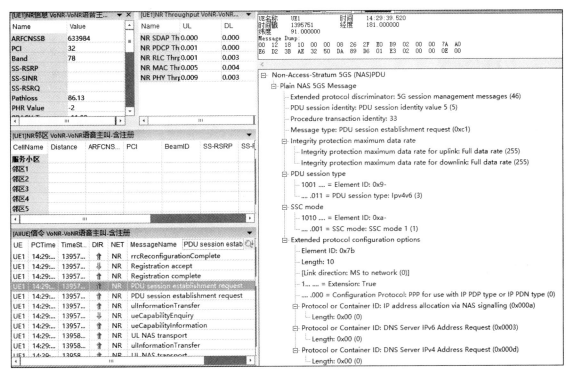

图 4-44　PDU session establishment request

（2）PDUSessionResourceSetupRequest

PDUSessionResourceSetupRequest 消息是 5GC 发给基站的，此消息的主要目的就是发起 PDUSession 的建立，此消息主要携带的内容有 AMF-UE-NGAP-ID、RAN-UE-NGAP-ID、pDUSessionID、pDUSession 最大比特率、5QI（5G 服务质量标识）基本信息等，PDUSessionResourceSetupRequest 消息解码信息截图如图 4-45 所示。

（3）PDU session establishment accept

此消息也是一条 NAS 消息，当网络接受 UE 发起的会话请求流程时，将发送此条消息给 UE，消息中主要携带 QoS Rule、AMBR（聚合最大化特率）、PDU address、S-NSSAI、DNN（数据网络名称）等信息，在 UE 侧 PDU session establishment accept 消息解码信息截图如图 4-46 所示。

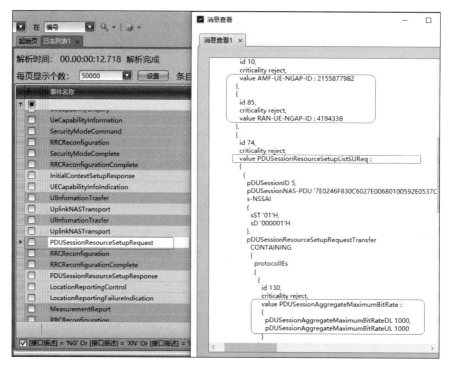

图 4-45　PDUSessionResourceSetupRequest 消息解码信息截图

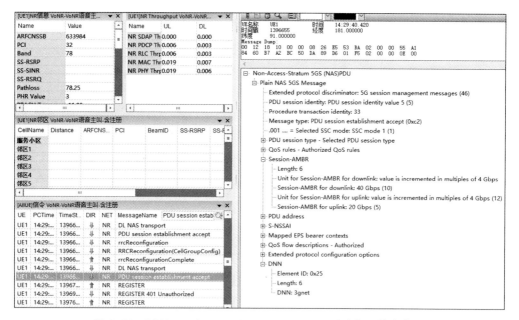

图 4-46　PDU session establishment accept 消息解码信息截图

（4）RRCReconfiguration

gNB 接收到核心网发送的 PDUSessionResourceSetupRequest 消息后，根据 QoS Flow 的质量属性和其他配置策略，将 QoS Flow 映射到专用承载上，gNB 通过空口向 UE 发送 RRCReconfiguration 消息，发起建立 DRB。图 4-47 所示为 RRCReconfiguration 消息解码信息截图，包括 DRB 建立信息及 PDUSession 建立相关的空口信息。

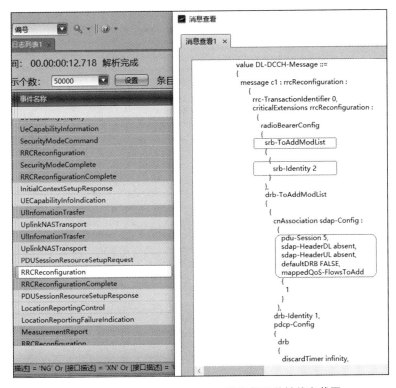

图 4-47 RRCReconfiguration 消息解码关键信息截图

（5）RRCReconfigurationComplete

UE 完成 DRB 的建立后，通过空口向 gNB 回复 RRCReconfigurationComplete 消息，RRCReconfigurationComplete 消息解码信息截图如图 4-48 所示。

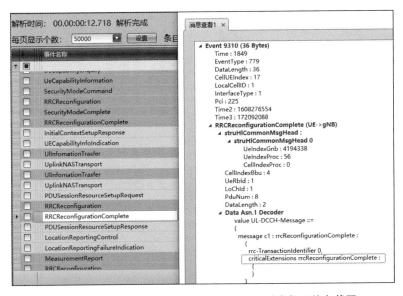

图 4-48 RRCReconfigurationComplete 消息解码信息截图

（6）PDUSessionResourceSetupResponse

gNB 向 AMF 发送 PDUSessionResourceSetupResponse 消息，将成功建立的 PDU Session 信息写入 PDU SessionResourceSetupResponse List 信元中，如图 4-49 所示。

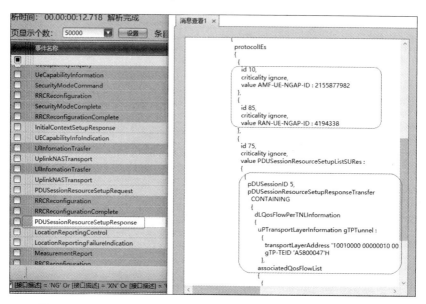

图 4-49　PDUSessionResourceSetupResponse 消息解码信息截图

4.3.2　接入失败原因分析

通常 UE 接入失败的原因主要有 6 类，故障问题、干扰问题、覆盖问题、参数问题、终端问题及负荷问题，以下分别对这 6 类原因进行介绍。

1. 故障问题

故障问题是影响接入的主要因素，因此在分析接入类指标时，需首先进行故障排查，故障分析需通过 OMC 进行故障信息核查，常见故障有如下几种。

（1）AAU 通道故障。

（2）AAU 通道功率异常。

（3）IR（RRU 与 BBU 的接口）异常。

（4）小区降质量。

（5）其他隐性故障。

在故障分析中要结合指标恶化的时间点，检查设备故障的时间点和指标恶化的时间点是否一致，如果一致，则可初步确定是上述故障导致的指标恶化，需优先进行故障处理，故障排除后再确认接入指标是否恢复正常，如果指标仍然异常，需要进一步分析其他原因。

2. 干扰问题

站点干扰导致的接入失败，其也是影响接入的主要因素。干扰可以分为系统内干扰和系统间干扰两类,详细信息参见4.2.2节。

在分析接入类问题时,如果排除故障原因,则需进一步排查是否为干扰导致接入指标异常。需从终端侧和网络侧分别排查。排查 UE 侧的方法是通过现场测试,确定下行是否存在 SS-SINR 较差的情况。如果存在 SS-SINR 较差且 SS-RSRP 较好,则可确定存在下行干扰。排查网络侧的方法是通过 OMC 获取小区上行干扰相关指标,包括每个 PRB 平均干扰及最大干扰,如果达到干扰判决门限,则优先解决干扰问题。干扰问题解决后评估接入指标是否恢复,如果未恢复正常,则需要继续分析,干扰问题的排查思路可参见4.2.3节。

3. 覆盖问题

覆盖问题需从弱覆盖、过覆盖、重叠覆盖、覆盖不均衡几个维度进行分析。

(1)弱覆盖:如果 SS-RSRP 电平低于 −110dBm,就会对接通率有较大的影响,遇到此类问题应优先进行覆盖优化。

(2)过覆盖:过覆盖是覆盖优化中常见的问题,也是对用户感知影响较大的问题,过覆盖一般会导致同频干扰,影响接通率。

(3)重叠覆盖:该区域内用户驻留到一个小区后会出现频繁切换或重选,进而影响接通率指标。

(4)覆盖不均衡:主要表现为上行覆盖受限。

分析该类问题时,要结合测试数据及 MR 数据,重点分析是否为覆盖原因导致的接入指标恶化。

4. 参数问题

影响接入成功率指标的参数通常有随机接入参数、移动性管理参数、功控类参数、定时器参数、调度类参数等,接入问题优化常见参数及优化策略如表4-13所示。

表4-13 接入问题优化常见参数及优化策略

名称	默认值	参数的影响性分析
功率爬坡步长	2dB	配置终端功率抬升时的爬坡步长,取值越大,爬升越快;反之爬升越慢
初始接收目标功率	−100dBm	本小区用户接入的初始目标接收功率,取值越大,接入可靠性越高,但同时对其他用户的干扰也越大,对于质差场景可以适当增大此参数
前导码最大传输次数	10	取值越大,允许前导码最大传输次数越多,接入机会增大,也会增加接入时延变大的风险
NR Msg3 期望功率增量	2	该参数配置得越大,Msg3 的发射功率越高,但产生的潜在干扰越高,该参数配置得越小,Msg3 的发射功率越低,但亦会影响 Msg3 的解调成功率,对于上行质差场景可以适当调整
T300	1000ms	该参数设置过大,会导致 UE 等待随机接入 Msg3 消息的时间过长,失去及时发起新的 Msg1 的机会;参数设置过小,会导致 UE 频繁发起 Msg1,影响小区上行 preamble 接收性能

续表

名称	默认值	参数的影响性分析
T301	600ms	增加该参数的取值，可以提高 UE 的 RRC re-establishment 过程中随机接入的成功率，但是，当 UE 选择的小区信道质量较差或负载较大时，可能增加 UE 的无谓随机接入尝试次数，减少该参数的取值，当 UE 选择的小区信道质量较差或负载较大时，可减少 UE 的无谓随机接入尝试次数。但是，可能降低 UE 的 RRC re-establishment 过程中随机接入的成功率
T302	2s	设置过大会造成 UE RRC 连接拒绝后限制时长过大，使本来能够再次建立的 RRC 不能及时被建立，影响用户感知
T319	1000ms	该定时器用于 RRC Resume 的过程，如果配置过大，会导致终端进入 Idle 态延迟，在 Idle 态发起新的小区选择延迟，影响用户感知

5. 终端问题

终端问题导致的接入失败一般不常见，此类问题通常出现在新手机试用阶段、手机版本更新或者基站版本升级阶段，终端问题主要表现在如下几个方面。

（1）终端版本存在 BUG 导致特殊场景接入异常。

（2）终端兼容性差，导致特殊场景接入异常。

（3）终端挂死为常见问题，一般需要重启终端。

（4）终端设置错误，导致接入异常。

6. 负荷问题

负荷问题一般表现为小区负荷较高，如 RRC 连接用户数多、PRB 利用率较高、CCE 利用率较高等，详细介绍如下。

（1）RRC 连接用户数：如果接通率较差且 RRC 连接用户较多，可优先进行负荷均衡，将小区 RRC 连接用户数降下来再确认接入指标是否正常。

（2）PRB 利用率：接通率低且 PRB 利用率较高，而从指标趋势看接通率和 PRB 利用率趋势一致，需优先进行负荷均衡，PRB 利用率降低后接通率一般可恢复正常。

（3）CCE 利用率：体现了 PDCCH 的负荷，如果负荷过高，也会影响接通率。

4.3.3　接入问题分析思路

1. 路测未接通问题分析

路测未接通是指终端在测试过程中发生未接通事件，对于此类事件，一般基于信令流程进行分析，需抓取各个网元的接入信令确定问题原因，下面以随机接入失败问题进行举例说明。

接入问题的分析，需要熟练掌握接入的信令流程，通过信令消息在网元间的交互情况确定问题原因，并制定合理的解决方案。从图 4-50 可以看出，接入问题要从上下行信道质量、参数配置、基站内部问题、终端问题几个方面考虑。上下行质量和参数配置属于优化的范畴，基站内部问题和终端问题需要重点从基站产品开发设计实现及终端产品开发设计实现两方面进一步分析,随机接入问题分析流程如图4-50所示。

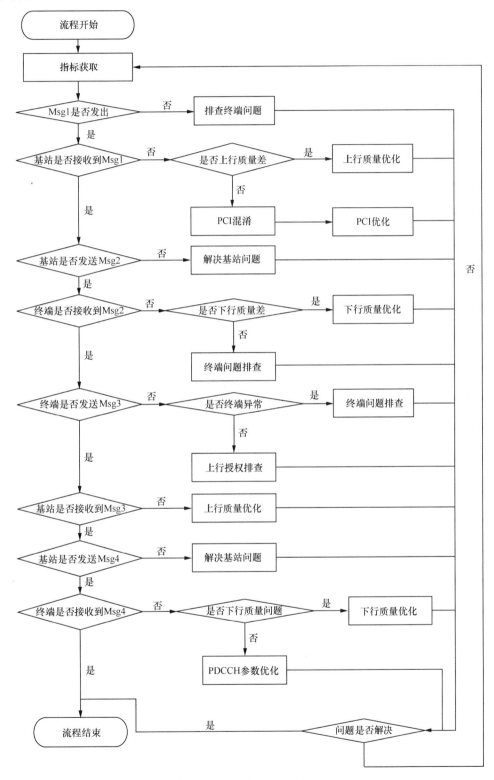

图 4-50 随机接入问题分析流程

2. 网管接通率指标分析思路

网管接通率是指通过 OMC 或者其他网管平台提取的接通率指标，该指标的定义参见
2.4.3 节，接通率指标的优化流程如图 4-51 所示。

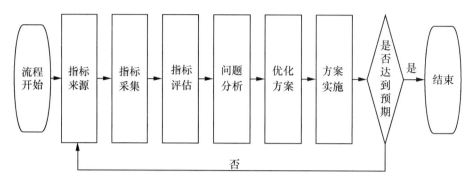

图 4-51　网管接通率优化流程

（1）指标来源

在进行接入问题分析过程中，首先确定指标来源，这里的指标来源主要指的是 OMC 及
信令平台。

（2）指标采集

指标采集是指通过指标平台获取原始指标数据的过程。通过对采集的指标进行分析，找
到网络中的问题。指标采集一般基于指标定义公式中涉及的计数器，按照站点区域范围、采
集日期、相关计数器等进行原始数据采集。

（3）指标评估

对采集后的指标进行综合评估，对未达到预期目标的指标项需进行优化处理，预期目标
的设置一般有 3 种模式。

① 指标目标值考核模式：针对某项指标定义"达标值"（及格线）和"挑战值"（优秀线）。
例如，全网接通率指标挑战值为 99.5%，如果 A 地市评估结果指标低于 99.5%，则说明 A 地
市全网接通率未达到挑战值，需进行优化。

② 指标排名考核模式：针对某项指标不定义"达标值"和"挑战值"，而是通过全省排
名的方式进行考核，例如，全省 12 个地市，如果 A 地市接通率排名第 9，就说明 A 地市接
通率考核结果不达标，需重点优化。

③ "目标值 + 排名"的考核模式：首先制定目标值，如果各区域指标均达到目标值中
的挑战值，对于其中的重点指标项，还会按照全省排名的形式进行考核。

（4）问题分析

问题分析是接通率指标优化关键的一环，该指标的分析涉及多种优化工具的使用，如
OMC、CDL、EXCEL 等，详情请参考第 1 章。

（5）优化方案

优化方案是指基于指标异常原因的分析，制定出可执行的提升方案，针对接入类问题的

优化方案主要有以下几种。

① 故障处理：对站点存在的故障，协调系统工程师进行故障处理。

② 干扰排查：首先确定是外部干扰还是系统内干扰，如果是外部干扰，则协调干扰排查；如果是故障导致的干扰，则需进行故障处理；如果是重叠覆盖导致的干扰，则需通过 RF 优化来解决。

③ 覆盖优化：对因覆盖导致的接入问题，需进行覆盖优化，按照覆盖优化工作流程进行覆盖优化即可。

④ 参数优化：如果存在参数配置错误问题，则对参数进行优化调整。

⑤ 终端兼容性分析：更换终端或协调终端厂家确认是否是终端个体问题导致接入指标异常，有时需要排查终端与核心网及接入网运行的版本是否存在兼容性问题。

⑥ 负荷均衡：如果是小区高负荷导致接入失败或者成功率低，则需对小区进行负荷均衡调整，通过扩容或开启负荷均衡算法解决此类问题。

（6）方案实施

方案实施是指对问题小区制定的优化方案并实施的过程。该过程包括网络侧参数优化以及现场 RF 调整两个过程。RF 优化过程一定要结合基站实际无线环境进行灵活调整。

（7）是否达到预期（效果评估）

效果评估是指在优化方案实施后评估指标是否符合预期。如果未达到预期效果或者实施后对其他指标项产生了负面影响，则需要考虑方案回退。这里需要注意，每种优化方案实施后均需要进行效果评估。

（8）总结

总结环节主要是对本次优化开展情况进行梳理汇总，对优化实施过程的经验形成案例向其他项目团队推广，同时对已经解决的问题进行闭环处理。

4.3.4 接入问题案例

案例 传输问题导致接入失败

1. 问题现象

对某局中国联通新开站点进行单站验证，该站点状态正常，无故障告警，但是在初始接入时，无法正常接入。

2. 问题分析

查看日志可知，在 10:53:20.194 时发起 Registration Request，随机接入成功、RRC 建立完成，在 10:53:23.244 时 RRC 释放，注册失败。从信令侧可以看到，在 RRC 建立完成后，未接收到鉴权、加密消息，未查询到 UE 能力，导致 RRC 释放，异常信令截图如图 4-52 所示。

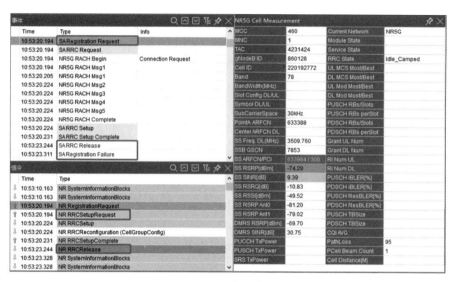

图 4-52 异常信令截图

分析该问题时发现 GUAMI 信息不可用,这可能是修改基站参数的操作导致核心网触发了配置更新所致,或者核心网侧修改配置触发配置更新导致。

3. 问题解决

协调系统技术工程师确认开站时修改 gNB ID(下一代基站标识)后未进行传输割接操作,导致基站侧与核心网侧配置不一致。从基站侧进行传输割接操作使得基站与核心网的配置数据同步后该问题解决。

传输割接操作路径:gNB 基站→传输管理→传输割接。完成传输割接操作后,优化后测试信令流程截图如图 4-53 所示,接入过程恢复正常,问题得到解决。

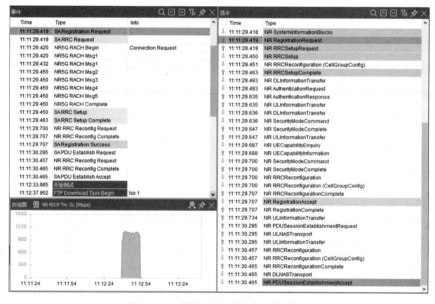

图 4-53 优化后测试信令流程截图

4.4　切换优化

4.4.1　切换基础理论

切换相关信令流程在 2.4.7 节已经进行了详细介绍，对于切换问题的分析，掌握基本信令流程是基础，同时具备相关信令的分析能力才是解决切换问题的根本，以下将以中信科移动 ETG 软件为例介绍终端侧信令分析的关键点。

1. 测量控制消息

测量控制消息过程是通过 RRC 重配置消息来完成的，测量控制过程涉及的主要元素包括测量对象、测量事件及测量 ID，详细介绍如下。

测量对象：测量控制消息中需要明确至少 1 个测量对象，还应明确是异频测量还是异系统测量。图 4-54 所示是 NR 下发了同频测量的测量对象示例截图，主要包括 measObjectId、SSB 频点、SSB 子载波间隔等测量信息。

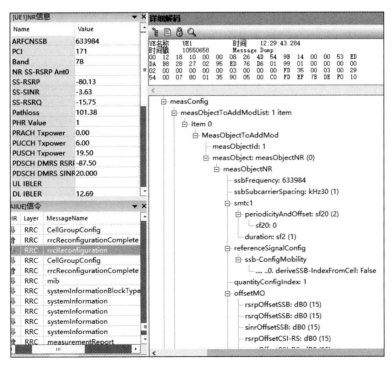

图 4-54　NR 下发了同频测量的测量对象示例截图

测量事件：为区分不同应用场景的测量信息，协议以测量事件来区分终端上报的测量信息。终端会按照基站侧通知的测量事件进行测量上报。5G 系统定义了 A1/A2/A3/A4/A5/A6/B1/B2 共 8 种测量事件，同频率优先级的异频切换一般基于 A3 事件，基站下发的测量控制消息至少要包括 A1/A2/A3 3 个测量事件，其中 A2 为启动异频测量事件，A1 是关闭异频测量事件，A3 是判决切换事件。图 4-55 所示为测量事件配置示例截图。

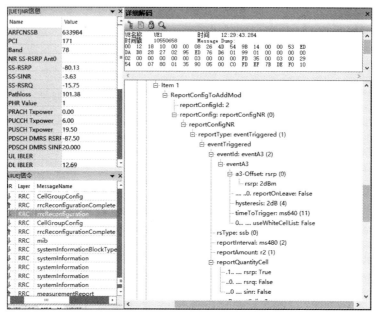

图 4-55　测量事件配置示例截图

测量 ID 为测量上报的最大粒度，用于定义基站与终端约定的唯一测量标识。每次测量过程仅允许上报一个测量 ID 标识的测量内容。一个测量 ID 用于关联一个特定的测量对象和一个特定的报告配置。图 4-56 所示为测量 ID 配置示例截图。测量 ID1 标识的测量对象 ID 为 1，标识的测量报告配置 ID 为 1。

图 4-56　测量 ID 配置示例截图

2. 测量报告消息

终端启动测量后，在测量到符合条件的小区后，会触发测量报告向基站侧上报，图 4-57 为 A3 事件的测量报告，该测量报告中主要携带测量 ID、服务小区的测量结果（如图 4-57 所示）及邻区的测量结果（如图 4-58 所示）。

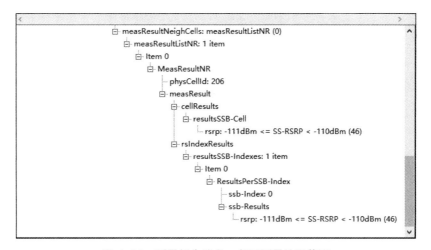

```
□ NR Radio Resource Control (RRC) protocol
  □ UL-DCCH-Message
    □ message: c1 (0)
      □ c1: measurementReport (0)
        □ measurementReport
          □ criticalExtensions: measurementReport (0)
            □ measurementReport
              □ measResults
                  measId: 2
                □ measResultServingMOList: 1 item
                  □ Item 0
                    □ MeasResultServMO
                        servCellId: 0
                      □ measResultServingCell
                          physCellId: 171
                        □ measResult
                          □ cellResults
                            □ resultsSSB-Cell
                                rsrp: -114dBm <= SS-RSRP < -113dBm (43)
                                rsrq: -16.0dB <= SS-RSRQ < -15.5dB (55)
                          □ rsIndexResults
                            □ resultsSSB-Indexes: 1 item
                              □ Item 0
                                □ ResultsPerSSB-Index
                                    ssb-Index: 0
                                  □ ssb-Results
                                      rsrp: -114dBm <= SS-RSRP < -113dBm (43)
```

图 4-57 测量报告消息 – 服务小区测量结果截图

```
□ measResultNeighCells: measResultListNR (0)
  □ measResultListNR: 1 item
    □ Item 0
      □ MeasResultNR
          physCellId: 206
        □ measResult
          □ cellResults
            □ resultsSSB-Cell
                rsrp: -111dBm <= SS-RSRP < -110dBm (46)
          □ rsIndexResults
            □ resultsSSB-Indexes: 1 item
              □ Item 0
                □ ResultsPerSSB-Index
                    ssb-Index: 0
                  □ ssb-Results
                      rsrp: -111dBm <= SS-RSRP < -110dBm (46)
```

图 4-58 测量报告消息 – 邻区测量结果截图

3. 切换执行

切换执行过程的 RRCReconfiguration 消息是切换的关键信令，RRCReconfiguration 消息

由源基站发送给 UE，指示 UE 切换到目标小区，消息解码的详细介绍如下。

RB 配置信息：图 4-59 所示为 RRCReconfiguration 消息解码信息中的 RB 配置信息截图，包括 SRB 的配置信息和 DRB 的配置信息。

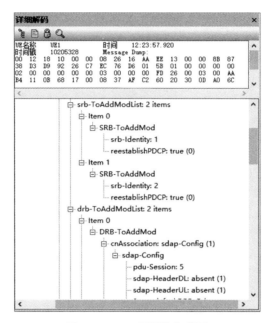

图 4-59　RB 配置信息截图

加密及测量配置更新：图 4-60 所示为 RRCReconfiguration 消息解码信息中的加密及测量配置更新信息截图。

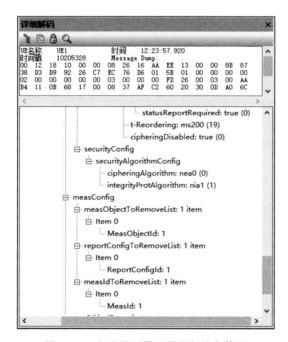

图 4-60　加密及测量配置更新信息截图

目标小区信息：图4-61所示为RRCReconfiguration消息解码信息中的同步重配置信息截图，该信息主要包括目标小区的基本信息。

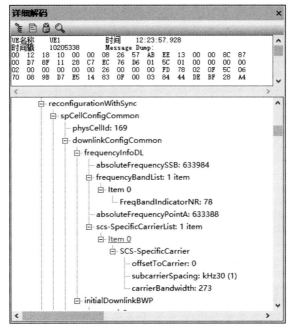

图4-61 RRC重配置消息 – 同步重配置信息截图

4.4.2 切换问题分类

切换异常是日常优化中经常遇到的问题，切换问题主要分3类：不切换、频繁切换和切换失败。

1. 不切换问题分析及优化思路

不切换问题是切换优化中常见的问题，下面将从不切换问题的定义、不切换对网络性能的影响及不切换的原因3个方面进行介绍。

（1）不切换问题定义

从测试来看，源小区信号质量严重恶化，目标小区已经满足了切换条件，但一直不执行切换，直到终端掉线。从OMC性能指标统计来看，源小区到目标小区的切换请求次数为0，如图4-62所示。

（2）不切换对网络性能的影响

终端发生不切换必然会导致该终端长时间驻留到一个小区中，即使在该小区边缘依然不触发向邻区的切换流程，这将导致对邻区用户的上行干扰，影响小区覆盖质量，进而影响

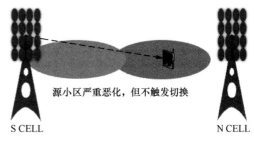

源小区严重恶化，但不触发切换

S CELL   N CELL

图4-62 不切换问题

用户速率、掉线率、接通率、覆盖率等指标。

（3）不切换原因分析

终端发生不切换的原因比较多，此类问题的分析需要基于具体的表现进行综合分析，以下为不切换现象的常见原因。

① 邻区问题：邻区配置错误、邻区未配置等都可能导致不切换。

② 外部小区问题：外部小区未配置、外部小区相关参数配置不一致均会导致不切换。

③ 测量频点问题：主要针对异频切换，如果未配置异频频点，则会导致不启动异频测量。

④ 站点故障：站点接收到测量报告后未向目标基站发起切换请求。

⑤ 切换算法参数配置异常：切换算法关闭，导致未发起切换。

⑥ 切换判决算法配置不合理：切换判决算法设置过于苛刻，导致测量报告上报后不执行切换。

2. 频繁切换问题分析及优化思路

（1）频繁切换定义

由于覆盖或者参数配置不合理等，终端在两个邻区之间会出现频繁切换过程，不能稳定地驻留在一个小区，严重影响掉话率、业务速率、接通率等网络指标，导致用户感知下降，如图 4-63 所示。

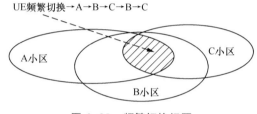

图 4-63　频繁切换问题

（2）频繁切换的影响

频繁切换导致终端不能稳定地驻留到一个小区，必然会对无线指标造成影响，频繁切换对无线指标的影响主要表现为以下几方面。

① 影响速率：频繁切换导致终端不能稳定地驻留在一个小区，影响业务速率。

② 掉线率：频繁切换导致掉线率恶化。

③ 接通率：频繁切换导致接通率恶化。

④ 覆盖率：频繁切换的场景一般重叠覆盖严重，SINR 较低，影响综合覆盖率。

（3）频繁切换原因及优化思路

针对频繁切换现象，一般从两个方面进行优化，即参数优化和重叠覆盖优化，具体介绍如下。

① 参数优化：确认参数配置是否合理，如果存在参数配置不合理情况，则进行参数优化；如果属于特殊场景，则可以对场景化参数进行个性化设置。

② 重叠覆盖优化：考虑站点在网络部署的过程设计不合理会导致重叠覆盖，可通过天馈调整、站点搬迁等手段解决该类问题。

3. 切换失败问题分析及优化思路

（1）切换失败定义

切换失败是指在切换过程中由于某种原因导致切换流程终止的现象。其原因有多种，可能是终端问题、无线环境问题、接入网问题、核心网问题等。切换失败是切换流程分析中最常见的问题，也是日常优化关注的重点。

（2）切换失败的影响

切换失败是影响用户感知的主要原因。对网络指标的影响主要表现为切换成功率、掉线率、接通率、覆盖率、下载速率等指标恶化。

（3）切换失败原因及优化思路

切换失败问题分析是切换优化的重点工作，从优化实践来看，影响切换成功率的因素主要有以下几点。

① 故障问题：一般表现为站点存在活跃告警，接入网侧、核心网侧出现异常告警时会伴随切换失败过程，出现的故障主要包括传输断链、传输闪断、传输丢包、时钟不同步、基站板卡故障、光口故障、射频单元故障等，上述故障处理后需继续跟踪其指标是否恢复正常。

② 覆盖问题：常见的覆盖问题主要包括弱覆盖、重叠覆盖、越区覆盖、针尖效应、拐角效应等。

③ 干扰问题：网络中存在干扰时会影响切换成功率指标，对路测数据进行切换失败分析时，可以通过测试的 SINR 数据确定下行干扰情况，也可以通过 OMC 提取上行干扰。

④ 参数问题：切换参数配置不合理也会影响切换成功率指标，主要涉及的参数有起测门限、切换门限、时间迟滞、定时器等。

⑤ 拥塞问题：一般表现为切换准备失败，针对此类问题需进行目标小区负荷情况核查，包括目标小区的 RRC 连接用户数、板卡 CPU 负荷、PRB 利用率、CCE 利用率。如果目标小区负荷过高，则优先进行负荷均衡或者扩容处理。

⑥ 终端问题：一般表现为个体终端切换成功率低，或者个体终端在某特殊场景下切换成功率低，重点切换场景如下：跨核心网切换场景、NSA 到 SA 切换场景、跨 TAC 切换场景、跨厂家切换场景等。

4.4.3 切换问题分析思路

在切换问题分析中，首先要确定指标来源，切换问题的指标来源一般分两种，即 OMC 和测试，对于 OMC 指标恶化和测试中的切换问题分析思路介绍如下。

1. OMC 指标分析流程

OMC 指标恶化是切换优化中经常遇到的问题，也是日常 KPI 分析的重点，对于 OMC 统计指标的恶化，主要分析流程如图 4-64 所示。

步骤 1，确定是否为 TOP 小区导致。通过提取全网指标，筛选切换失败的 TOP 小区，分析剔除 TOP 小区后，如果指标达到正常水平，则解决 TOP 小区问题即可；如果指标仍较差，则转步骤 2。

步骤 2，确定是否存在告警问题。核查现网是否存在大面积告警，并分析告警区域及周边站点的切换指标，如果确定指标恶化，则解决告警问题；否则转步骤 3。

步骤 3，确定是否有批量参数修改的操作。查询操作日志或者参数优化记录，如果存在批量参数修改的操作，则对相关小区进行切换指标分析；如果参数修改的小区切换指标明显恶化，则确定为参数修改问题；否则转步骤 4。

步骤 4，核实是否有重大的网络操作。如变频、变 PCI、变 TAC、版本升级等操作，如果切换指标恶化时间点和重大操作时间点吻合，则基本可以确定重大操作问题导致指标恶化，需剔除重大操作时段的信息后重新确定指标是否正常，如果正常，则流程结束；否则转步骤 5。

步骤 5，核实是否存在大面积干扰小区。通过 OMC 提取小区级干扰，如果存在大面积的干扰小区，则优先解决干扰问题；否则转步骤 6。

步骤 6，通过以上步骤排查后，如果问题仍然未解决，需要将问题分析升级到系统专家组进行系统化分析，专家组会协调多方资源进行分析，并给出持续化优化方案。

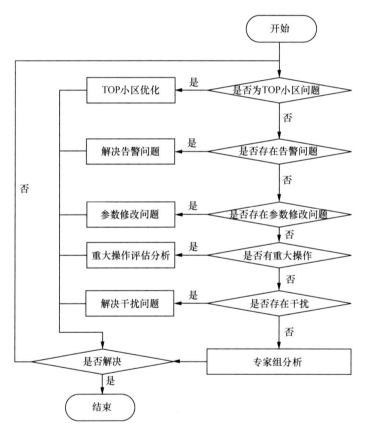

图 4-64　切换问题分析流程

2. 测试中的切换问题分析

测试中的切换问题分析主要涉及相关工具软件的使用，包括终端侧数据采集及分析工具、基站侧信令采集及分析工具和核心网信令采集及分析工具，主要分析思路如下。

（1）源基站接收到测量报告后不下发切换命令的原因及分析方法

如果源基站未向目标基站发送切换请求命令，则主要是参数配置导致的，需进行相关参数的核查，核查内容主要包括外部小区配置、邻区配置、切换判决门限等。

（2）源基站未接收到目标基站的切换响应

源基站未接收到目标基站的切换响应一般考虑是目标基站的问题，需对目标基站的状态进行核查，核查内容包括目标小区状态、接纳参数、传输状态等。

（3）是否下发带切换命令的 RRC 重配置消息

源基站接收到目标基站的切换响应后，正常情况下会向终端下发携带 Reconfigurationwith sync 的 RRC 重配置消息，指示终端切换到目标小区，如果出现基站内部处理异常、参数配置错误等情况，则可能会出现源基站不下发 RRC 重配置消息情况，需从基站内部处理及参数配置两个方面进行分析。

4.4.4　切换问题案例

案例一　PCI 冲突导致的切换失败

1. 问题现象

在进行切换问题分析时：发现源小区的站号为 10909175、CI 为 2、PCI 为 358，不向本站 CI 为 4、PCI 为 228 的小区切换，两个小区属于同一基站，从终端侧来看终端连续上报 A3 测量报告，但终端一直收不到切换的 RRC 重配置信令，经核查本端与对端小区均无故障，邻区关系已添加。

2. 问题分析

从终端侧分析来看，终端已经发送测量报告给基站，那么需要针对如下 3 种原因进行核实。

（1）上行受限：上行质差（覆盖受限或者干扰），基站没接收到测量报告。

（2）判决参数配置不合理：基站接收到测量报告，但不符合判决条件，基站没有判决切换。

（3）参数配置问题：基站接收到测量报告，但参数配置错误导致流程异常。

按照上述可能原因逐个进行分析，发现上行无干扰，且此小区接入正常，不存在上行受限的问题，因此排除"上行受限"的可能；核查判决参数，参数配置合理，排除"判决参数配置不合理"的可能。接下来分析重点聚焦到参数配置方面，需抓取基站侧信令进一步分析。

通过对抓取的基站侧信令分析发现了基于 Xn 切换的消息（此时此小区只有一个用户），具体如图 4-65 所示，而本次测试的 2 个小区为同 BBU 小区，即属于站内切换，不应该出现基于 Xn 的切换消息。从切换流程来看，终端测量报告上报的是小区 PCI，而要切换的目标小区是站内邻区，可能存在同频同 PCI 的站间邻区导致基站把同频同 PCI 的跨站邻区作为目标邻区，导致切换流程异常，因此需要核查外部小区进行进一步确认。

核查外部小区，发现本站点确实存在一条邻小区索引为 35 的外部邻区，其 PCI 为 228，与本站本地 C 的 PCI 一致，存在 PCI 混淆的情况，如图 4-66 所示。

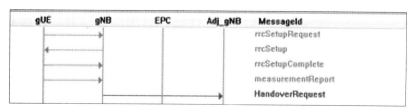

图 4-65　基站侧信令截图

NgRan SA邻小区规划 ▼cellAdjSaCellEntry								GNB基站/
实例描述	移动国家码	移动网络码	基站全球ID有效位数	邻基站全球ID	邻小区ID	NR邻小区物理ID	NgRan跟踪区
邻小区索引29	460	11	25	10909171	6	383	10894847
邻小区索引27	460	11	25	10909171	4	381	10894847
邻小区索引28	460	11	25	10909171	5	382	10894847
邻小区索引35	460	11	25	10909171	3	228	10894847
邻小区索引3	460	11	25	10909171	1	226	10894847
邻小区索引4	460	11	25	10909171	2	227	10894847

图 4-66　外部小区信息核查截图

3. 问题解决

从以上分析可知，存在同频同 PCI 的冗余外部小区导致切换流程混乱，删除冗余的外部邻区数据后，再次尝试小区间切换测试，发现正反向切换均正常，后台跟踪测试终端信息，均为站内消息，如图 4-67 所示。

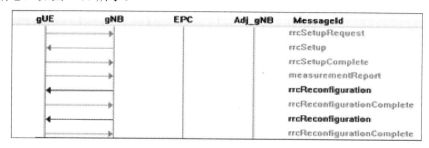

图 4-67　冗余外部小区删除后测试效果截图

4. 案例小结

外部邻区配置一般不会影响切换类指标，但如果冗余外部邻区未删除将会导致 PCI 混淆，从而导致切换失败。因此要及时地删除冗余数据，并定期核查是否存在 PCI 混淆现象。

案例二　AMF 地址配置异常导致切换失败

1. 问题现象

测试车辆在迎宾大道由东向西行驶，发生了由某交通局 -2 向某烟草公司 -0 的切换，从终端侧看切换成功，切换成功后基站下发 RRCRelease 消息，速率掉零，终端重新接入，如图 4-68 所示。

2. 问题分析

切换带处无线环境良好，从终端信令分析，切换已经完成但是切换后基站侧马上下发

RRCRelease 消息，导致速率掉 0，终端重新接入，提取基站日志分析发现目标站某烟草公司 -0
向 5GC 发送 PathSwitchRequest 时，核心网回复 ErrorIndication，如图 4-69 所示。

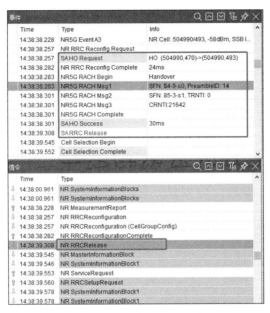

图 4-68 切换失败终端侧截图

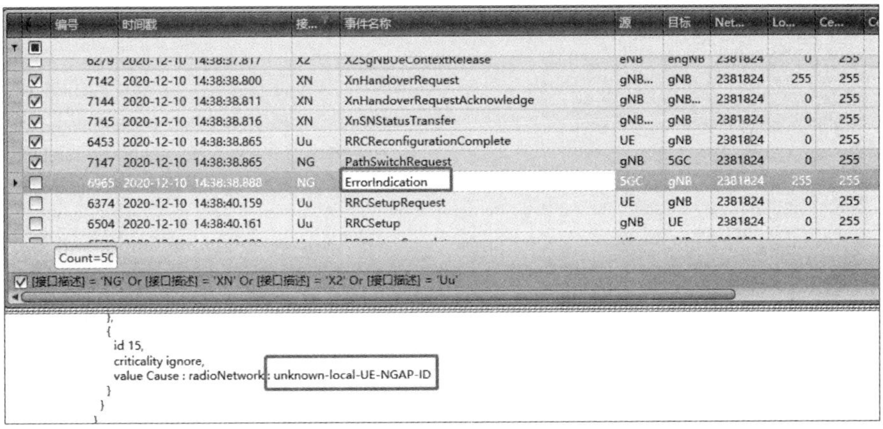

图 4-69 基站侧路径转换失败截图

　　Path Switch Request 过程的目的是请求将 NG-U 传输承载的下行链路切换到目标站点，
资源预留成功后，核心网会回复 PathSwitchRequestAcknowledge，而本次核心网未回复。需
要基于信令携带的相关参数进行核查。从 PathSwitchRequest 携带的消息看，携带的 SCTP 链
路索引 0，PathSwitchRequest 携带的 SCTP 链路信息截图如图 4-70 所示。

　　查询基站 SCTP 链路发现 SCTP 链路索引 0 对应的 AMF 地址为 10.124.113.1，基站侧
SCTP 链路配置截图如图 4-71 所示。

　　继续分析源侧信令，发现在 Xn 切换请求中携带的地址为 10.124.118.1，切换请求消息
携带的 IP 地址信息截图如图 4-72 所示。

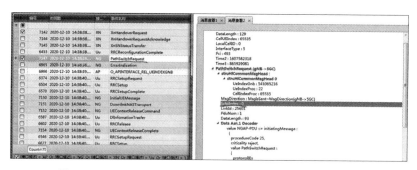

图 4-70　PathSwitchRequest 携带的 SCTP 链路信息截图

实例描述	对…	SCTP…	本…	本…	本…	本…	对…	对端IP地址1	对端IP地址2	对端IP地址3	对端IP地址4	链路协议类型	对端SCTP端口
SCTP链路索引0	0	客户端	0	-1	-1	-1	IPv4	10.124.113.1	0.124.113.2	172.0.0.1	172.0.0.1	NGAP	1
SCTP链路索引1	0	服务器	0	-1	-1	-1	IPv4	10.144.207.26	127.0.0.1	127.0.0.1	127.0.0.1	ENDC	1
SCTP链路索引2	0	客户端	0	-1	-1	-1	IPv4	10.216.206.98	127.0.0.1	127.0.0.1	127.0.0.1	XNAP	0
SCTP链路索引3	0	服务器	0	-1	-1	-1	IPv4	10.144.207.38	127.0.0.1	127.0.0.1	127.0.0.1	ENDC	1
SCTP链路索引4	0	服务器	0	-1	-1	-1	IPv4	10.144.207.42	127.0.0.1	127.0.0.1	127.0.0.1	ENDC	1
SCTP链路索引5	0	服务器	0	-1	-1	-1	IPv4	10.144.207.102	127.0.0.1	127.0.0.1	127.0.0.1	ENDC	0
SCTP链路索引6	0	服务器	0	-1	-1	-1	IPv4	10.144.207.14	127.0.0.1	127.0.0.1	127.0.0.1	ENDC	0
SCTP链路索引7	0	服务器	0	-1	-1	-1	IPv4	10.144.207.2	127.0.0.1	127.0.0.1	127.0.0.1	ENDC	

图 4-71　基站侧 SCTP 链路配置截图

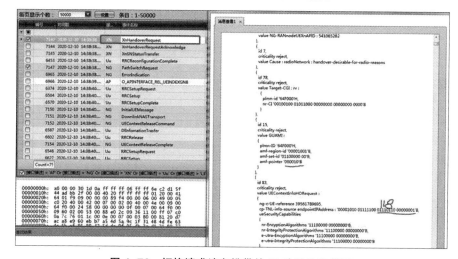

图 4-72　切换请求消息携带的 IP 地址信息截图

查询源基站侧配置的 IP 地址，发现源基站配置了两条到 AMF 的链路，源基站侧两条 NGAP 链路配置信息截图如图 4-73 所示。

实例描述	…	SCTP…	本…	本…	本…	对…	对端IP地址1	对端IP地址2	对端IP地址3	对端IP地址4	链路协议类型	对端S
SCTP链路索引0	0	客户端	0	-1	-1	-1	IPv4	10.124.113.1	10.124.113.2	172.0.0.1	172.0.0.1	NGAP	1
SCTP链路索引1	0	服务器	0	-1	-1	-1	IPv4	10.144.207.26	127.0.0.1	127.0.0.1	127.0.0.1	ENDC	1
SCTP链路索引2	0	客户端	0	-1	-1	-1	IPv4	10.124.118.1	10.124.118.2	172.0.0.1	172.0.0.1	NGAP	1
SCTP链路索引3	0	服务器	0	-1	-1	-1	IPv4	10.144.207.38	127.0.0.1	127.0.0.1	127.0.0.1	ENDC	1
SCTP链路索引4	0	服务器	0	-1	-1	-1	IPv4	10.144.207.2	127.0.0.1	127.0.0.1	127.0.0.1	ENDC	1
SCTP链路索引5	0	服务器	0	-1	-1	-1	IPv4	10.144.207.102	127.0.0.1	127.0.0.1	127.0.0.1	ENDC	0
SCTP链路索引6	0	服务器	0	-1	-1	-1	IPv4	10.144.207.14	127.0.0.1	127.0.0.1	127.0.0.1	ENDC	0
SCTP链路索引7	0	客户端	0	-1	-1	-1	IPv4	10.216.206.6	127.0.0.1	127.0.0.1	127.0.0.1	XNAP	0
SCTP链路索引8	0	服务器	0	-1	-1	-1	IPv4	10.144.207.122	127.0.0.1	127.0.0.1	127.0.0.1	ENDC	0

图 4-73　源基站侧两条 NGAP 链路配置信息截图

至此，源站切换请求中携带了 10.124.118.1 地址，但是在目标站 PathSwitchRequest 消息中携带的是 10.124.113.1 地址，目标基站中未配置 10.124.118.1 地址导致 PathSwitch 失败。

3. 问题解决

通过以上分析可以确定切换失败的原因是目标基站未配置 10.124.118.1 的 AMF 链路，协调目标基站侧添加地址为 10.124.118.1 的 AMF 链路，链路添加后进行复测验证，切换正常，问题解决。

4.5　速率优化

4.5.1　速率基础理论

移动通信系统中所说速率通常是指 UE 的上传或下载数据业务的速率，在 UE 进行 CQT 业务或 DT 业务时，还可以统计应用层、PDCP 层、MAC 层、RLC 层等协议层处理数据速率。CQT 峰值速率指标反映的是 UE 静止情况下选择最佳的无线环境测试的速率；DT 测试速率反映的是 UE 在移动过程中，无线环境变化情况下的速率。这两种方式都是真实网络用户的使用习惯，因此运营商都将 CQT 测试和 DT 测试的速率指标作为用户感知效果的核心评估指标。

1. 用户面协议栈

5G 系统为了满足三大业务场景的不同性能需求，采用了多数据中心分布式部署的方式，即将网络分为灵活的无线接入网、本地数据中心、边缘数据中心、汇聚数据中心和核心数据中心等部分，以便根据业务的 QoS 需求灵活选择无线接入方式，并选择合适的数据中心来满足终端业务对时延、速率、可靠性等指标的要求。5G 网络多数据中心部署如图 4-74 所示。

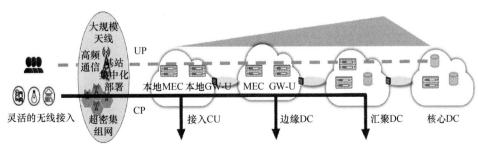

图 4-74　5G 网络多数据中心部署

在移动通信系统的协议架构中信令是端到端控制面的的承载消息，业务数据流则是端到端用户面传递的信息。UE 上传或下载的数据经过终端的应用层和物理层，通过射频天线发送到基站，再通过基站天线接收，由基站物理层转发到媒体接入层，进入核心网业务处理模块等一系列处理过程，该处理过程经过的各协议层的处理时间则由各协议的实际速率来表征。所以理解通信协议栈结构是深刻理解不同协议层表征速率指标的重要前提。控制面信令的传输路径为 UE → gNB → AMF → SMF，图 4-75 所示是 5G 端到端控制面协议栈架构（空口控制面协议栈架构参考 2.1.1 节）。

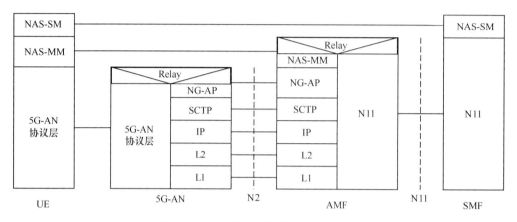

图 4-75　5G 端到端控制面协议栈架构

用户面业务数据传输路径为 UE → gNB → UPF → DN，图 4-76 所示是 5G 端到端用户面协议栈架构（空口用户面协议栈架构参考 2.1.1 节）。

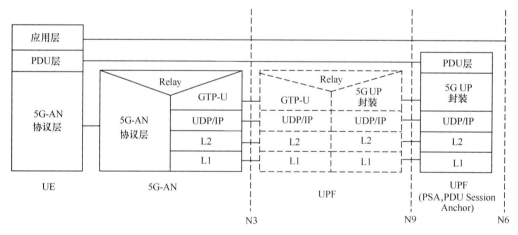

图 4-76　5G 端到端用户面协议栈架构

移动通信网络的数据传输是基于对等通信协议层的处理结构完成的。在用户数据的发送端从应用层往下一层的传递是一个以 IP 包层层封装的方式进行数据包处理的过程。每一层会在上一层基础上加上本层的数据包包头后传递到下一层。在数据的接收端按照协议对等层的处理规则，该层会根据数据包的包头对本层数据进行解析，去掉本层包头后将数据向上层传递，如图 4-77 所示。

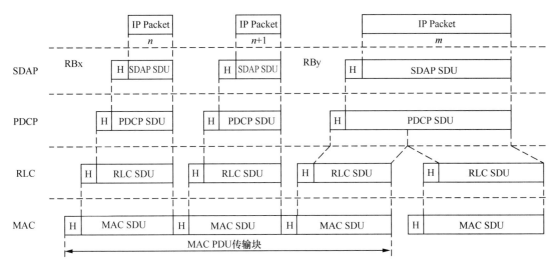

图 4-77　5G Uu 接口用户面协议栈封装

2. 5G PDU Session 概念

要实现用户的业务数据在 UE 与 DN 之间进行传递，就需要理解 PDU Session 的概念。只有 UE 与 DN 之间建立了 PDU Session 承载，数据包才能通过这些业务传递通道实现数据包传输。PDU Session 便是为 UE 与数据网络之间提供 PDU 交换的连接。

如图 4-78 所示，UE 需要与每个 DN 建立相应 PDU Session 才能为 UE 提供上网、IMS（IP多媒体子系统）语音通话及工业互联网控制等业务。

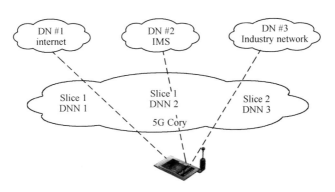

图 4-78　5G PDU Session 示意图

经由 3GPP 或者非 3GPP 接入网，UE 可与同一或不同数据网络同时建立多个 PDU 会话，UE 与同一个数据网络建立多个 PDU 会话，可以由不同的 UPF（终结 N6 接口）提供服务，建立了多个 PDU 会话的 UE 可以与多个 SMF 建立服务关系。

属于同一 UE 的不同 PDU 会话的用户面路径（AN 到数据网络终结的 UPF）可以是完全不相交的，每个 PDU 会话经过不同的 UPF，如图 4-79 所示。

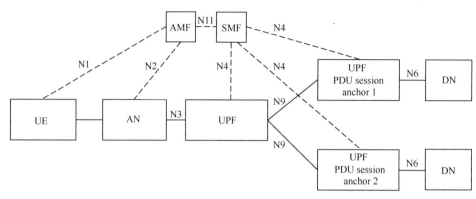

图 4-79　5G UE 多 PDU Session 示意

　　5G 核心网支持 UE 和数据网络间的 PDU 连接业务，PDU 连接业务通过 PDU 会话的形式来体现，PDU 会话应 UE 请求而建立。每个 PDU 会话支持单一的 PDU 会话类型，目前定义的 PDU 会话类型包括 IPv4 和 IPv6。PDU 会话通过 N1 接口（UE 和 SMF 间）的非接入层 SM 信令实现建立、修改和释放操作。SMF 负责检查 UE 的请求是否与用户签约一致，因此 SMF 需要从 UDM（统一数据管理）获取 SMF 方面的签约数据，主要包括准许的 PDU 会话类型、准许的 SSC（会话业务连续）模式等。建立 PDU 会话时，UE 应提供 PDU 会话标识、PDU 会话类型、切片信息、数据网络名及 SSC 模式，具体属性参数如表 4-14 所示。

表 4-14　PDU 会话属性参数

PDU 会话属性参数	含义
Slicing information	切片信息
DNN (Data Network Name)	数据网络名称
PDU session Type	PDU 会话类型
SSC mode	会话业务连续模式
PDU session Id	PDU 会话标识

　　为了支持流量疏导和业务连续性，SMF 需控制 PDU 会话的数据路径，使得 PDU 会话可以与一个或多个 N6 接口关联，每个 N6 接口的 UPF 应支持 PDU 会话锚点功能，支持 PDU 会话的每一个 PDU 会话锚点为同一数据网络提供不同的接入。

　　方案一：插入上行分类器（UL CL）功能。针对 IPv4、IPv6 和以太网的 PDU 会话，SMF 可以决定给会话的数据路径插入上行分类器，按 SMF 提供的流量模板匹配业务流的 UPF 支持上行分类功能，UL CL UPF 通过 N9 接口与锚点 UPF 连接。对于上行流量，按分流规则识别后，区分出需要发送给主锚点 UPF 和辅锚点 UPF 的报文并转发；对于下行流量，则对来自锚点 UPF 的报文进行聚合，并通过 N3 接口转发给基站，如图 4-80 所示。

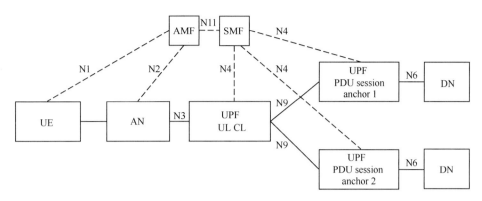

图 4-80　方案一：插入 UL CL 功能

方案二：multi-homed 功能。PDU 会话可以与多个 IPv6 前缀关联，即 multi-homed PDU 会话，PDU 会话将提供多个 IPv6 PDU 锚点来接入数据网络。不同用户平面路径的 IP 锚点引出特定的支持"Branching 点"的 UPF 功能，"Branching 点"提供到不同 IP 锚点的上行流量，汇聚到 UE 的下行流量，UE 决定不同应用数据包与不同 IPv6 地址的绑定关系，如图 4-81 所示。

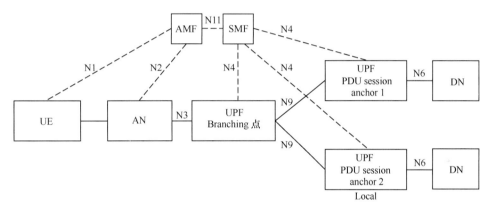

图 4-81　方案二：multi-homed 功能

3. 5G QoS 机制及参数

5G 系统中每一个 PDU 会话需保证承载业务质量即 QoS，5G 系统设计了 5G QoS 管理模型来管理业务、会话、流与 DRB 之间的关系，以保证业务质量，5G QoS 管理模型如图 4-82 所示。

5G QoS 管理模型说明如下。

（1）5G QoS 管理的最小粒度为 QoS Flow。

（2）单个 PDU 会话存在一个用户面隧道承载，并可以传送多个 QoS Flow 数据报文。

（3）多个 QoS Flow 可以根据 QoS 要求映射到已建立的 RB，或者根据需要新建 RB 来映射。

（4）5G QoS 管理的粒度细化为 QoS Flow，灵活地适应多种业务的需求。

（5）一个 PDU 会话中 QFI（QoS 流标识）保持唯一，具有相同 QFI 的用户面业务流获得相同的转发处理方式，QFI 封装在 N3 接口报头内。

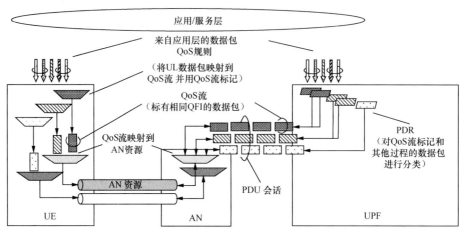

图 4-82　5G QoS 管理模型

对 QoS 参数管理的网元主要有 UPF、AN 及终端，参与 QoS 管理的网元及主要功能如表 4-15 所示。

表 4-15　参与 QoS 管理的网元及主要功能

网元	功能
UPF	下行：UPF 根据 SDF（服务数据流）模板将数据包映射到 QoS Flow，并在 N3 隧道头标识 QFI 上行：UPF 接收 AN 发送的数据包，并执行验证
AN	下行：AN 根据 QFI 将数据包映射到 DRB 上 上行：AN 根据 DRB 上接收到的数据包的 QFI，在 N3 隧道头标记 QFI
UE	NAS 根据 QoS 规则将上行数据包映射到 QoS Flow，AS 负责 QoS 流到 DRB 映射

5G QoS Flow 是 5G 系统中 QoS 转发处理的最小粒度，映射到相同 5G QoS Flow 的所有报文都接受相同的转发处理（如调度策略、队列管理策略、速率整形策略、RLC 配置等），不同 QoS 转发处理需要不同的 5G QoS Flow，如图 4-83 所示。

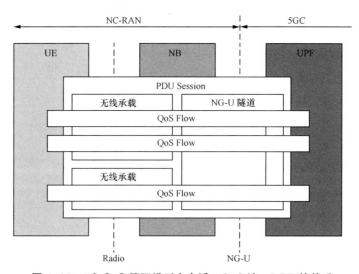

图 4-83　5G QoS 管理模型中会话、QoS 流、DRB 的关系

表 4-16 所示为 PDU 会话控制的粒度。N3 隧道为基站和 UPF 之间的用户面通道，在非双连接情况下，同一 PDU Session 的服务流采用同一隧道；QoS Flow 类型主要包括保障比特率和非保障比特率两种，QoS Flow 和 DRB 之间支持多对一的映射；QoS 建立机制支持信令控制的建立机制和 reflective QoS 机制。

表 4-16 PDU 会话控制的粒度

控制粒度	基于 QoS Flow 执行 QoS 控制
N3 隧道	非双连接下，同一 PDU Session 的服务流采用同一隧道
5G QoS Flow 类型	GBR（保证比特速率）QoS Flow 和 Non-GBR QoS Flow
5G QoS Flow 与 DRB 映射	支持多对一
QoS 建立机制	支持信令控制的 QoS 机制和 reflective QoS 机制（仅用于 Non-GBR QoS Flow）

基站侧需要将 QoS Flow 映射到相应的 DRB 上，以便下行数据可通过对应的承载发送给 UE，QoS Flow 经过 SDAP 层时，将各 QoS Flow 映射到相应 DRB 上，默认 QoS Flow 与 DRB 一一映射，当出现大于或等于 2 个 QoS Flow 映射到相同等级的 DRB 时，QoS Flow 映射到 DRB 上的原则如下。

（1）多个 QoS Flow 分别映射到独立的 DRB 上，这些 QoS Flow 映射到 DRB 后，其 DRB 等级是相同的，但 DRB ID 不同。

（2）多个 QoS Flow 映射到同一个 DRB 上。

（3）5QI（5G QoS 标识）为 5 和 9 的 QoS Flow 必须映射到不同等级的 DRB。

4. 5G 系统 QoS 参数

每一个 QoS 流均包含相关的 QoS 参数，5G 系统的 QoS 参数主要包括 5QI、分配和保留优先级（ARP）、反射 QoS 属性（RQA）、流量比特率、（聚合）总比特率及最大丢包率等，以下将对主要的 QoS 参数进行介绍。

（1）5QI

5QI 是在 3GPP 规范 23.501 中定义的，它是一个标量，取值范围为 0 ～ 255，用于指示一个 5G QoS 特性，5QI 的 QoS 特征参数介绍如下。

① Resource Type：资源类型，资源类型包含 Non-GBR、GBR 和 Delay-criticalGBR 3 种，其中 Delay-critical GBR 为 5G 新增，主要用于车联网等对时延非常敏感的场景。

② Priority Level：优先级，表明在多个 QoS Flow 中资源调度的优先级，数值越小，优先级越高。

③ PacketDelay Budget：数据包时延要求，定义一个数据包在 UE 和 UPF 中 N6 接口终结点之间的时间延迟上限。

④ PacketError Rate：数据包错误率，即由发送方的链路层协议正常处理，但没有被接收方正常投递到上层的 PDU（比如 IP 数据包）比例的上限，是在非拥塞情况下数据包丢包率的上限。

⑤ Averagingwindow：平均窗口，该参数只用于 GBR 和 Delay-criticalGBR 资源类型的 QoS Flow，实际上就是计算 GFBR（保证流量比特率）和 MFBR（最大流量比特率）的一个时间单位，即在该时间单位内 RAN、UPF 或者 UE 计算 QoS Flow 的 GFBR 和 MFBR。

⑥ MaximumData Burst Volume：最大数据突发量，只适用于 Delay-critical GBR 资源类型的 QoS Flow。

在 EPS（演进的分组系统）中，QCI（QoS 等级标识）和 QoS 特征（组合）的对应关系是标准化的，在信令中只需要携带 QCI，因为 UE 和 AN 提前约定了 QCI 对应的 QoS 特征。在 5G 系统中，除了标准化 5QI，还支持预配置 5QI 和动态 5QI。

（2）分配和保留优先级 (ARP)

ARP 用于实现资源分配与保留优先级方面的差异化功能。ARP 是在资源紧张的情况下决定接受还是拒绝承载建立或修改请求。同时在特殊的资源限制时 (例如在切换) 决定丢弃哪个承载。比如在一些场景中如果发生资源拥塞需要释放一些低优先级资源时，应根据 ARP 的设置来确定释放谁、保留谁，ARP 包含以下 3 个方面信息。

① 优先级：取值范围 1 ～ 15，定义了资源请求的重要性，允许在资源限制 [通常用于 GBR（保证比特速率）业务的接纳控制] 的情况下决定是否可以接受新的 QoS 流或拒绝新的 QoS 流，它也可以决定在资源限制期间，哪个现有 QoS 流可以被抢占。

② 抢占能力：取值为 yes 或 no，定义了 SDF 是否可以获得已经分配给具有较低优先级的另一 SDF（服务数据流）资源。

③ 被抢占的脆弱性：取值为 yes 或 no，定义了 SDF 是否可能失去分配给它的资源，以便接纳具有较高优先级的 SDF。

（3）仅 GBR 包含的参数

GBR 类承载用于实时性要求较高的业务。对该类业务还定义了保障流比特率、最大流比特率、通知控制和最大丢包率等指标，具体介绍如下。

① 保障流比特率（GFBR）

GFBR 区分上下行，表示由网络保证在平均时间窗口上向 QoS 流提供的比特率，即在 Averaging Time Window 内，网络确保能够提供给 QoS Flow 的比特速率，通常通过资源预留的方式来实现，保证数据流的比特速率在不超过 GFBR 时能够全部通过。

② 最大流比特率（MFBR）

MFBR 区分上下行，表示将比特率限制为 QoS 流所期望的最高比特率（例如，超过流量可能被 UE/RAN/UPF 丢弃或者延迟传输），通过 QoS 流的优先级提供相应的优先级，比特率在 GFBR 和 MFBR 的范围内。

③ 通知控制

通知控制指示 GFBR 无法被满足时，RAN 侧是否需要通知核心网，只用于 GBR QoS Flow，且是可选参数，当接收到 RAN 发送不能满足 GFBR 通知时，5GC 可以通过 N2 信令修改或移除 QoS Flow。

④ 最大丢包率

最大丢包率区分上下行，适用于 GBR QoS Flow，用于指示空口侧 QoS Flow 能够接受的最大上行或下行丢包率。

（4）仅 Non-GBR 包含的参数

反射 QoS 属性（RQA）：UE 不需要网络指示，根据接收到的下行数据包头信息直接生成相应的上行 QoS 规则，减少与 UE 的信令交互，增加了对互联网业务的支持。对于反射 QoS 机制的激活，可以采用在数据包头增加 RQI（反射 QoS 指示）方式或者控制面激活方式进行。

5. 5G 速率指标

速率是运营商重点考核的指标，也是单站验证的重点，表 4-17 所示为国内运营商对 5G 基站单站验证速率的指标要求。

表 4-17　国内运营商对 5G 基站单站验证速率的指标要求

对比项	中国电信和中国联通	中国移动
测试终端	2T4R Power Class 3，支持天线选择	未进行明确类型要求
速率统计	PDCP 层	L2（MAC）
单站验证 - 速率标准	好点 1. 3.5GHz 64T64R/32T32R DL ≥ 800Mbit/s，UL ≥ 220Mbit/s 2. 2.1GHz 4T4R DL ≥ 270Mbit/s，UL ≥ 75Mbit/s（256QAM）/60Mbit/s（64QAM）	好点、中点、差点 1. 2.6GHz 64T64R/32T32R DL：好点＞800Mbit/s、中点＞300Mbit/s、差点＞90Mbit/s UL：好点＞120Mbit/s、中点＞70Mbit/s、差点＞1Mbit/s 2. 4.9GHz 64T64R/32T32R DL：好点＞680Mbit/s、中点＞250Mbit/s、差点＞75Mbit/s UL：好点＞180Mbit/s、中点＞105Mbit/s、差点＞1.5Mbit/s
单站极限能力	单小区 DL-PDCP 层峰值速率 /16 流：≥ 3.6Gbit/s 单小区 UL-PDCP 层峰值速率 /8 流：≥ 780Mbit/s	不涉及
DT - 速率	下行≥ 450Mbit/s、上行≥ 100Mbit/s	下行＞ 500Mbit/s、上行＞ 80Mbit/s

4.5.2　影响速率的主要因素

终端进行数据上传或下载的过程是与接入网、传输网、核心网及业务服务器之间进行数据传递的过程，该过程中传输数据业务量的大小最直接的体现指标是上传或下载速率，而且该指标体现在网络处理过程的每个环节，影响速率的因素分析如下。

1. 终端性能对速率的影响

终端支持能力是影响速率的直接因素，主要体现在终端支持的频率和带宽、终端上行业务是否支持 SRS 轮发机制、终端的能力等级等。

（1）终端支持的频率和带宽

速率与 UE 支持的频率和带宽有必然的关系。如支持 700MHz 或 2.6GHz 频率的终端，其收发信号的能力必然高于仅支持 3.5GHz 和 4.9GHz 频率的终端。这与频率越低，小区的覆盖范围越大直接相关。此外，同样支持 700MHz 频率的两款不同终端的速率，还取决于支持的业务带宽，仅能处理 20MHz 带宽的终端在相同网络环境下比处理 30MHz 带宽的终端业务速率要低。另外支持载波聚合功能的终端比不支持该功能的终端在数据上传 / 下载方面有相对优势。

（2）终端上行业务是否支持 SRS 轮发机制

SRS 是终端在连接状态下发送基站的上行探测参考信号，基站将接收到的上行探测信号作为上行信道环境评估、上行波束管理及上行调度策略选择的依据。SRS 轮发是指终端轮流在不同天线位置发送 SRS 信号。5G 系统采用非码本赋形方式，利用 SRS 多天线轮发机制使基站更准确地进行信道估计，提升上行数据的接收性能，更精准地实现中好点覆盖区域内多流数据处理，极大提升网络性能容量指标，SRS 轮发机制如图 4-84 所示。

① 1T1R：只固定在 1 个天线上向基站发送 SRS 信号，不支持 SRS 轮发。

② 1T4R，终端在 4 个天线上轮流发送 SRS，一次选择 1 个天线发射。

③ 2T4R，终端在 4 个天线上轮流发送 SRS，一次选择 2 个天线发射。

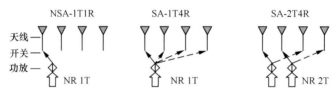

图 4-84 SRS 轮发机制

采用 SRS 多天线轮发机制可充分利用 5G 终端的多根天线轮流上报信道信息，增加基站评估信道质量的精度，通过现网对比测试，支持该机制的终端平均下行业务速率可提升 20% ~ 30%，如图 4-85 所示。

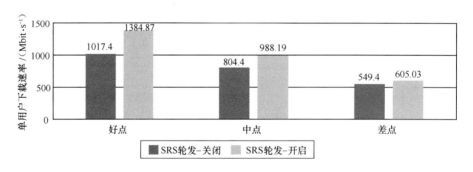

图 4-85 SRS 轮发与不轮发速率对比

（3）终端的能力等级

终端能力等级通常用 Cat 等级标识定义，表示该款终端基带物理层（空口无线通信）最高通信能力，同时也证明了终端产品公司芯片产品设计、开发的水平，终端能力等级说明如下。

① 3GPP 协议标准规范了终端的能力等级，终端的开发设计需要符合 3GPP 标准定义。实际上终端支持的能力等级也随着 3GPP 标准定义的版本不断提升。

② 终端支持能力是一个逐渐演进的过程，不同技术发展阶段的设计开发的终端能力不同。

③ 市场上运营商针对不同客户群销售不同能力等级的终端，低端、中端、高端手机的价格不同，其物理层芯片的处理能力也不同。

2. 无线环境质量对速率的影响

目前无线信道质量的评估是通过 SS-RSRP 和 SS-SINR 指标来体现的。SS-RSRP 代表信号强度，SS-SINR 代表干扰水平。 在 2.6GHz 频段 100MHz 带宽配置的小区内，终端进行 CQT 测试达到 1Gbit/s 业务速率，需保证 SSB 单波束下 SS-RSRP 大于 -79dBm、SS-SINR 大于 12dB（不是平均值，而是 1Gbit/s 的最低覆盖要求）。进行无线覆盖环境的选择时应考虑多径传输的信道环境，如站点附近建筑环境较复杂。速率指标优化同时需要保证终端处于 AAU 的主瓣覆盖方向。图 4-86 和图 4-87 分别是速率与 SS-RSRP 和 SS-SINR 之间关系示例。

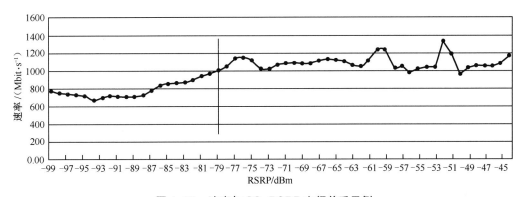

图 4-86　速率与 SS-RSRP 之间关系示例

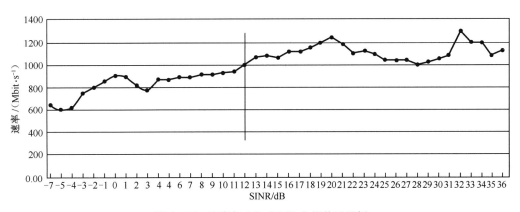

图 4-87　速率与 SS-SINR 之间关系示例

3. 基站调度机制对速率的影响

5G 系统中终端业务速率与基站选择的调度策略直接相关。基站根据终端上报 iBLER、

CQI、RI、以及 SRS 测量等关键信息，决定终端本次是否得到调度、调度分配的 MCS 等级、分配资源块的大小等算法结果，这些因素共同决定了终端速率的大小。

（1）调度的概念

调度是指基站按照 5G 协议标准规定的帧结构在其允许的时域单位上，按照某个调度基本单元为终端分配物理下行共享信道（PDSCH）或物理上行共享信道（PUSCH）资源（如时域、频域、空域资源），用于系统消息或用户数据传输的过程。基站调度终端的过程分为调度排序和调度资源分配两个主要过程。

调度功能主要在基站和终端媒体接入层实现，5G 系统的调度流程如图 4-88 所示。

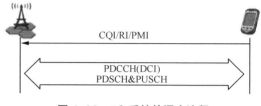

CQI/RI/PMI

PDCCH(DCI)
PDSCH&PUSCH

图 4-88　5G 系统的调度流程

调度器在调度用户并为用户分配资源时会考虑无线信道质量，其关键指标参数有 CQI、RI、PMI 等，这些指标是终端基于瞬时的下行信道质量估算的，这也体现了无线信道的互易性，相关参数介绍如下。

① CQI（信道质量指示）：反映信道的质量状况，由 UE 测量并反馈给 gNB，UE 上报给 gNB 的 CQI 是通过 UE 测量用户级导频 CSI-RS SINR，然后通过量化得到的，CQI 的值越高，说明信道质量越好。

② RI（秩指示）：在空间复用传输模式下，由 UE 上报给 gNB。它为 gNB 提供信道的秩信息，代表数据业务最优的空间传输层数。

③ PMI（预编码矩阵指示）：由 UE 上报给 gNB，它为 gNB 提供建议使用的预编码矩阵，供下行调度器使用。

上下行调度都通过下行 PDCCH 承载的 DCI 信息来表示，在每个调度周期内终端都需要监听 PDCCH 以解调出基站为终端分配的调度信息。

（2）调度 TTI（传输时间间隔）

5G 系统的调度策略在时域上分两种，即基于时隙的调度和基于 mini-slot 的调度。基于时隙的调度基本单位为 slot，时域长度为 14 个 OFDM 符号，eMBB 场景采用该调度方式；基于 mini-slot 的调度基本单位为 mini-slot，3GPP 标准 R15 协议支持时域符号为 2/4/7 个符号，URLLC 场景一般采用该调度方式，如图 4-89 所示。

基于时隙的调度　PDCCH　　PDSCH

PDSCH（mini-slot）

基于 mini-slot 的调度　　　　PDSCH（mini-slot）

图 4-89　5G 系统调度 TTI 的 2 种方式

（3）调度次数

在每个调度周期内，归属该小区的每个终端最多能得到一次被调度的机会，终端用户如果想得到最大的业务速率，需要每个调度周期都得到基站的调度，也称为满调度。基站规划小区的帧结构配比直接决定了终端的满调度次数，图4-90以5ms单周期帧结构（5ms）为例计算满调度次数，如下。

在5ms单周期帧结构设计方案中，每5ms帧结构里包含7个下行时隙，2个上行时隙和1个特殊时隙。其中Slot7为特殊时隙，其上下行符号的配比为6:4:4（下行:保护间隔:上行）。

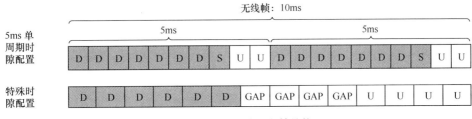

图4-90　5ms单周期帧结构

特殊时隙中如果DL特殊符号较多，则其也可作为下行资源传输数据，故下行最多8个时隙，即5ms时间内基站可最多调度同一个终端8次。10ms无线帧最多调度同一个终端的次数为16。按照该次数推算1s内可调度次数是1600。

上行满调度（特殊时隙中上行符号不用作上行资源传输数据）按照2个时隙计算，即5ms周期内最多调度同一个终端2次，10ms周期最多调度同一个终端4次，1s内最多调度次数为400。调度次数计算说明如表4-18所示。

表4-18　调度次数计算

运营商	子帧配比	满调度（加特殊子帧）	满调度（不加特殊子帧）
中国移动	5ms：7:2:1（特殊6:4:4）	DL:（2×7+2）/0.01s=1600次 UL: 2×2/0.01s=400次	DL:2×7/0.01s=1400次 UL: 2×2/0.01s=400次
中国电信、中国联通	2.5ms：3:1:1（特殊10:2:2） 2:2:1（特殊10:2:2）	DL:（2×5+2×2）/0.01s=1400次 UL: 2×3/0.01s=600次	DL:2×5/0.01s=1000次 UL: 2×3/0.01s=600次

4. 传输带宽对速率的影响

数据的传输是UE与服务器之间端到端的处理过程。基站与核心网、服务器之间的数据交换是通过传输链路连接转发的。从数据传输的安全性、可靠性及时效性等方面考虑，5G传输网络构建时应规划多个传输中心，如本地传输中心、接入传输中心、汇聚传输中心、核心传输中心等，因此每一个传输环节的带宽、误码率、丢包率等指标均会对业务速率产生影响。

（1）传输带宽受限

不同传输速率等级对应的传输带宽需求不同，通常5G网络的传输带宽配置以满足业务的平均速率要求为参考指标进行规划，而不是按照业务的峰值速率进行带宽规划，以此降低网络建设的成本，图4-91所示为前传、中传、回传示意图。

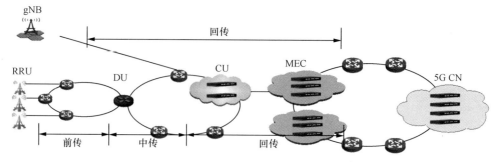

图 4-91 前传、中传、回传示意

AAU 和 DU 之间为前传网络；DU 和 CU 之间为中传网络，CU 和核心网之间为回传网络。这些都属于承载网范畴，业务速率计算方式如下。

$$前传接口带宽 = 2(I/Q) \times OFDM 符号有效采样点数 \times OFDM 符号数 \times 端口数 \times$$
$$下行量化位宽 \times 载波数$$

$$中传接口带宽 = 2(I/Q) \times 采样率 \times 量化比特数 \times 通道数 \times 载波数$$

回传带宽接近中传带宽。

5G 系统中 AAU 和 DU 之间的带宽可达到数百吉比特每秒，传统 CPRI（通用公共无线接口）已经无法满足业务带宽要求，因此 5G 系统重新制定了 eCPRI（增强型通用公共无线接口）规范，eCPRI 和 CPRI 对比如表 4-19 所示。

表 4-19   eCPRI 和 CPRI 对比

接口标准	主要应用	距离场景	接口带宽
CPRI	4G	1.4km、10km	10Gbit/s
eCPRI	5G	100m、300m、10km、15km、20km	25Gbit/s

由于 5G 大带宽应用场景的需求，5G 网络对传输带宽的设计明显高于 4G 网络的设计要求，以中国移动 2.6GHz 频段、160MHz 带宽基站为例，单基站带宽配置为 10GE 或 25GE，4G 时基站的标准配置仅 10GE。

（2）误码率、丢包率

误码率（SER）是衡量数据在规定时间内传输精确性的指标。误码率统计为传输数据包中的误码数据包的总数占传输的总包数的百分比。

丢包率是指传输中所丢失数据包数量占所发送数据包总数的比例。丢包率与数据包长度及数据包发送频率相关。通常千兆网卡流量大于 200Mbit/s 时丢包率小于 0.0005，百兆网卡流量大于 60Mbit/s 时丢包率小于 0.0001。

误码率和丢包率过高会导致速率降低。因此在进行速率问题分析时，要关注网络传输的误码率和丢包率指标。

5. 设备因素

在数据传输过程中，设备本身无故障，参数设置正确，都是保证端到端速率较高的基础。

核心网开户信息中 UE-AMBR、QCI 配置是影响速率的两个重要参数，AMBR 的配置会限制 UE 的 Non-GBR 速率。终端侧 5QI 信息与基站侧 5QI 对应的 PDCP、RLC 定时器参数（包含 SN bit 数、RLC 模式等）相关，对传输速率指标有直接影响。

此外，服务器硬件本身的性能（如服务器网卡、硬件处理能力、网卡配置）及防火墙限速、改包、截断等均会影响业务速率。

4.5.3 速率问题分析思路

1. 关联指标的原始数据

从前面的阐述可知，速率异常是一个 UE 到 DN 之间的系统问题，所以出现速率异常问题后，需收集与速率有关的所有网络指标的原始数据，以便系统、全面地分析问题根因，5G 与速率指标相关的原始数据如表 4-20 所示。

表 4-20　5G 与速率指标相关的原始数据

速率分析数据源	描述
UE 能力：支持频率、带宽、收发 TRX 数量、SRS 轮流发送机制等	不同终端速率测试差距较大
网络 IoT 指标，MRR 干扰指标	干扰会影响速率
路测指标：SS-SINR/CSI-SINR/DMRS-SINR 等、RI/MCS/PRB 数量 /CQI/ 调度次数 /BLER 等	下行干扰、下行层数 RI、CQI 等均会影响速率
设备对应时间段告警：GPS/AAU 等	基站告警影响速率
网络配置参数：频率、子帧、功率、带宽等，基站调度策略、基站速率提升新特性	带宽是否支持 100MHz，基站调度策略是否合理，是否具备速率优化提升新特性
传输带宽、误码率、时延等指标	AAU 与 BBU、BBU 与 PTN（分组传送网）之间传输
核心网参数：5QI/AMBR 等	影响速率的 QoS 参数
服务器性能：带宽、网卡性能等	不同服务器性能差别较大

2. 速率分析工具软件

分析 5G 网络的速率指标涉及多个软件工具，包括获取设备告警信息的软件，如 OMC/LMT；传输问题定位的软件，如 Wireshark 工具；分析传输丢包率和误码率的软件以及终端路测软件，如表 4-21 所示。

表 4-21　分析 5G 速率问题常用的软件

速率分析工具软件	描述
路测软件	路测数据采集，获取终端侧的 SS-SINR/CSI-SINR/DMRS-SINR 等、RI/MCS/PRB 数量 /CQI/ 调度次数 /BLER 等
OMC/LMT 软件	OMC 提取基站告警、上行 IoT 及观察基站配置参数等

续表

速率分析工具软件	描述
MRR 软件	观察全网干扰指标
ATP（自动测试平台）	跟踪内部调度策略
Wireshark 软件	网络封包分析软件
Jperf 软件	灌包工具，定位核心网服务器问题

3. 速率问题分析思路

对网络速率指标的分析一般遵循先分析接入网，再分析承载网、核心网、服务器的逻辑思路。实际工程项目执行时，具有丰富优化经验的工程师通常会采用同等环境下指标对比的方式进行分析，如用同一部终端，在本基站小区测试速率异常，但驻留到其基站小区时速率正常，便可排除核心网、传输、服务器和终端导致的速率异常，直接定位到基站网元，具体分析思路如图 4-92 所示。

（1）速率指标获取：速率指标可通过路测软件获取，或者通过网络系统的日志记录信息获取。

（2）速率异常确定：基于基站、核心网和终端等网元配置的不同参数组合可推算出当前配置的预期速率值，如小区带宽配置为 100MHz，拉网下行平均速率应不低于 800Mbit/s，上行平均速率不低于 70Mbit/s。

（3）终端分析：核实 SIM 卡的开卡带宽、终端能力等级、计算机配置及性能等。

（4）无线分析：包括分析问题区域的覆盖、干扰、调度、切换等是否正常。

（5）基站分析：分析低速率时段基站是否存在故障、基站参数配置是否规范、基站速率优化相关特性是否正常开启等。

（6）承载网分析：核实基站传输带宽配置是否合理、是否存在传输告警、是否存在传输丢包、乱序、误码等异常问题。

（7）核心网分析：核实核心网是否存在告警、限速参数 AMBR/QCI 等是否规范配置。

（8）服务器分析：核查服务器网卡速率、服务器性能等是否正常，或更换服务器后对比测试。

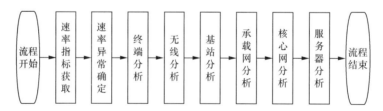

图 4-92　5G 速率问题分析思路

下面对速率分析的关键要点进行深入介绍。

（1）分析终端

如果我们怀疑测试终端或测速计算机导致速率异常，可以参考如下排查思路。

① 用相同终端更换基站进行对比测试：如果测试速率正常，可基本判断问题就出在基站侧；如果测试速率依然异常，可能是终端问题，也可能是传输、核心网、服务器问题；

② 更换终端接入同一个基站对比测试：如果测试速率正常，可判断是终端问题；如果速率异常，基本排除终端问题；可采用前面的换基站测试方法确定是终端还是传输、核心网或服务器问题。

如果怀疑终端导致速率异常，则可以通过如下方式排查。

① 确认终端本身能力是否受限（如最高速率受限、不支持某个频段等）。

② 核对 SIM 卡烧制参数是否错误。

③ 检查测试计算机性能或确认计算机设置的 MTU 参数是否受限。

（2）分析无线环境

通过路测软件观察速率较低时的测试路段，然后观察该路段测试的 SS-SINR、CSI-SINR、DMRS-SINR、RI、MCS、PRB 数量、CQI、调度次数、BLER 等指标，如图 4-93 所示。

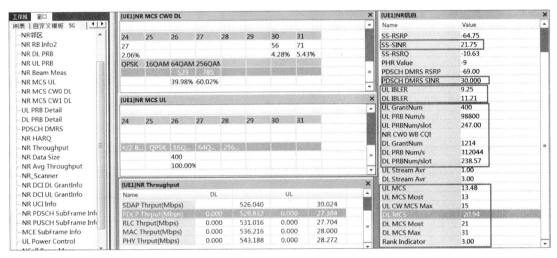

图 4-93　5G 速率问题无线观察截图

表 4-22 所示是观察到的无线参数参考范围。

表 4-22　观察到的无线参数参考范围

观察值	参考范围	说明
SS-RSRP	−79dBm 以上	若要达到 1Gbit/s，至少保证 SSB 单波束下 SS-RSRP 大于 −79dBm、SS-SINR 大于 12dB
SS-SINR	12dB 以上	
调度次数与 RB 数量	5ms 单周期：理论满调度次数为下行 1600、上行 400；调度 RB 数量：带宽为 100MHz，子载波间隔为 30kHz，最大调度 PRB 数为 273	调度次数需接近满调度，RB 代表调度的 RB 数量，RB 数量越多，速率越高
MCS	4 流下行：MCS 要求在 20 以上；3 流下行：MCS 要求在 23 以上；上行：MCS 在 26 以上	调制编码等级越高，速率越高

续表

观察值	参考范围	说明
CQI	峰值 256QAM 调制方式需 CQI 12 以上	CQI 上报值越高，对应 MCS 等级越高
iBLER	定点峰值测试要求 iBLER（初始误块率）接近 0%；外场移动测试场景要求 iBLER 在 10% 左右波动	iBLER 对速率有较大影响
RANK	峰值速率：下行目前 3～4 流，上行 1～2 流（UE 2T/4R）	终端上报的 RI 越大，下行可能采用的流数越多
频繁切换	切换不可太频繁	切换涉及丢包与速率陡降问题

（3）分析基站

当无线环境正常时，需要进一步判断是否是基站导致速率异常，除通过基站告警排查外，还需要检查基站参数、配置的调度策略等。

通常出现下行速率异常时，通过基站内部接口模拟发送数据包（简称打 BO）方式进行问题分析。打 BO 是在基站内从 PDCP/RLC/MAC 层的协议栈接口模拟真实业务数据发送到基站物理层，并通过射频单元发送到空口的过程。通过观测打 BO 小区的终端速率来判断速率问题原因出现在空口部分还是在基站打桩接口协议层上。如果判断规则为速率正常，则排除空口问题；如果判断规则为速率异常，则需要重点分析空口环境及基站配置，如图 4-94 所示。

（4）分析传输链路

分析传输链路一般采用 Wireshark Ng 口抓包方式，分析抓取的数据包是否存在丢包、误码等现象，抓包示意图如图 4-95 所示。

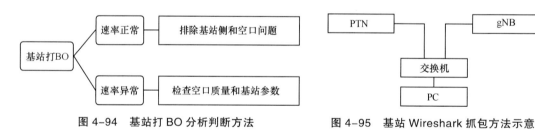

图 4-94　基站打 BO 分析判断方法　　　　图 4-95　基站 Wireshark 抓包方法示意

4.5.4　速率异常问题案例分析

案例一　传输导致下载速率低

1. 问题现象

在某商务酒店 -DNH-YAAO421NTTD-0 小区进行终端下载速率测试，发现速率仅为 100Mbit/s 左右，终端侧 SA 测试下载速率低的截图如图 4-96 所示。

2. 问题分析

通过基站自发包（打 BO）测试，MAC 层速率可稳定在 1.1～1.2Gbit/s，排除基站及空口侧问题，问题可能出现在传输、核心网或 FTP 服务器上，如图 4-97 所示。

NR5G Beam List

Carrier ID	ARFCN	PCI	MOD6	MOD4	Beam ID	RSRP	SINR	RSRQ
0	504990	9	3	1	0	-67.9	4.0	-15.1
0	504990	0	0	0	7	-95	0.4	-13.1
0	504990	90	0	2	3	-95.6	-2.6	-15.0
0	504990	0	0	0	1	-96.1	-0.3	-13.7
0	504990	1	1	1	4	-99.0	-7.3	-18.3
0	504990	2	2	2	4	[illegible]	[illegible]	[illegible]

NR5G Throughput

Thr(Mbps)	DL	UL
FTP	101.428	
SDAP	109.520	1.350
PDCP	109.816	1.428
RLC	110.152	1.505
MAC	110.440	13.526
PHY	110.505	13.526

图 4-96　终端侧 SA 测试下载速率低的截图

NR5G Throughput

Thr(Mbps)	DL	UL
FTP	49.151	
SDAP	64.032	0.201
PDCP	64.168	0.201
RLC	64.304	0.213
MAC	1374.952	3.418
PHY	1354.863	3.155

图 4-97　基站打 BO 测试 MAC 层速率正常的截图

利用 Wireshark 抓包发现端口 44240 丢包最严重，序号从 888 081 直接跳到了 1478321，然后接收到 UE 的 ACK 后开始重传，如图 4-98 所示。

```
GTP <TCP>    1462 28535 → 44240 [ACK] Seq=885361 Ack=1 Win=29696 …
GTP <TCP>    1462 28535 → 44240 [ACK] Seq=886721 Ack=1 Win=29696 …
GTP <TCP>    1462 28535 → 44240 [ACK] Seq=888081 Ack=1 Win=29696 …
GTP <TCP>     102 44240 → 28535 [ACK] Seq=1 Ack=860881 Win=180339…
GTP <TCP>     102 44240 → 28535 [ACK] Seq=1 Ack=875841 Win=183334…
GTP <TCP>     102 44240 → 28535 [ACK] Seq=1 Ack=889441 Win=186048…
GTP <TCP>    1462 [TCP Spurious Retransmission] 28535 → 44240 [AC…
GTP <TCP>     114 [TCP Dup ACK 3912#1] 44240 → 28535 [ACK] Seq=1 …
GTP <TCP>    1462 [TCP Previous segment not captured] 28535 → 442…
GTP <TCP>    1462 28535 → 44240 [ACK] Seq=1478321 Ack=1 Win=29696…
GTP <TCP>    1462 28535 → 44240 [ACK] Seq=1479681 Ack=1 Win=29696…
GTP <TCP>    1462 28535 → 44240 [ACK] Seq=1481041 Ack=1 Win=29696…
```

图 4-98　Wireshark 抓包分析截图

3. 问题结论

从以上分析来看，可以排除空口和基站侧问题，重点对传输链路进行分析，发现存在传输链路故障，解决传输故障后，复测下载速率达到 1Gbit/s 以上，速率恢复正常。

案例二　签约带宽导致 5G 终端下载速率低

1. 问题现象

如图 4-99 所示，在某单位附近进行速率测试时发现终端记录的 SS-RSRP 和 SS-SINR 均较好，但数据业务下行速率偏低，在 80 ～ 100Mbit/s 之间波动。

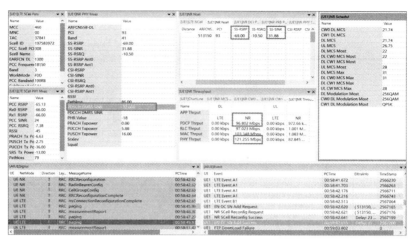

图 4-99　5G NSA 测试下载速率异常截图

2. 问题分析

按照速率问题分析的基本思路对可能存在的问题进行逐步排查，过程如下。

（1）告警核查：检查基站无活跃告警，排除告警问题导致速率低的可能。

（2）无线环境核查：测试无线环境良好，RSRP 为 -69dBm，SINR 为 31dB，PDSCH SINR 为 37dB，MCS 等级为 28，无线空口环境良好，排除无线环境问题导致速率异常的可能。

（3）参数核查：核查相关的参数，参数配置均规范，排除参数配置异常的可能。

（4）更换基站测试：使用终端在周围站点进行测试，发现下行峰值速率仍然在 80 ～ 100Mbit/s 之间，而周围站点前期测试下行速率均可达到 800Mbit/s 左右，初步怀疑是测试终端或者测试卡问题。

核查手机卡签约带宽，发现上 / 下行签约带宽为 100Mbit/s，所以其速率较低，问题原因得到确认，即 SIM 卡的签约速率问题导致速率较低，如图 4-100 所示。

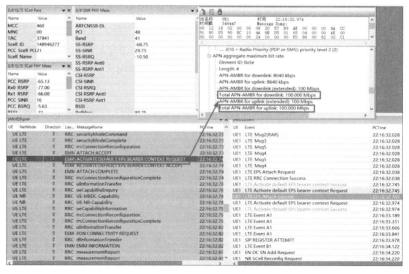

图 4-100　5G NSA 终端签约速率 100Mbit/s 截图

3. 问题处理

更换签约带宽为 2Gbit/s 的测试卡进行速率验证,如图 4-101 所示,复测速率可达到 750Mbit/s 以上,如图 4-102 所示,问题得到解决。

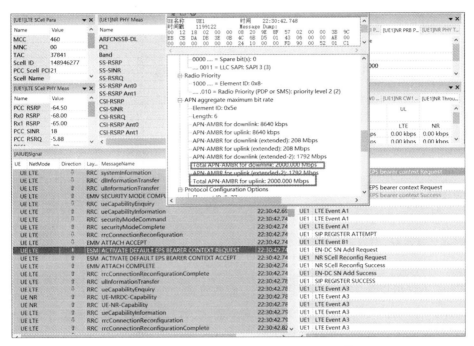

图 4-101　5G NSA 终端签约带宽为 2Gbit/s 截图

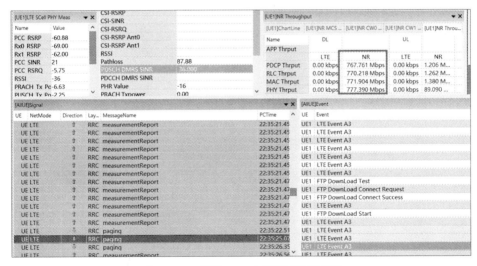

图 4-102　更换 SIM 卡后测试速率截图

4. 案例小结

测试速率低问题由测试卡签约带宽限制导致,因此,在日常优化中如果发现终端速率保持在一个较稳定的低速率值附近,则需检查测试卡的签约带宽是否受限。最好在执行测试任务前就对测试卡的签约带宽进行确认。

思考与练习

1. 简述网络覆盖优化工作开展的基本思路。
2. 简述干扰对网络质量的影响。
3. 简述终端用户接入的基本信令过程。
4. 简述网络切换指标恶化的影响因素。
5. 简述终端速率低的排查方式。

工程实践及实验

1. 实验名称：5G 移动性管理算法及参数仿真实践
2. 实验目的

本次实验不仅可以让学生体验基站登录、参数查询、参数优化等工程实践过程，还可以让学生对移动性管理相关的算法及参数有更深刻的认识，同时通过虚拟测试环境实现拉网测试，带给学生更加全面的网络优化实践体验。

3. 实验教材

中信科移动内部培训教材《5G 移动性管理算法及参数》

4. 实验平台

中信科移动教学仿真平台

5. 实验指导书

《5G 移动性管理算法及参数实验指导手册》

第 5 章

Chapter 5

5G 无线网络语音优化

5.1 5G 语音业务解决方案

语音业务一直是现代通信业务中非常重要的一种业务类型，5G 通信网络系统支持语音通话依然是网络建设中的一个重要功能。5G 的 SA 组网模式中主要有两种语音解决方案，即 EPS Fallback 和 VoNR 语音解决方案。5G 网络部署初期采用 EPS Fallback 解决方案，在网络建设成熟后采用 VoNR 语音解决方案。

1. EPS Fallback 语音解决方案

该方案通过 NR 网络与 LTE 网络融合的方式承载语音业务。接入网采用 EPS Fallback 的方案为 5G 用户提供语音业务服务。当 5G 网络配置的 QoS 标识 5QI 值为 1 时，终端用户将从 5G 网络回落到 4G 网络，语音业务结束后重新返回 5G 网络。因此在组网建设时为了保障用户数据业务和语音业务的连续性及用户的感知体验，需要规划为 4G 和 5G 网络同覆盖的组网方式。此组网方式下 4G 与 5G 网络之间的互操作过程以及邻区配置等都是网络优化的重点内容，如图 5-1 所示。

2. VoNR 语音解决方案

采用 VoNR 语音解决方案，5G 网络独立承载语音业务，用户不再依靠 4G 网络提供语音服务。数据业务和语音业务均承载在 5G 网络的方案会为用户带来更好的业务体验。仅在 5G 覆盖不足的区域（如网络边缘）才会考虑将用户切换至 4G 网络，由 4G 网络提供语音通话功能，如图 5-2 所示。

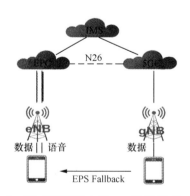

图 5-1　5G 语音解决方案——EPS Fallback

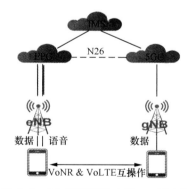

图 5-2　5G 语音解决方案——VoNR

3. EPS Fallback 和 VoNR 两种语音解决方案对比

EPS Fallback 和 VoNR 两种语音解决方案各有特点，下面主要从承载方式、网络要求、呼叫时延、语音编码方式、视频编码方式等几个方面进行对比，如表 5-1 所示。

表 5-1　VoNR 与 EPS Fallback 对比信息

对比内容	EPS Fallback	VoNR	VoNR 的优势
承载方式	NR+LTE	NR	网络结构简单
网络要求	LTE 和 NR 同覆盖，需 4G/5G 互操作	NR 单一承载；在 NR 覆盖不连续的场景，需要向 VoLTE 切换，保障语音业务的连续性	网络结构简单
呼叫时延	2.5 ～ 5s	1.2 ～ 2.5s（不考虑视频彩铃等增值业务，可控制在 2s 内）	呼叫时延更短
语音编码方式	AMR（自适应多速率）（NB/WB）编码速率：4.75 ～ 23.85 kbit/s；采样率：8000/16000Hz	EVS（增强的语音服务）（NB/WB/SWB/FB）编码速率：5.9 ～ 128 kbit/s；采样率：8000/16000/32000/48000Hz；编码能力：根据信道质量 / 音频自优化兼容 AMR–WB。初期，4G 存量终端居多，EVS 采用 AMR 兼容模式；成熟期，5G 终端渗透率提高，5G 终端采用 EVS	更高的采样速率、语音编码速率，语音体验更优
视频编码方式	H.264/AVC（高级视频编码）	H.265/HEVC（高效视频编码）、H.266/VVC（多功能视频编码）	画质更优
语音帧大小	20ms/160ms	20ms/160ms	一致
PCM 位宽	13/14	16	更高

4. VoNR 网络架构

语音业务功能的主要承载模块是 IMS（IP 多媒体子系统），该模块是核心网网元的重要组成部分。4G 核心网和 5G 核心网均实现了基于分组域的语音、视频、短信等业务类型，比如常见的网络号码显示、呼叫转移等业务功能。图 5-3 描述了 5G 系统支持 VoNR 功能的网络架构设计方案及单元模块之间的接口设计方案。

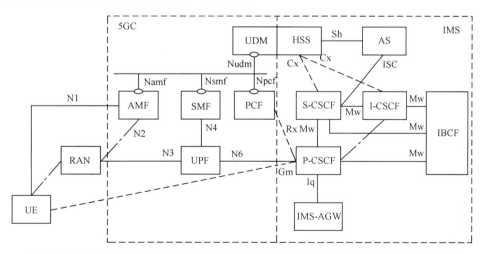

图 5-3　5G 系统支持 VoNR 功能的网络架构设计方案及单元模块之间的接口设计方案

5. EPS Fallback 网络架构

图 5-4 所示的 EPS Fallback 的网络架构设计方案及单元模块接口设计方案涉及接入网、

核心网，主要承载模块为核心网内的 IMS 功能模块。

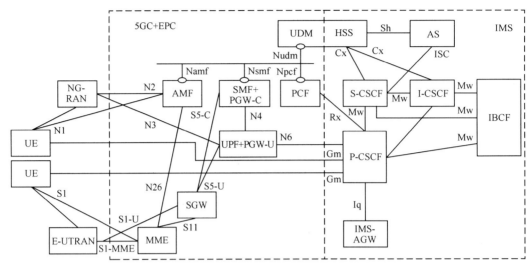

图 5-4　EPS Fallback 的网络架构设计方案及单元模块接口设计方案

6. 互操作机制

5G 与 4G 网络互操作功能的组网架构的设计方案保证了 UE 在 5G 网络和 4G 网络之间移动的连续性。5G 网络与 4G 网络互联互通的架构如图 5-5 所示，支持与 4G 互通时，4G 核心网（EPC）和 5G 核心网（5GC）中的 HSS（归属用户服务器）＋ UDM（统一数据管理）、PCF（策略控制功能）/PCRF（策略与计费规则功能）、SMF（会话管理功能）＋ PGW-C（控制面分组数据网络网关）、UPF（用户面功能）＋ PGW-U（用户面分组数据网络网关）合设，MME 和 AMF 之间为 N26 接口。

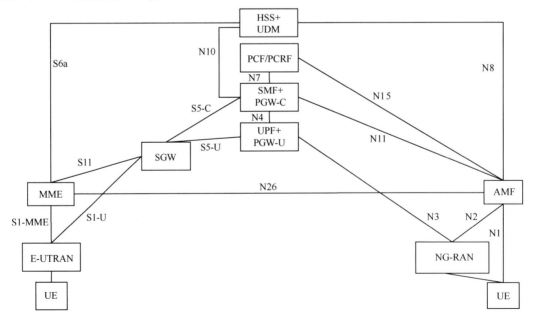

图 5-5　5G 与 4G 互操作架构

互操作场景下，终端可以是单注册工作模式，也可以是双注册工作模式。终端是单注册工作模式时 UE 只有一个激活的注册状态，即 5GC 的 RM（注册管理）状态或者 EMM（演进分组系统移动性管理）状态；终端是双注册工作模式时 UE 在 5GC 和 EPC 各自独立注册。

N26 接口为 MME（移动性管理实体）和 AMF（接入和移动性管理功能）之间的接口，N26 接口是否存在影响到语音业务互操作的性能，表 5-2 所示为有 N26 接口和无 N26 接口下，语音与数据业务可采用的互操作模式及指标对比。

表 5-2　有 N26 接口和无 N26 接口下，语音与数据业务可采用的互操作模式及指标对比

业务	基于 N26 的 PS 切换	重定向（无 N26）
数据业务	中断时长：百毫秒级； 有数据前转保护机制	中断时长：秒级； 无数据前转保护机制
语音业务	（1）EPS Fallback：呼叫建立时长增加到 3 ～ 4s； （2）支持 VoNR 方式：语音中断时长超过百毫秒级	（1）EPS Fallback：呼叫建立时长增加到秒级，达到 5 ～ 6s； （2）支持 VoNR 方式：语音中断时长超过秒级，有丢包

5.2　5G VoNR 业务流程

5.2.1　VoNR 协议栈介绍

图 5-6 所示为 VoNR 协议栈，从该协议栈可知，语音控制面采用 SIP（会话起始协议），用户面采用 RTP/RTCP（实时传输协议 / 实时传输控制协议），gNB 和 5GC 提供 PS 承载通道。

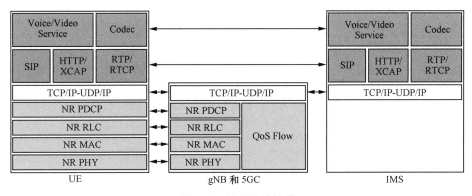

图 5-6　VoNR 协议栈

1. SIP

SIP 是一个基于文本应用层的协议，用于创建、修改和释放一个或多个参与者的会话，包括文本、视频、游戏和语音，特点如下。

（1）SIP 与 HTTP 一样是基于文本的，广泛应用于 Internet。

（2）SIP 基于询问/应答机制。

（3）VoLTE 中 IMS 对会话的管理全部通过 SIP 消息完成，VoLTE 选择 SIP 最主要的原因就是免费。

SIP 报文内容中的会话描述协议（SDP）是一个基于文本的协议，用于会话建立过程中的媒体协商，SDP 描述了会话使用的流媒体细节，如使用哪个 IP 端口、采用哪种编解码器等，SIP 的一个典型用途是传输一些简单的实时传输协议流，如图 5-7 所示。

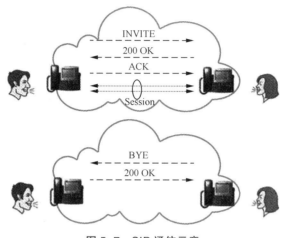

图 5-7　SIP 通信示意

SIP 消息可以分为请求消息和响应消息两类。请求消息是 SIP 客户端为了激活特定操作而发给服务器端的消息，如表 5-3 所示；响应消息用于对请求消息进行响应，指示呼叫的成功状态或失败状态，如表 5-4 所示。

表 5-3　SIP 请求消息

消息名	应用场景
INVITE	用于会话的建立和会话属性的修改
ACK	用于对 INVITE 消息最终响应的确认
BYE	用于会话的释放
CANCEL	用于取消之前发送的 SIP 请求消息。建议 CANCEL 消息仅用于取消 INVITE 请求
REGISTER	用于注册和注销
SUBSCRIBE	用于对事件的订阅
PUBLISH	用于发布网元状态
NOTIFY	用于对订阅事件的通知
UPDATE	用于会话媒体修改和会话刷新
MESSAGE	用于即时消息
PRACK	用于对临时响应消息的确认。PRACK 消息及其成功响应消息可携带 SDP 进行媒体协商
INFO	用于在会话内传送与会话相关的控制信息
REFER	用于通知第三方对会话进行控制

表 5-4　SIP 响应消息

状态码	响应消息	消息含义
1xx	临时响应	表示已经接收到请求消息，正在对其进行处理
2xx	成功响应	表示请求被接收、处理并成功接受
3xx	重定向响应	须采用进一步动作，以完成该请求
4xx	客户出错	表示请求消息中包含语法错误或者 SIP 服务器不能完成对该请求消息的处理
5xx	服务器出错	表示 SIP 服务器故障不能完成对正确消息的处理
6xx	全局故障	表示请求不能在任何 SIP 服务器上实现

2. RTP/RTCP

RTP 为传输音频、视频、模拟数据等实时数据的传输协议，与强调高可靠数据传输的传输层协议相比，它更加侧重数据传输的实时性，此协议提供的服务包括数据顺序号、时间标记、传输控制等。

RTP：它只负责对流媒体数据进行封包并实现媒体流的实时传输，即它按照 RTP 数据包格式来封装流媒体数据，并利用与它绑定的协议进行数据包传输。RTP 一般与传输控制协议（RTCP）一起工作，RTP 只负责实时数据的传输，RTCP 负责对 RTP 通信和会话进行带外管理（如流量控制、拥塞控制、会话源管理等）。

RTCP：负责向会话中的所有成员周期性发送控制数据包，应用程序通过接收这些控制数据包，从中获取会话参与者的相关资料、网络状况、包丢失概率等反馈信息，从而能够对服务质量进行控制或者对网络状况进行诊断。

5.2.2　VoNR 数据承载

不管是 SIP 消息还是语音业务数据包的传递，都需 gNB 和 5GC 提供传输承载，UE 与UPF 之间的承载就是端到端的 PDU 会话。

AMF 注册完后需通过 PDU 建立过程建立 5QI 值为 5 的承载来传递 SIP 信令，在语音呼叫过程中，需建立 5QI 值为 1/2 的专用承载来传递语音数据包和视频数据流。下面是提供语音业务或语音与视频混合业务时需建立的 SRB 和 DRB。

（1）语音业务承载组合：SRB1+SRB2+1×AM DRB+1×UM DRB，UM（非确认模式）DRB 承载定义 5QI=1，AM（确认模式）DRB 承载定义 5QI=5。

（2）视频业务承载组合：SRB1+SRB2++1×AM DRB+2×UM DRB，UM DRB 承载定义 5QI=1 和 5QI=2，AM DRB 承载定义 5QI=5。

3GPP 协议定义了 5QI 服务等级，不同等级的资源类型及支持业务服务特性不同，需根据业务性能需求选择不同的 5QI 等级。

5.2.3 VoNR 语音流程

5G VoNR 语音流程如图 5-8 所示，涉及 AMF 注册、PDU 会话建立、IMS 注册、Service Request 过程恢复、VoNR 呼叫流程及 4G/5G 互操作流程，具体介绍如下。

（1）AMF 注册过程是进行 VoNR 语音通话流程的基础，终端完成 AMF 注册后通过 PDU 会话建立流程建立 5QI=5 后才能传递 SIP 信令，并进行 IMS 注册。

（2）UE 需通过 5QI=5 传递 SIP 注册消息，完成 UE 与 IMS 注册，5G 语音由 IMS 提供呼叫控制和路由，所以 IMS 注册后才能提供语音呼叫业务。

（3）IMS 注册后，如果 UE 不立即发起语音业务，回到空闲态后需通过 Service Request 过程恢复 5QI=9/5，之后才能传递 SIP 消息，触发语音呼叫。

（4）VoNR 呼叫是 UE 在 5G 网络发起的呼叫流程，最终在 5G 网络进行语音通话。

（5）如果 5G 网络信号质量较差，则会触发互操作流程回落到 4G 网络。

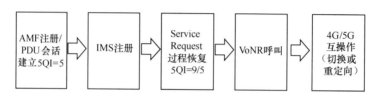

图 5-8　5G VoNR 语音流程

1. IMS 注册流程

UE 想要获取服务需要向网络注册。支持 VoNR 功能的 5G 终端在完成向 AMF 注册后还需要进行 IMS 注册，如图 5-9 所示，步骤 1、步骤 2 表述 UE 与 AMF 注册，步骤 3、步骤 4 表示 UE 需发起 PDU 会话建立过程建立 5QI=5 的承载，之后才能发起 IMS 注册。从第 5 步开始为 IMS 注册流程。

（1）UE 首先发起一个注册请求，该注册请求是没有任何安全机制保护的，但其中包含了 IMS 所需的安全参数。

（2）IMS 接收到请求后对消息进行解码，并添加相应的安全参数和鉴权方式，向 UE 发送 Unauthorized 401 响应消息。

（3）UE 接收到 401 消息后进行解码，并根据 401 消息携带的参数进行计算，然后向 IMS 重新发送一个注册请求。

（4）IMS 接收到第二次注册请求后与本地比对，如果匹配，则会向 UE 发送 200 OK 消息，其中包含了用户注册身份标识的相关信息。

图 5-10 所示为 5G AMF 注册流程 Uu 接口截图，图 5-11 所示为 5G IMS 注册流程 Uu 接口截图，UE 向 IMS 注册成功后会打印 4 条 SIP 消息，这 4 条消息即为 IMS 注册过程，UE 首先通过 SUBSCRIBE 从网络获得注册状态，网络接收到订阅请求后通过 200 OK 消息表示接收到请求，接着网络向 UE 发送 NOTIFY 告诉 UE 的状态，订阅过期后需要重新发起 SUBSCRIBE 过程进行重新订阅。

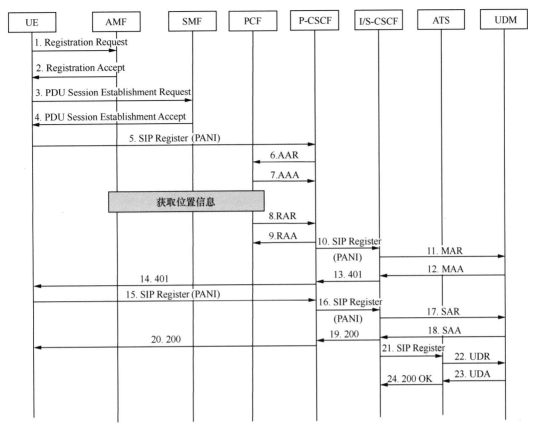

图 5-9 5G IMS 注册流程

UE	NET	DIR	Layer	MessageName	PCTime	TimeStamp
UE1	NR	↑	RRC	ulInformationTransfer	14:29:37...	1393361
UE1	NR	↓	RRC	mib	14:29:38...	1394718
UE1	NR	↓	RRC	systemInformationBlockTyp...	14:29:38...	1394724
UE1	NR	↓	RRC	systemInformation	14:29:38...	1394731
UE1	NR	↓	RRC	systemInformation	14:29:38...	1394731
UE1	NR	↓	RRC	systemInformation	14:29:38...	1394732
UE1	NR	↑	5GMM	Registration request	14:29:38...	1394737
UE1	NR	↑	RRC	rrcSetupRequest	14:29:38...	1394739
UE1	NR	↓	RRC	rrcSetup	14:29:38...	1394762
UE1	NR	↓	RRC	CellGroupConfig	14:29:38...	1394763
UE1	NR	↑	RRC	rrcSetupComplete	14:29:38...	1394764
UE1	NR	↓	RRC	dlInformationTransfer	14:29:38...	1394896
UE1	NR	↓	5GMM	Authentication request	14:29:38...	1394896
UE1	NR	↑	5GMM	Authentication response	14:29:39...	1395523
UE1	NR	↑	RRC	ulInformationTransfer	14:29:39...	1395523
UE1	NR	↓	RRC	dlInformationTransfer	14:29:39...	1395615
UE1	NR	↓	5GMM	Security mode command	14:29:39...	1395615
UE1	NR	↑	5GMM	Security mode complete	14:29:39...	1395617
UE1	NR	↑	RRC	ulInformationTransfer	14:29:39...	1395618
UE1	NR	↓	RRC	ueCapabilityEnquiry	14:29:39...	1395697
UE1	NR	↑	RRC	UE-NR-Capability	14:29:39...	1395700
UE1	NR	↑	RRC	ueCapabilityInformation	14:29:39...	1395700
UE1	NR	↓	RRC	securityModeCommand	14:29:39...	1395738
UE1	NR	↑	RRC	securityModeComplete	14:29:39...	1395739
UE1	NR	↑	RRC	rrcReconfiguration	14:29:39...	1395741
UE1	NR	↓	RRC	CellGroupConfig	14:29:39...	1395742
UE1	NR	↑	RRC	rrcReconfigurationComplete	14:29:39...	1395744
UE1	NR	↓	5GMM	Registration accept	14:29:39...	1395745
UE1	NR	↑	5GMM	Registration complete	14:29:39...	1395746

图 5-10 5G AMF 注册流程 Uu 接口截图

图 5-11　5G IMS 注册流程 Uu 接口截图

2. VoNR 语音呼叫流程

图 5-12 所示为 5G VoNR 语音呼叫流程，假定 UE 已经完成 AMF 和 IMS 注册，从 Service Request 开始触发，具体流程描述如下。

（1）UE 通过 Service Request 过程恢复 5QI=9/5，如果 UE 是在空闲状态发起服务请求的，则需触发随机接入过程完成上行同步。

（2）恢复 5QI=5 后，可以开始传递 SIP 消息，UE 发送 Invite 消息到 IMS，该消息携带主被叫号码、主叫支持的媒体类型和编码信息。

（3）IMS 接收到主叫 Invite 消息后，回复 100 Trying 响应消息给主叫 UE，告知网络正在处理 Invite 消息。

（4）此时 IMS 会触发 QCI=1/2 的资源预留，同时触发 Invite 消息到被叫 IMS，然后被叫 IMS 通知核心网触发被叫寻呼。

（5）被叫接收到寻呼消息后，如果处于空闲状态，也需通过 Service Request 过程恢复 5QI=5，才能接收主叫 Invite 消息。

（6）被叫接收到 Invite 消息后，给 IMS 反馈 100 Trying 消息，告知其已接收到该消息并正在处理，此时被叫 UE 回复 183 Session 消息，告知主叫自己支持的媒体类型和编码，同时 IMS 触发 5GC 资源预留，建立被叫 5QI=1/2。

（7）PRACK 过程：此过程主要进行媒体协商，主叫发送 PRACK 给 IMS，IMS 收到后转发给被叫，被叫收到后回复 PRACK OK，主叫收到被叫返回的 PRACK OK 则代表媒体协商成功。

（8）UPDATE 过程：此过程主要目的是媒体更新，主叫发送 UPDATE 给 IMS，IMS 收到后转发给被叫，被叫收到后回复 UPDATE OK，主叫收到被叫返回的 UPDATE OK 则代表媒体更新完成。

（9）振铃及摘机接通过程：被叫回复 180 RING 给 IMS，IMS 收到后转发给主叫，主叫收到 180 RING，被叫振铃后摘机，摘机后回复 200 OK，主叫收到 200 OK 后回复 ACK，主被叫开始通话。

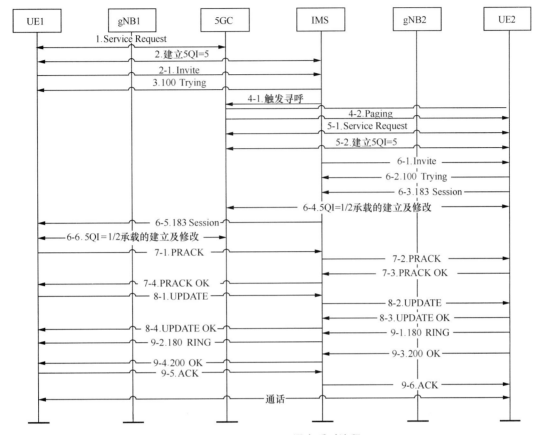

图 5-12 5G VoNR 语音呼叫流程

图 5-13 和图 5-14 所示为 5G VoNR 语音呼叫流程路测软件 Uu 接口信令截图，主叫 VoNR 呼叫的空口信令消息包括 SIP 消息和接入网消息。

UE	NET	DIR	Layer	MessageName	PCTime	TimeStamp
UE1	NR	⬆	RRC	rrcReconfigurationComplete	14:29:40...	1396653
UE1	NR	⬇	5GMM	DL NAS transport	14:29:40...	1396654
UE1	NR	⬇	5QI	PDU session establishment accept	14:29:40...	1396655
UE1	NR	⬆	SIP	REGISTER	14:29:40...	1396754
UE1	NR	⬇	SIP	REGISTER 401 Unauthorized	14:29:40...	1396982
UE1	NR	⬆	SIP	REGISTER	14:29:41...	1397633
UE1	NR	⬆	SIP	REGISTER 200 OK	14:29:41...	1397847
UE1	NR	⬆	SIP	SUBSCRIBE	14:29:41...	1397867
UE1	NR	⬇	SIP	SUBSCRIBE 200 OK	14:29:41...	1397907
UE1	NR	⬇	SIP	NOTIFY	14:29:41...	1397913
UE1	NR	⬆	SIP	NOTIFY 200 OK	14:29:41...	1397923
UE1	NR	⬆	SIP	INVITE	14:30:09...	1426046
UE1	NR	⬇	SIP	INVITE 100 Trying	14:30:09...	1426099
UE1	NR	⬇	RRC	rrcReconfiguration	14:30:10...	1426260
UE1	NR	⬇	RRC	CellGroupConfig	14:30:10...	1426260
UE1	NR	⬆	RRC	rrcReconfigurationComplete	14:30:10...	1426262
UE1	NR	⬇	5GMM	DL NAS transport	14:30:10...	1426262
UE1	NR	⬇	5GSM	PDU session modification command	14:30:10...	1426264
UE1	NR	⬆	5GSM	PDU session modification complete	14:30:10...	1426265
UE1	NR	⬆	5GMM	UL NAS transport	14:30:10...	1426265
UE1	NR	⬆	RRC	ulInformationTransfer	14:30:10...	1426284
UE1	NR	⬇	SIP	INVITE 183 Session Progress	14:30:18...	1434289

图 5-13 5G VoNR 语音呼叫流程路测软件 Uu 接口信令截图 –1

UE1	NR	⇓	SIP	INVITE 183 Session Progress	14:30:18...	1434289
UE1	NR	⇑	SIP	PRACK	14:30:18...	1434293
UE1	NR	⇑	RRC	ulInformationTransfer	14:30:18...	1434379
UE1	NR	⇓	5GMM	DL NAS transport	14:30:18...	1434380
UE1	NR	⇓	5GSM	PDU session modification command	14:30:18...	1434383
UE1	NR	⇑	5GSM	PDU session modification complete	14:30:18...	1434384
UE1	NR	⇑	5GMM	UL NAS transport	14:30:18...	1434386
UE1	NR	⇑	RRC	ulInformationTransfer	14:30:18...	1434386
UE1	NR	⇓	SIP	PRACK 200 OK	14:30:18...	1434457
UE1	NR	⇑	SIP	UPDATE	14:30:18...	1434468
UE1	NR	⇓	SIP	UPDATE 200 OK	14:30:18...	1434628
UE1	NR	⇓	SIP	INVITE 180 Ringing	14:30:18...	1434853
UE1	NR	⇑	SIP	PRACK	14:30:18...	1434857
UE1	NR	⇓	SIP	PRACK 200 OK	14:30:18...	1434913
UE1	NR	⇓	SIP	INVITE 200 OK	14:30:22...	1439045
UE1	NR	⇑	SIP	ACK	14:30:22...	1439056
UE1	NR	⇑	SIP	BYE	14:30:32...	1449108
UE1	NR	⇓	RRC	rrcReconfiguration	14:30:32...	1449229
UE1	NR	⇓	RRC	CellGroupConfig	14:30:32...	1449229
UE1	NR	⇑	RRC	rrcReconfigurationComplete	14:30:32...	1449231
UE1	NR	⇓	5GMM	DL NAS transport	14:30:33...	1449231
UE1	NR	⇓	5GSM	PDU session modification command	14:30:33...	1449232
UE1	NR	⇑	5GSM	PDU session modification complete	14:30:33...	1449233
UE1	NR	⇑	5GMM	UL NAS transport	14:30:33...	1449233
UE1	NR	⇑	RRC	ulInformationTransfer	14:30:33...	1449242
UE1	NR	⇓	SIP	BYE 200 OK	14:30:33...	1449292

图 5-14　5G VoNR 语音呼叫流程路测软件 Uu 接口信令截图 -2

5.3　5G EPS Fallback 业务流程

5.3.1　EPS Fallback 过程机制

图 5-15 所示为 EPS Fallback 信令过程，该过程和 VoNR 信令过程的主要区别是，UE 在 5GS（5G 系统）发起语音业务时，建立 5QI=1 的专用承载会被 gNB 拒绝而回落到 4G 网络继续进行 VoLTE 语音业务，同样 UE 发起 EPS Fallback 业务的前提也需要 AMF 注册和 IMS 注册。

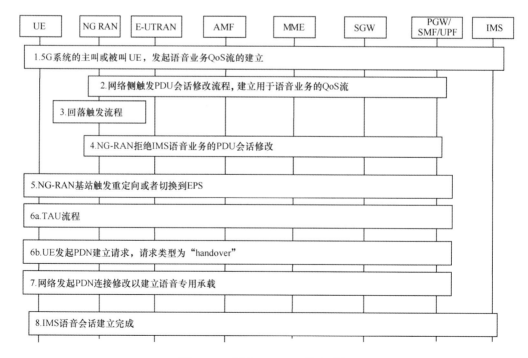

图 5-15　EPS Fallback 信令过程

1. UE 驻留在连接 5GS 的 NG-RAN 上，主叫或被叫发起 IMS 语音 QoS 流的建立请求。

2. 网络侧触发 PDU 会话修改流程去建立用于语音业务的 QoS 流，该会话修改请求消息被发送到 NG-RAN 基站。

3. 因为 NG-RAN 基站已被配置支持 IMS 语音的 EPS 回落机制，当接收到会话修改请求消息时，决定触发向 EPS 回落的流程。触发回落流程时需要考虑 UE 能力、AMF 侧发来的 "Redirection for EPS fallback for voice is possible" 指示、网络配置（比如是否支持 N26 可行性配置）及无线条件，如果 NG-RAN 决定不去触发向 EPS 的回落，则此流程到此终结，后续的步骤不会被执行。

4. NG-RAN 基站向 PGW-C+SMF 发送拒绝 PDU 会话修改的消息 (或在漫游场景下通过 V-SMF 向 H-SMF+P-GW-C 发送)，该消息对应于图 5-15 步骤 2 中建立 IMS 语音 QoS 流的请求消息的拒绝回复，该拒绝消息指示了进行 IMS 语音回落的信息。

5. NG-RAN 基站触发切换（具体见 3GPP TS 23.502 的 4.11.1.2.1 节）或重定向到 EPS（具体见 3GPP TS 23.502 的 4.2.6 节）到 EPS，触发的行为需要考虑 UE 能力。

6. UE 重定向或者切换到 EPS。步骤 6a：对于 5GS 向 EPS 切换情况，具体见 3GPP TS 23.502 中的 4.11.1.2.1 节；对于基于 N26 接口的 5GS 向 EPS 重定向情况，具体见 3GPP TS 23.502 中的 4.11.1.3.2 节。两种场景下 UE 都需要触发 TAU（跟踪区更新）流程。步骤 6b：基于无 N26 接口的 EPS 重定向情况具体见 3GPP TS 23.502 中的 4.11.2.2 节。如果 UE 支持在附着请求消息中的 PDN（公用数据网）Connectivity 请求消息中添加 "handover" 标识（详见 3GPP TS 23.401 中的 5.3.2.1 节）并且 UE 已经接收到 "interworking without N26 is supported" 指示，那么 UE 将触发 handover attach 流程，即在附着请求消息的 PDN Connectivity Request 中包含 "handover" 标识。

7. 在完成向 EPS 的回落过程后，SMF/PGW 会重启 IMS 语音专用承载建立流程，PGW-C+SMF 的行为详见 3GPP TS 23.502 中的 4.9.1.3.1 节。

8. IMS 语音会话建立完成。

5.3.2　EPS Fallback 4 种方式比较

目前 EPS Fallback 方式有 4 种：测量切换、测量重定向、盲重定向、盲切换，图 5-16 给出了 EPS Fallback 4 种方式比较。

EPS Fallback 的 4 种模式在性能上主要体现在接入时延上，图 5-17 所示为现网验证结果，从图中可以看出盲切换时延最短，基于测量的重定向时延最长。

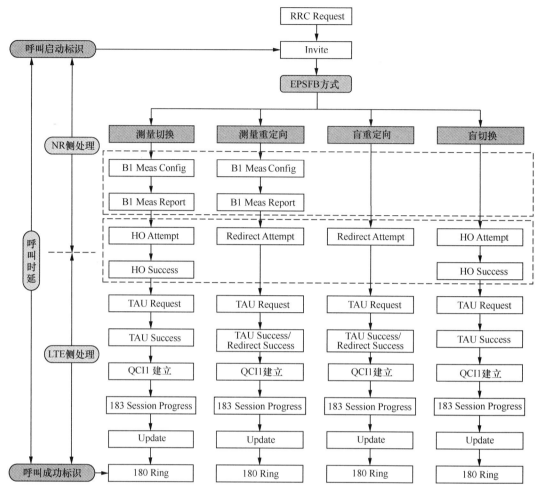

图 5-16　IMS 语音的 EPS Fallback 4 种方式比较

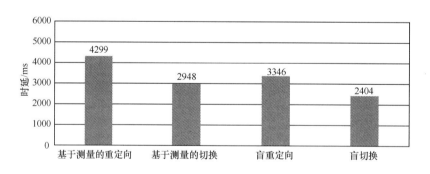

图 5-17　IMS 语音的 EPS Fallback 4 种方式时延比较

5.3.3　EPS Fallback 快速返回机制

FR（快速返回）机制的主要目的是使终端在 4G 通话结束后尽快回到 5G，保证用户感知，而不是在 4G 通话结束后通过重选方式重选到 5G。

UE 在 LTE 侧完成通话后，通过 FR 机制回到 5G 网络，FR 有两种方式，即基于 B1 触发的 RRC 释放和直接 RRC 释放。

（1）基于 B1 触发的 RRC 释放：通话完毕，UE 上报 B1 测量报告，基站接收到 B1 测量报告后给 UE 下发 Release 消息，该消息中携带重定向 5G 频点，如图 5-18 所示。

（2）直接 RRC 释放：通话结束，基站直接给 UE 下发 Release 消息，该消息中携带重定向 5G 频点，如图 5-19 所示。

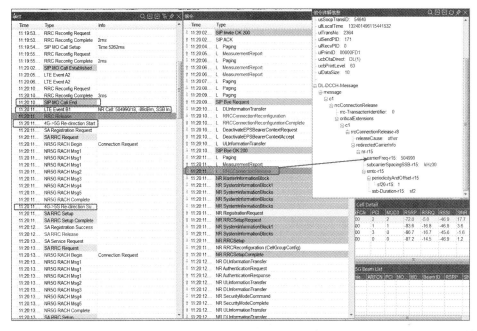

图 5-18　FR 方式一：基于 B1 触发的 RRC 释放截图

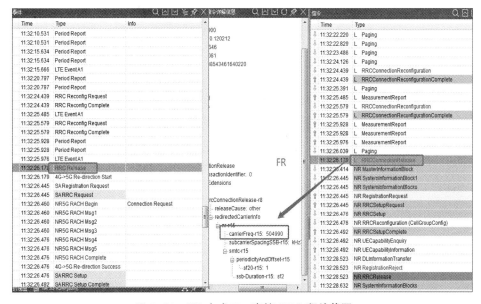

图 5-19　FR 方式二：直接 RRC 释放截图

5.4　5G 语音业务优化思路

VoNR 业务流程复杂，涉及终端、接入网、传输、核心网、IMS 等多个网元，针对 VoNR 的定位问题往往需要端到端全流程的参与，需要抓取不同环节的日志进行分析。VoNR 信令面、业务面各个模块定位问题需要抓取的日志如图 5-20 所示。

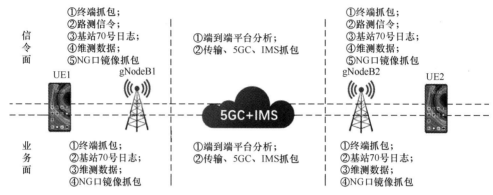

图 5-20　VoNR 信令面、业务面各个模块定位问题需要抓取的日志

VoNR 优化重点关注接通率、掉话率、呼叫时延、MOS（平均意见得分）质量等指标，影响指标的因素涉及空口、传输两大管道，以及终端、基站、核心网三大网元，无线侧主要优化措施有 RF 优化、参数优化、邻区优化等，VoNR 语音端到端分析思路如图 5-21 所示。

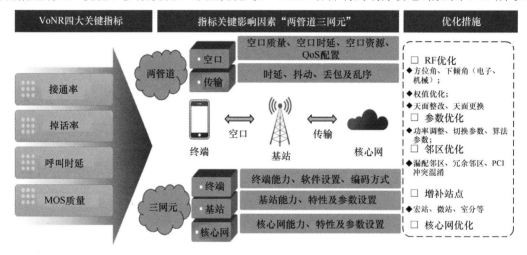

图 5-21　VoNR 语音端到端分析思路

5.4.1　VoNR 接通优化

VoNR 接通率的定义为：每次通话中主叫 UE 发送第一条 SIP invite request 后到接收到网络侧下发的 SIP invite ring 180 消息为成功完成呼叫，在此过程中的任何流程的失败或异常

均代表未接通。

通过对无线接通失败信令进行回溯并确认哪一个环节出现问题，可借助端到端平台定界到问题产生的网元（基站、核心网）并解决问题，VoNR 接通失败原因如表 5-5 所示。

表 5-5　VoNR 接通失败原因

业务类型	失败类型	原因	优化措施
VoNR 接通失败原因	RRC 建立失败	覆盖质量差	覆盖优化
		高干扰	干扰优化
		接入受限	负荷均衡
		终端问题	终端问题定位
	5QI=5 建立失败	覆盖质量差	覆盖优化
		高干扰	干扰优化
		终端与网络兼容性问题	推动厂家解决兼容性问题
	5QI=5 建立拒绝	终端与网络兼容性问题	推动厂家解决兼容性问题
	5QI=5 建立过程流程冲突	主要与切换流程冲突	流程冲突规避算法开启
	被叫寻呼问题	寻呼丢失	推动解决寻呼丢失问题
	SIP 流程异常	根据 SIP 异常流程定界分析	推动解决 SIP 流程异常问题

根据 VoNR 接通率的定义及整个 VoNR 会话的信令流程，我们可以根据如下思路来分析未接通问题。

1. 确认 RRC 是否建立成功

对于 RRC 建立失败的问题，需要逐一排除覆盖、干扰、参数设置、硬件故障等问题并针对性地进行优化。

2. 默载（5QI=5）是否激活

若 5QI=5 未成功激活，后续 SIP 信令将无法传输，5QI=5 的激活由 5GC 发起，在空口由 RRC 重配置消息携带传递，一般在安全模式确认之后，若在该消息中没有看到 5QI=5 的 PDU 承载，则说明 5QI=5 没有激活，需要提取当时的 CDL 日志，查看 5GC 是否下发给 gNB 有关承载建立请求的消息、gNB 接收到有关承载建立请求的消息后又是否下发携带激活（5QI=5）的 RRC 重配置消息，根据信令流程定位问题的原因。

3. 专载（5QI=1）是否建立

主叫建立 5QI=1 是在激活默载并接收到 IMS 回应的 INVITE 100 之后，被叫建立是在激活默载发送 INVITE 183 之后，该过程同样由 5GC 发起，gNB 通过 RRC 重配置消息携带 NAS 消息传递，建立成功的消息由 ULinformationTransfer 传递，该过程异常的定位方法同上。

4. SIP 消息传递是否正常

分析 SIP 消息传递是否正常的一般思路是首先从被叫发送 INVITE 183 之后，确定主叫是否接收到，主叫接收到 INVITE 183 后，主叫从 PRACK 开始到收到 RING 180 结束，查看相关信令交互是否正常（详细信令流程参考图 5-12），此过程中若出现主叫发送了某个 SIP 消息，而被叫没有接收到该消息，或者被叫接收到该消息且响应了但是主叫没有接收到响应消息，此时空口环境又良好的情况下，可以从以下两个方面去定位。

（1）联合 IMS 定位：在协议栈上，gNB 对于 SIP 消息是透传的，且 SIP 消息通常加密，gNB 无相关日志进行定位，因此需要联系 IMS 查询本次会话中的消息是否接收到并处理。

（2）借助端到端平台定位：通过平台信令回溯定位用户信令消息的丢失出现在哪个环节，或哪个环节信令异常。

5.4.2　VoNR 掉话优化

VoNR 掉话的定义为：（主叫掉话次数 + 被叫掉话次数）/（成功建立呼叫次数 ×2），此外，主叫主动挂机时，主叫未接收到 SIP_BYE-OK 或被叫未发送 SIP_BYE-OK，均计算一次掉话，掉话主要是在通话过程中出现 RRC 异常释放或者 SIP 信令异常超时导致，也有可能是核心网 IMS 侧异常释放引起的，可结合端到端平台进行原因定位并处理，VoNR 掉话原因分类如表 5-6 所示。

表 5-6　VoNR 掉话原因分类

业务类型	失败类型	原因	优化措施
VoNR 掉话原因	切换失败	邻区漏配	优化邻区
		高干扰	干扰优化
		参数异常	参数优化
	核心网异常释放	结合信令分析原因	基于原因制定优化措施
	重配置流程异常	覆盖质量差	覆盖优化
		高干扰	干扰优化
		终端与网络兼容性问题	推动厂家解决兼容性问题
	SIP 流程异常	根据 SIP 异常流程定界分析	推动解决 SIP 流程异常问题

VoNR 掉话问题是影响用户感知的主要因素，因此 VoNR 掉话率优化是优化工程师工作的重点，对于 VoNR 掉话问题的优化，一般从两个方面考虑，具体介绍如下。

1. 通话过程中的掉话

通话过程中的掉话是语音优化的常见问题，优化过程中的掉话通常由三方面原因导致，即切换掉话、RRC 异常释放和 SIP 信令异常。

（1）切换掉话：主要是切换失败，切换失败问题可从邻区、覆盖、干扰、参数、硬件故障等角度逐一分析。

（2）RRC 异常释放：结合 CDL 分析 RRC 异常释放的原因。

（3）SIP 信令异常：表现为主被叫均接收到了网络下发的 BYE，结合端到端平台进行原因分析并进行针对性优化。

2. 通话结束后的掉话

该过程主要是通话结束挂机后，主叫发送 BYE 消息后，迟迟接收不到 IMS 下发的 BYE 200，需要确认主叫发送 BYE 消息后，IMS 网元是否接收到并回复，以及 IMS 接收到主叫的 BYE 消息后，是否向被叫发送该消息，具体介绍如下。

（1）若 IMS 中的 P-CSCF（代理呼叫会话控制功能）没有接收到主叫的 BYE 消息，需要从空口质量问题造成丢失信令的角度去分析。若 IMS 中的 P-CSCF 接收到主叫的 BYE 消息，确定是否进行了回复，若没有，则可定位为 IMS 问题；若有，需要从空口质量问题造成丢失信令的角度去分析。

（2）IMS 网元接收到主叫发送的 BYE 消息后，未向被叫发送，则可定位为 IMS 问题。IMS 网元接收到主叫发送的 BYE 消息后，向被叫发送，但被叫没接收到，则可从空口角度进行分析。

5.4.3 VoNR 切换优化

切换问题是影响用户感知的主要因素。对于 VoNR 业务，切换问题对用户感知的影响尤其明显，普通数据业务的切换问题在 4.4 节已经进行了较详细的介绍，本节主要针对 VoNR 切换相关的问题进行介绍。

VoNR 系统内切换，失败原因分类如表 5-7 所示。

对于 VoNR 系统内切换的优化主要从两方面考虑，即"不切换"和"切换失败"，具体优化思路如下。

表 5-7　VoNR 系统内切换失败原因分类

问题分类	问题原因	优化措施
不切换	测量事件未配置	配置测量事件（注意语音切换参数是否单独配置）
	邻区未配置	添加邻区
	邻区不允许切换	邻区切换开关，目标小区接纳算法、负荷及状态核查及优化
切换失败	参数配置不合理导致切换不及时	切换门限、迟滞等参数优化（注意语音切换参数是否单独配置）
	邻区冗余切换不及时	邻区优化、异频顺序调整
	目标小区覆盖质量差	覆盖质量优化
	目标小区故障	目标小区故障排查
	Xn 链路故障	Xn 链路问题排查

1. 不切换

不切换是影响语音用户感知的主要因素，在进行语音业务不切换问题优化时需要重点关注语音的切换算法，如是否开启了语音专用切换算法、是否开启语音业务专用频点切换算法等，另外对于不切换问题还需关注以下 3 点。

（1）测量相关的事件未配置，导致一直不进行邻小区测量，针对该问题补齐相关的测量事件即可，这里需要注意语音是否采用专用切换参数。

（2）邻区漏配：典型的现象是连续报 MR 不切换，需要逐一核实外部邻小区、异频载波、邻小区关系、Xn 链路等是否存在且状态正常。

（3）邻区不允许切换：核查邻区对是否设置为切换不允许，如果设置为切换不允许，则修改为切换允许；核查邻区是否高负荷，如果邻区负荷过高，则进行负荷均衡；核查邻区是否存在故障，如果存在故障，则解决邻区的故障问题。

2. 切换失败

导致切换失败的因素较多，对于语音的切换失败问题，一般考虑从参数、邻区、覆盖、故障几个方面进行分析，具体介绍如下。

（1）参数设置不合理导致切换不及时。参数设置不合理导致切换不及时，对切换门限、迟滞等进行调整，加快切换。

（2）邻区冗余切换不及时。邻区冗余、频点繁多且顺序排列不合理导致测量耗时，需要对邻区合理性及异频顺序进行优化。

（3）目标小区覆盖质量差。目标小区覆盖质量差，切换到目标小区后出现重建等问题，对邻区弱覆盖进行 RF 优化，对于存在干扰的目标小区进行干扰优化。

（4）目标小区故障。目标小区存在故障导致切换失败，对目标小区进行故障排查。

（5）Xn 链路故障。Xn 链路发生故障，对故障链路进行排查。

5.4.4 VoNR 时延优化

呼叫建立时延指的是从主叫 UE 发送 SIP INVITE 到主叫终端接收到网络侧下发的 SIP ring 180 消息之间的时间差。VoNR 呼叫建立时延的优化方法主要是通过分段统计确定哪一段时延存在异常，排除空口质量问题的影响。VoNR 时延问题主要是 SIP 信令交互时间过长及被叫寻呼丢失、二次寻呼间隔过长引起的，VoNR 时延问题原因分类如表 5-8 所示。

表 5-8　VoNR 时延问题原因分类

问题分类	问题原因	优化措施
SIP 信令时延间隔大	其他流程导致	依据具体流程制定优化方案
	覆盖质量差	覆盖优化
	高干扰	干扰优化

续表

问题分类	问题原因	优化措施
被叫寻呼时延大	寻呼拥塞	寻呼参数优化
	二次寻呼	寻呼参数优化
UE 增值业务	测试终端开启了彩铃、彩印等增值业务	关闭彩铃、彩印等非必要业务

呼叫建立时延是影响用户感知的主要指标，对于呼叫建立时延的优化，可以从以下 4 个方面进行。

1. 主叫 RRC 过程

在空闲态下，主叫在发起呼叫业务建立请求 INVITE 及被叫接收到寻呼后都会进行 RRC 建立及默载激活过程，该过程大约为百毫秒级别，该过程的优化基本依靠空口质量及性能优化，因此，需要确保空口环境良好，信令能够顺利地发送和交互。

2. 被叫寻呼响应过程

被叫寻呼响应过程包括 RRC 建立（当终端处于 RRC Connected 时无该过程）及发送 INVITE 183 过程，通过参数优化避免二次寻呼带来的时延。

3. 主叫接收到 INVITE 180 ringing 的过程

该过程的建立需要关注：主叫建立 5QI 1 后，可能会接收到 5GC 下发的承载修改指令，其目的是修改 5QI 1 的 GBR，作为主叫，该过程会影响主叫接收到 SIP 消息的时间，增加呼叫建立时延。针对该问题的优化，需要推动核心网，取消不必要的承载修改过程，以降低时延。

4. 终端增值业务

终端开通彩铃、视频彩铃等业务会增加应用服务器访问的时延及承载建立修改的时延（视频彩铃会增加 5QI 2），测试终端特别是被叫需要取消非必要的增值业务。

5.4.5 VoNR MOS 优化

MOS 即平均意见得分，其目的是评估通信系统的语音质量，VoNR 与 VoLTE 一样采用 POLQA（感知客观语音质量评估）算法进行评分，通过将"样本录音文件"与"样本原始文件"进行比较给出"MOS"，MOS 的总分值为 5，分值越高，感知越好，详见表 5-9。

表 5-9 MOS 的评分表

MOS 的分值	质量级别	用户感受
4.0 ～ 5.0	优	很好，听得清楚，时延低，交流顺畅
3.5 ～ 4.0	良	稍差，听得清楚，时延低，稍有杂音

续表

MOS 的分值	质量级别	用户感受
3.0 ～ 3.5	一般	还可以，听不清楚，有一定时延，可以交流
1.5 ～ 3.0	差	勉强，听不大清，时延较高，交流重复多次
0 ～ 1.5	非常差	极差，听不到，时延高，无法交流

其中"样本录音文件"是指"样本原始文件"经 MOS 盒放音后，通过本端手机经由 5G 网络（涉及接入网、传输、5GC、IMS 等网元）传输到对端手机收音并由 MOS 盒录音得到，"样本录音文件"的"失真度"是 MOS 的主要影响因素。"样本录音文件"的"失真度"一般与 MOS 盒、音频线、终端采用的编码方式、端到端传输过程中的 RTP 丢包率、抖动、时延等因素有关，MOS 的评分原理如图 5-22 所示。

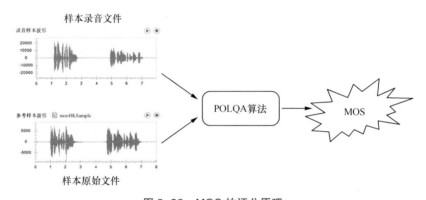

图 5-22　MOS 的评分原理

常见路测 MOS 盒有两种，即传统 MOS 盒和蓝牙 MOS 盒，测试示意如图 5-23 所示，详细介绍如下。

1. 传统 MOS 盒

传统 MOS 盒由 MOS 盒进行放音和录音，标准音频及录音文件均存储在 PC（个人计算机）上，MOS 的评分由 PC 端路测软件（集成 POLQA 评分软件）给出。

2. 蓝牙 MOS 盒

蓝牙 MOS 盒由蓝牙 MOS 盒进行放音和录音，标准音频及录音文件均存储在手机上，MOS 的评分方案有两种，即 PC Wi-Fi 评分方案和云评分方案。

（1）PC Wi-Fi 评分方案：将"样本录音文件"通过局域网传输至 PC 端路测软件（集成 POLQA 评分软件）进行打分，并返回分值给手机。

（2）云评分方案：将"样本录音文件"通过 5G 网络回传至 MOS 评分服务器（集成 POLQA 评分软件）进行打分，并返回分值给手机。

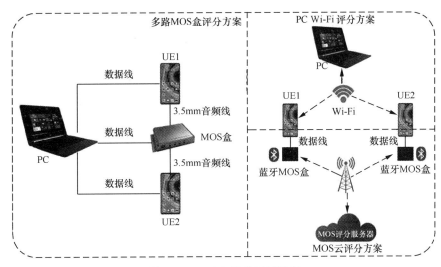

图 5-23　MOS 评分测试示意

MOS 值是运营商语音考核指标中的关键指标，是语音质量的真实体现，因此，MOS 值优化是网络优化工程师必备的技能，针对 MOS 的优化方法主要思路如下。

1. 编码速率优化

编码速率越高，语音质量越好，VoNR 采用 EVS（增强的语音服务）作为语音编解码方案。EVS 与其他的语音编码方式（如 AMR-WB）相比，可以用更低的编码速率提供相同的语音质量，从而提升系统容量，或者以相同的编码速率提供更高的语音质量。EVS 包括 EVS-NB（EVS 窄带）、EVS-WB（EVS 宽带）、EVS-SWB（EVS 超宽带）和 EVS-FB（EVS 全宽带）4 种编码方式，各编码方式及支持的编码速率如表 5-10 所示，VoNR 采用较高的编码方式是提升 MOS 的基础，典型编码速率有 EVS 13.2kbit/s（标清）、24.4kbit/s（高清）。

表 5-10　VoNR 语音编码方式及支持的编码速率

编码方式	支持的编码速率（kbit/s）
EVS-NB	5.9、7.2、8.0、9.6、13.2、16.4、24.4
EVS-WB	5.9、7.2、8.0、9.6、13.2、16.4、24.4、32、48、64、96、128
EVS-SWB	9.6、13.2、16.4、24.4、32、48、64、96、128
EVS-FB	16.4、24.4、32、48、64、96、128

2. 保证比特速率（GBR）优化

VoNR 语音通过 5QI 1 承载，5QI 1 承载属于 GBR 业务，业务建立时需要指定业务 GBR，通过设定较高的 GBR，可以保证高清语音业务的传送。

3. RTP 丢包率优化

影响 MOS 的因素还有 RTP 丢包率，由于语音使用 RTP 传送，因此，该项指标直接影响 MOS。在无线侧，RTP 丢包率主要与 SINR、覆盖水平及切换相关，需要提升覆盖质量；在网管侧无法统计 RTP 丢包，但 RTP 包在传输过程中是通过 IP、UDP 发送的，从 gNB 上可以统计到小区的业务面丢包率等。对于质差小区需要尽快处理，防止测试时占用此小区，出现高误码。

4. 无线质量优化

从优化总结来看，MOS 与无线网络的覆盖质量强相关，无线覆盖质量越好，MOS 值越高；无线覆盖质量越差，MOS 值越低，因此提升网络覆盖质量是提升 MOS 的基础。

5. 切换优化

NR 网络切换均为硬切换，频繁切换会引起丢包，导致 MOS 下降，所以在提升 MOS 的过程中，频繁切换优化也是一项重要的工作。从现场实测来看，频繁切换后的第一次 MOS 普遍较低，频繁切换优化思路可参考 4.4 节。

6. 重建优化

网络重建也会带来丢包，导致 MOS 下降，因此，针对重建等异常事件要重点处理，从现网实测来看，发生重建会导致随后的一次 MOS 较低。

5.5　5G 语音业务案例

案例　VoNR 功能未开启导致 VoNR 语音拉网重定向到 4G

1. 问题现象

主叫通过 VoNR 呼叫被叫，语音接通 28s 后接收到网络下发的 BYE 消息（原因值："媒体承载丢失"），终端上报 B1 测量报告重定向至 4G，如图 5-24 所示。

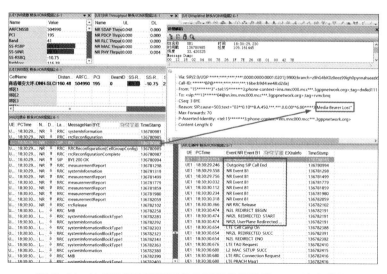

图 5-24　VoNR 语音接通后接收到网络下发的 BYE 消息截图

2. 问题分析

主叫占用商洛镇安锦湖公园-DNH-SLBO166NTTD-1 小区，发起 VoNR 呼叫，接通后终端上报 A3 测量报告，没有切换到商洛镇安新城社区-DNH-SLCO184NTTD-1 小区和商洛镇安大坪-DNH-SLCO490NTTD-2 小区，主服务小区 SS-SINR 持续恶化至-10dB，无线链路失败，最终在商洛镇安大坪-DNH-SLCO490NTTD-2 重建，如图 5-25 所示。

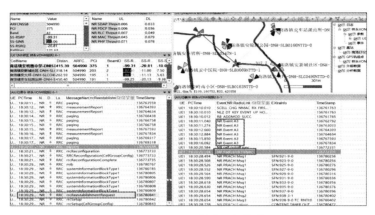

图 5-25　VoNR 系统内不切换截图

核查邻小区关系、外部邻区，都配置正常；核查 A3（语音业务基于覆盖切换）切换事件配置参数正常，如图 5-26 所示。

NRA3事件配置	nrEventA3Entry		GNB基站/NR业务/NR小区/
cRSIndex数标识	A3上报最大RSIndex数	A3上报是否上报Beam测量	A3测量目的
	8	支持	数据业务基于覆盖的切换
	8	支持	语音业务基于覆盖的切换
	8	支持	数据业务基于覆盖的切换
	8	支持	语音业务基于覆盖的切换
	8	支持	数据业务基于覆盖的切换
	8	支持	语音业务基于覆盖的切换
	8	支持	数据业务基于覆盖的切换

图 5-26　A3 切换事件配置参数检查截图

主叫接收到网络下发的 BYE 消息后一直发送 B1 测量报告，最终重定向到 4G，查看商洛镇安大坪-DNH-SLCO490NTTD-2 小区 B1 事件配置为异系统语音切换事件，用于 EPS Fallback 语音呼叫，如图 5-27 所示。

NRB1事件配置	nrB1Entry		GNB基站/NR业务/NR小区/NR小区测量/NRB1事件配
节点名称	小区本地ID0B1事件测量配置ID0	小区本地ID1B1事件测量配置ID0	小区本地ID2B1事件
B1上报Trigger门限选择	实际	实际	实际
B1上报RSRP门限(dBm|dBm)	-111	-111	-111
B1上报RSRQ门限(0.5dB|0.5dB)	-31	-31	-31
B1上报SINR门限(0.5dB|0.5dB)	55	55	55
B1上报迟滞门限(dBm|dBm)	2	2	2
B1上报触发时间(ms|毫秒约)	160	160	160
B1上报周期(ms|毫秒)	480	480	480
B1上报次数	8	8	8
B1上报Cell级Rsrp	上报	上报	上报
B1上报Cell级Rsrq	不上报	不上报	不上报
B1上报Cell级Sinr	不上报	不上报	不上报
B1上报最大小区数	8	8	8
B1测量目的	异系统语音测量	异系统语音测量	异系统语音测量
该B1上报配置用于中国移动标志位	是	是	是
该B1上报配置用于中国联通标志位	是	是	是
该B1上报配置用于中国电信标志位	是	是	是
该B1上报配置用于中国广电标志位	是	是	是

图 5-27　B1 事件配置参数检查截图

终端上报 B1 异系统语音测量重定向至 4G，怀疑是该站点未开启 VoNR 功能导致；核查商洛镇安大坪-DNH-SLCO490NTTD 的 VoNR 功能开关关闭，如表 5-11 所示。

表 5-11　VoNR 功能开关参数表

网元名称	友好名	小区本地 ID	VoNR 功能开关
商洛镇安大坪–DNH–SLCO490NTTD	NR 小区 VoNR 算法表 .1.0	1	关闭
商洛镇安大坪–DNH–SLCO490NTTD	NR 小区 VoNR 算法表 .0.0	0	关闭
商洛镇安大坪–DNH–SLCO490NTTD	NR 小区 VoNR 算法表 .2.0	2	关闭

目前 VoNR 小区无法切换至未开启 VoNR 功能小区，所以无法切换商洛镇安新城社区-DNH-SLCO184NTTD-1 小区和商洛镇安大坪-DNH-SLCO490NTTD-2 小区，最终导致本次异常事件发生。

3. 解决方案

开启商洛镇安大坪-DNH-SLCO490NTTD 和商洛镇安新城社区-DNH-SLCO184NTTD 两个站点 VoNR 功能。

4. 优化效果

开启商洛镇安大坪-DNH-SLCO490NTTD 和商洛镇安新城社区-DNH-SLCO184NTTD 两个站点的 VoNR 功能，经测试验证，可以正常切换，VoNR 通话正常，如图 5-28 所示。

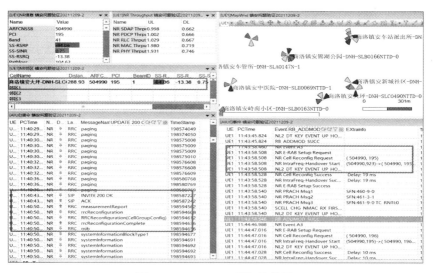

图 5-28　VoNR 正常切换截图

思考与练习

1. 简述 5G 网络与 4G 网络支持语音功能的实现差异。

2. 简述 5G 网络语音业务的基本流程。

3. 简述 5G 系统对语音业务质量的评估指标有哪些，如何对这些指标进行优化提升。

工程实践及实验

1. 实验名称：5G 语音业务问题小区筛选实操演练

2. 实验目的

通过本次实践练习，加深学生对 5G 语音业务关键指标认识的同时，让学生体验语音业务关键指标的分析流程，进一步提升学生对 5G 语音业务问题小区分析流程的理解。

3. 实验教材

中信科移动内部培训教材《5G 语音业务问题小区分析与演练》

4. 实验平台

OMC（通过 OMC 获取 KPI 数据）、EXCEL

5. 实验指导书

《5G 语音业务问题小区分析与演练实验指导手册》

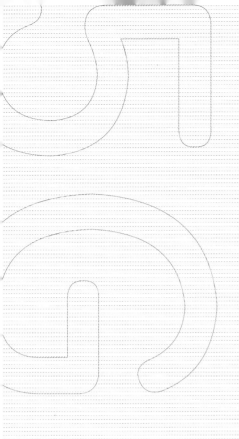

第 6 章

5G 无线网络智能优化

6.1 5G 网络智能运维优化需求

6.1.1 5G 网络运维优化的特点

建设 5G 网络已经成为我国新基建之首，5G 网络是新一代移动通信网络，也是数字经济社会转型发展过程中赋能千行百业的新技术，在网络运营和维护方面，5G 网络与其他通信网络存在很多不同点，主要表现在如下几个方面。

1. 高速率

相比 4G 网络，5G 网络有极高的业务速率，基站峰值速率甚至要求达到 20Gbit/s。由此单用户的业务速率自然有了极大的提升。高速率可为人们日常生活和各个行业的发展带来更大便利，也会为网络优化维护工作带来巨大挑战。

2. 泛在网

随着信息通信技术的发展和网络应用场景的不断演进，移动通信网络承载的业务逐步朝着"无所不包、无所不覆"的方向持续发展。因此，广泛存在也是网络演进的一个重要特征。泛在包括广泛和纵深两层含义，这里所提到的广泛覆盖主要指的是各地区（无论是城市还是乡村，无论是山地还是平原）都需要有网络信号覆盖；纵深则是指网络演进，特别是技术创新，在 5G 技术迅速发展的背景下，各个行业也需要更新升级。如今的 4G 移动通信网络因技术不够先进、覆盖面积不够广泛、稳定性不足等问题，需要持续提升改进。随着 5G 技术的广泛应用，网络维护自动化水平的提升成为网络运维和优化的重要命题。

3. 低功耗

据测算，5G 新空口技术基站的功耗是 4G 长期演进（LTE）基站的 2 倍甚至更多，这使得 NR 的运营成本大幅提升。因此，低功耗是 5G 网络建设的重要需求点，特别是在云计算和物联网中，只有将网络和终端设备的功耗控制在合理范围内，才可以迅速普及。因此，兼顾用户体验与节能效果，提升网络能耗的同时保证用户感知指标也成为网络优化工程师面临的一个技术挑战。

4. 低时延

低时延高可靠通信应用场景是 5G 网络满足的一个非常重要的场景，该场景在远程医疗、智能网联汽车、智慧工厂等场景中均有体现。3GPP 根据 ITU 提出的 5G 需求和愿景，开展关键技术研究和技术标准制定。其中低时延高可靠通信（URLLC）标准作为一个核心技术标准推出 3 个演进版本，分别为 R15、R16 和 R17，各版本逐步完善 URLLC 的业务需求、应用场景和性能指标。

R15 支持链路级的基础 URLLC 能力，设计目标场景单一，主要保障单链路业务性能，如 AR/VR 等娱乐场景。R15 侧重于中低频的 URLLC 标准制定，通过引入传输时间间隔（TTI）结构来降低时延并引入多项提升可靠性的方案，满足空口单向 1ms 时延和 99.999% 的可靠性要求。

R16 于 2020 年 7 月发布，完善了中低频和毫米波频段全覆盖的 URLLC 技术方案，支持多业务场景的 URLLC 能力。引入时间敏感网络（TSN）基础协议，为多种业务提供 URLLC 通信能力，满足 99.9999% 的高可靠性和空口单向 0.5 ～ 1 ms 时延的业务需求，并提供低至 1μm 的抖动和 20nm 级别的精准授时同步；为 R16 新增的工业自动化、智能交通和电网管理等场景提供更高可靠、更低时延的技术解决方案。

R17 于 2022 年 6 月发布，支持更高的定时精度和更灵活的频谱方案，扩展支持免许可频段的 URLLC 能力，并进一步将 5G 与 TSN 结合，利用 5G 无线技术替代有线连接，解决传统工业网络布线杂乱、维护难度大、设备移动性低等问题。

5. 互联性

随着我国 5G 网络建设规模不断扩大，5G 用户发展已领先全球水平。截至 2022 年底，我国移动电话用户规模为 16.83 亿户，人口普及率升至 119.2 部 / 百人，高于全球平均水平的 106.2 部 / 百人。其中 5G 移动电话用户达 5.61 亿户，在移动电话用户中占比 33.3%，是全球平均水平（12.1%）的 2.75 倍。"物"连接快速超过"人"连接，移动物联网迎来重要发展期。截至 2022 年底，我国移动网络的终端连接总数已达 35.28 亿户，其中代表"物"连接数的蜂窝物联网终端用户达 18.45 亿户，自 2022 年 8 月底"物"连接数超越"人"连接数后，"物"连接数占比已升至 52.3%，万物互联基础不断夯实；蜂窝物联网终端应用于公共服务、车联网、智慧零售、智慧家居等领域的规模分别达 4.96 亿、3.75 亿、2.5 亿和 1.92 亿户。万物互联为 5G 网络运维提出了新挑战，智能网络运维和优化已然成为新一代信息通信网络优化的必然趋势。

6.1.2　5G 网络运维优化面临的挑战

5G 网络的空口速率、设备连接能力、频谱效率、连续广域覆盖率等方面与 4G 网络的支持能力相比都有较大提升。5G 时代的网络运维优化表现出了新的发展特点，5G 网络运维优化面临的新挑战主要如下。

1. 中国联通与中国电信 5G 网络优化存在的问题和挑战

（1）5G 基站共建共享的要求增加网络优化复杂性

中国联通与中国电信采用共建 5G 接入网络，共享 5G 频谱资源，独立建设 5G 核心网的建设方案实现 5G 网络建设目标。其中，5G 基站共建共享分为独立载波和共享载波两种模式。

① 独立载波

独立载波是指配置两个载波，在不同载波上广播各自的网络号。小区独立，各自调度各自的独立频率资源，不存在资源上互相争抢的情况，不需要考虑资源分配策略；网络管理方便，运营商分别管理各自的小区，易独立优化参数，网络性能、用户体验有保障，可独立发展自己的业务，实现端到端业务体验保障。

② 共享载波

共享载波即配置一个载波，双方共享。小区共享，具体参数需双方协商配置，边界存在异频组网，引入异频切换会影响网络的性能；需要协商分配空口资源、QoS 策略，对用户体验有制约；网络管理复杂，共享方难以管理；业务发展存在争抢空口资源的问题。

5G 基站共建共享将带来诸多网络优化挑战。例如，容量能否满足业务发展需求、如何进行无线资源分配和调度以缓解无线资源稀缺的难题、如何保证专属的流量业务质量、共建共享双方是否有效参与管理无线网络参数以保障网络运维的有效性，这些也都是中国电信和中国联通建设优质 5G 网络面临的现实挑战。

（2）5G 大规模多天线设计提升网络优化难度

因 5G 应用场景的需求，在 5G 射频天线覆盖技术方面，要求无线波束的组合比 4G 波束更多，波瓣覆盖范围更加聚焦，满足的覆盖场景复杂度也更高，5G 广播需要多波束扫描，5G 子载波宽度和时隙数支持灵活配置。

5G 与 4G 无线波束在干扰特征、网络重叠覆盖、网络优化手段 3 个方面表现出较大差异性。由于 5G 天线发送信号的垂直波束较宽，小区的重叠区会比 4G 更大。5G 协议定义标准中取消了 CRS，因此，在无数据业务发送时系统不会产生参考信号带来的干扰。4G 网络在空载负荷情况下依然存在 CRS 干扰问题。因此，网络优化工程师在进行 5G 网络优化时重点对 5G 网络的射频波束进行优化，而对 4G 网络的优化则以干扰或信号覆盖质量优化为主。

基于业务场景的覆盖需求，5G 射频天线设计为多波束组合发送无线信号的方式。波束赋形权重系数的调整组合数大量增加，为实现自适应匹配覆盖场景需求，需要通过调整权重系数的方式进行波束调整。面对上百种甚至成千上万种参数组合，通过人工调整方式去找出最优参数值几乎不可能，必须通过方法创新来解决这个难题。

（3）4G 与 5G 长期共存情况下保持终端用户业务的连续性是网络优化的重点

4G 网络与 5G 网络会共存较长的时间。在 5G 建网初期，5G 信号覆盖不连续。5G 网络主要承载数据业务，VoLTE 是全网统一的语音承载方式，语音通过回落到 4G 网络由 VoLTE 进行承载。当 5G 网络建设规模接近饱和时，运营商将适时引入 VoNR，以提升 5G 用户的语音体验。在当前 5G 网络覆盖不连续的情况下，4G 和 5G 间业务连续性及互操作优化将是 5G 网络优化的工作重点。

2. 中国移动 5G 无线网络优化面临的挑战

中国移动 5G 无线优化工作涉及 4G 退频、锚点优选、4G/5G 协同、参数继承、天面规整、室内外同频干扰等一系列问题，保障网络稳定、减少对现网用户体验的影响是 5G 网络优化工作面临的新任务和新挑战，具体如下。

（1）2.6GHz 频段重耕面临较大挑战

5G NR 与 4G LTE 共享 2.6GHz 频段的 160MHz 带宽，开通 5G NR 100MHz 需要 LTE 现网 D 频段退频 40MHz（D1+D2），由于 D 频段重耕"牵一发而动全身"，因此，需要有序开展，如图 6-1 所示。

图 6-1　D 频段重耕示意

（2）异厂商组网将影响 5G 网络性能

NSA 组网结构中同厂商设备组网，可以采用带宽为 160MHz 的 AAU 设备，部署 5G 基站的同时还可以反向开启 4G 的 3D-MIMO，保证了 LTE 的系统容量；相反，5G 和 4G 异厂商组网不利于 4G 和 5G 系统的协同，同时还会带来 4G 容量的损失。

（3）4G/5G 协同要求高、难度大

NSA 组网结构中 5G 与 4G 的频率规划及网络设备需要深度耦合，优化中需要全面兼顾 4G 网络性能，优化难度更大。

3. 5G 新技术给无线网络优化带来的挑战

5G 网络重点满足灵活多样的物联网需要，引入的关键技术主要包括高阶调制、大规模天线、网络切片、移动边缘计算等，这些新技术的应用都为 5G 网络优化带来了新的挑战。

6.1.3　5G 网络智能运维优化策略

5G 技术在实现传统工业生产和设备互联的可视化的可控管理方面极大赋能千行百业，使人类真正地进入数字化、智能化网络时代，5G 网络智能优化主要有如下几个方面。

（1）覆盖智能优化：首先通过路测覆盖率、MR 覆盖率等指标的验证结果自适应进行波束配置管理、控制信道参数设置、5G 覆盖增强等，实现网络智能优化。

（2）接入性能智能优化：基于 RRC 连接建立成功率，对 RRC 连接异常站点进行自适应优化处理，对接入问题所导致的会话建立失败站点进行优化。

（3）掉线率智能优化：对全网掉线率指标进行自动分析，根据掉线率指标统计规律，对掉线问题进行定位及优化，该过程可分为无线问题优化、传输问题优化、拥塞问题优化、切换掉线和核心网故障排查等。

此外，网络智能优化还包括切换性能优化、吞吐率优化和地铁隧道等特殊场景的优化。

基于智能优化平台可进行多天线覆盖性能优化。通过智能优化平台，MIMO Pattern 可基于 DT 数据、MR 数据和网络优化目标值，对 SSB 弱覆盖、SINR 质差、重叠覆盖、越区覆盖等问题进行人工智能识别，对现网数据进行采集、分析、整理和标注处理，并通过智能优化平台，利用 Pattern 和 RF 参数迭代寻优，收敛到最优参数组合，输出参数调优结果和预测增益，给出垂直波宽、数字倾角和机械倾角的调整方案来提升覆盖的质量，满足更精准的覆盖要求，降低干扰，改善信号质量。

人工智能技术是助力 5G 网络优化的强大引擎，利用人工智能算法，可以快速发现网络中存在的问题并定位、分析，确定解决方案，大幅提升运维的效率。人工智能技术为 5G 系统的设计及网络优化提供了超越传统网络优化方法和优化效果的可能性，目前已成为业界重点关注的研究方向。

ITU-T、3GPP 等组织均已提出 5G 与 AI 相结合的研究项目，我国运营商、通信设备商、网络优化服务商也在积极地探索、研究智能网络优化平台和工具。5G 网络优化与大数据、人工智能的结合，成为未来 5G 网络优化的必然选择。5G 作为"新基建"，其建设与应用已上升为国家战略，5G 网络优化作为 5G 网络建设中的重要组成部分越来越受到业界的关注。引入智能网络优化平台，大力发展网络智能优化技术，推进 5G 网络优化技术持续创新，构建更高质量的网络是 5G 网络智能运维优化的重点。

6.2　人工智能赋能 5G 网络运维优化

6.2.1　人工智能概述

1. 人工智能基本概念

人工智能（AI）是一门融合了计算机科学、统计学、脑神经学和社会科学的前沿综合性学科，它的目标是希望计算机拥有像人一样的智力能力，可以替代人类实现识别、认知、分类和决策等多种功能。

机器学习作为 AI 的重要分支和方法，在诸多领域表现出色。任何通过数据训练的学习算法的相关研究都属于机器学习，使用机器学习算法可从大量的数据中解析得到有用的信息并从中学习，然后对真实世界中可能发生的事情进行预测或做出判断。机器学习需要海量的数据进行训练，并从这些数据中得到有用的信息，然后反馈到真实世界的用户中，具体的算法包括线性回归、K 均值、决策树、随机森林、聚类、SVM、人工神经网络等，机器学习三要素为数据、算法、算力。

近年来，随着大数据和运算能力的高速发展，移动互联网、智能终端等技术的快速发展，数据呈现爆发式增长，电信运营商在大数据发展中扮演着重要角色，运营商处理的海量数据涵盖了用户基本信息、通话数据、上网数据、网络运行数据等多方面，AI 技术的引入提升了通信大数据的分析、挖掘速度和管理效率，使网络智能化变得更为现实，给网络运营成本、效率和管理带来新的突破方向。

2. 5G 网络引入 AI 的必要性

随着 5G 等多种无线接入技术的应用，运营商的网络变得越来越复杂，用户网络行为和网络性能也比以往更动态化且难以预测。与此同时，由于移动通信业务的多样化和个性化，网络的运营优化的焦点也逐渐从网络性能转变为用户体验。

5G 大规模商用正在提速，然而不断增长的网络复杂性给网络建设带来巨大挑战，如传统的运维优化生产模式是以工程师的经验为准则，借助人工路测、网络 KPI 分析、告警信息等手段处理网络问题并进行优化调整，缺点是生产效率低、处理周期长、优化效果存在片面性，所以传统的网络建设运维优化方式已经难以为继，需考虑在网络运维优化中引入 AI 技术。

AI 可根据网络承载、网络流量、用户行为和其他参数来不断优化网络配置，进行实时主动式的网络自我校正和优化，同时 AI 还为复杂的无线网络和用户需求提供强大的决策能力，从而驱动网络的智能化转型，只有将 AI 技术和移动网络进行深度耦合，才能最终实现"自优化、智能化运营"的网络。对于运营商而言，AI 不仅是助力网络智能的推进器，更是运营商实现服务智能和赋能行业智能的利器。

在智慧 5G 方面，运营商则内外兼修。对内希望能够采用机器学习、深度学习等 AI 技术对网络进行场景化的部署和优化，围绕网络规划、网络部署、网络维护优化和业务发放等多个工作场景，分步骤地构建新一代智能网络；对外则希望能够充分发挥大数据的价值。5G 时代除了数据量继续膨胀，还有更多的 2B 数据，数据的价值会进一步放大，如何将这些数据转换为价值，5G 与 AI 有很强的结合需求。运营商全面的网络与服务智能化整体处于初级阶段，需要分层级推进。具体来看，引入 AI 可以分 3 个层面，分别是业务与服务智能化、网络运维优化智能化、网络自身智能化。

在 AI 的引入方面，有几个领域需要尽快探索，比如更智能的切片管理，针对不同业务需求或者应用场景，用 AI 技术实现网络切片智能化扩容、缩容和变更的能力；针对不同行业用户的业务需求，通过大数据的智能分析，获取精准用户和行为画像，实现定制化、灵活、高效的边缘分流、计费管理和资源控制，实现高效个性化的边缘计算服务；面向物联网垂直行业，利用 AI 技术来发现网络的行为特点，更好地服务上层应用等。

总之，在 5G 时代 AI 拥有广泛的应用场景，不同的场景对于性能的要求千差万别，并且从数据的建模、采集、规划到裁剪，再到训练模型、参数调整，最终与应用对接，是一个很漫长的过程，仅仅依靠一套算法或者硬件平台是难以满足需求的。

6.2.2 人工智能在 5G 网络运维优化中的作用

AI 技术有着自身独特的优势，能解决很多传统方法无法解决的难题，AI 技术主要优势如下。

（1）超强的学习能力：能对大量的输入信息进行分析和学习，并通过不断地学习加强模型，掌握专家经验，提升解决问题的准确性。

（2）全面性：能处理和发掘人类工作中不容易注意的问题和不确定的信息。

（3）效率高：能模拟人类的方式进行大量重复的工作，提升生产效率。

为了最大限度地降低网络运维成本，最大限度地提升网络优化工作效率，需利用 AI 技术的良好学习能力、分析处理能力、跨域协同能力和资源利用效率，发展网络智能化、自动化，AI 在 5G 网络运维优化中的应用模式如图 6-2 所示。

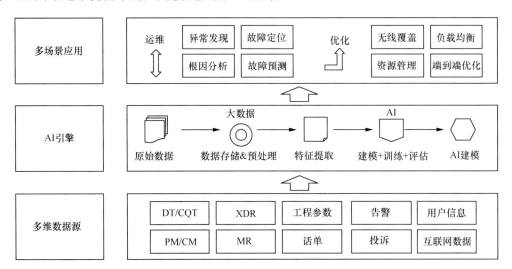

图 6-2　AI 在 5G 网络运维优化中的应用模式

1. 基于 AI 的 5G 网络智能优化

网络优化的主要作用是保障网络的全覆盖及网络资源的合理分配，提升网络质量，保证用户体验。运营商在网络优化工作中投入了大量人力和物力，网络优化涉及多个方面，如无线覆盖优化、干扰优化、容量优化、端到端优化等。传统网络优化工作一般依靠路测、系统统计数据、投诉信息等手段采集相关数据信息，再结合网络优化工程师的专家经验进行问题的诊断和优化调整。在网络复杂化和业务多样化的趋势下，传统网络优化工作模式显得被动、处理问题片面化，难以保证优化质量，而且生产效率低，在网络动态变化的情况下难以保证实时性。采用人工智能技术可对网络优化大数据进行训练，并将大量的专家经验模型化，构建智能优化引擎，模拟专家思维驱动网络主动实时做出决策，进行主动式优化和调整，使网络处于最佳工作状态。

2. 基于 AI 的 5G 网络智能运维

运营商部署了各级网管系统 / 平台，对网络和业务运行情况进行监控和保障，现网中如果网络设备出现故障和告警，一般由运维工程师根据工作经验和理论知识归纳总结出来的相关规则进行处理。传统的运维方式存在处理效率低、实时性不强、运维成本高、问题前瞻性不够等缺点。为了解决上述问题，可以以 AI 技术为基础，结合运维工程师的经验，构建一种智能化、自动化的故障处理监控系统 / 功能模块，在通信网络中实现对故障告警的全局监控、处理，实时采集告警和网管数据并关联分析处理，进行灵活过滤、匹配、分类、溯源，对网络故障快速诊断，配合相应的通信业务模型和网络拓扑结构实现故障的精准定位和根因分析，并通过历史数据不断自学习，实现故障预测，提升处理效率和准确性。

总之，AI 在网络运维优化中的应用需要有高质量的数据作为基础，需要利用合适的 AI 算法在相关的方向或场景进行实践，高质量的数据需要通过整合网络相关运行、测试和信息数据来获取，数据源包括路测数据、MR 数据、性能数据、配置数据、工程参数数据、信令采集数据、告警数据、用户信息数据、投诉数据、互联网数据等。根据不同应用场景的需求和特征，选择并关联有效的数据源，结合工程师的丰富工作经验，匹配合适的 AI 算法进行设计及建立模型。

6.2.3 人工智能在 5G 网络运维优化中的应用场景

利用 AI 技术时需考虑实际 5G 网络运维优化工作的生产流程和模式，根据应用场景需求选择合适的 AI 算法，对相关数据进行清洗、标注、训练，建立可靠、有效的系统模型来实现 AI 在 5G 网络运维优化中的应用，AI 在网络运维中的应用示例介绍如下。

1. 5G 网络故障智能溯源

5G 网络故障分析和溯源是运维的重点工作，网络发生故障的现象和原因有很多，会产生很多不同类型的告警信息，从告警中快速、准确地判断故障信息是 5G 网络运维优化的目标和要求。

在设计智能分析系统时，可考虑从海量告警信息中结合 5G 网络拓扑、网络配置、KPI、历史告警故障处理经验等信息提取共性特征，融合已有的故障处理经验，对提取数据进行训练，形成专家诊断规则库，对新产生的告警信息匹配规则进行诊断，给出故障原因和处理方法，在处理故障后结合 5G 网络运行状态对专家诊断规则库进行反馈优化，具体流程如图 6-3 所示。

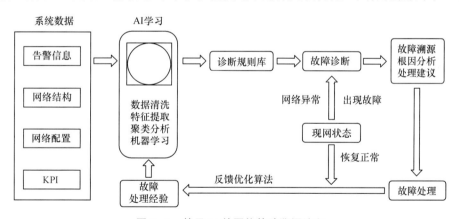

图 6-3 基于 AI 的网络故障溯源流程

2. 5G 网络基于机器学习的无线覆盖智能优化

5G 网络覆盖是网络质量的基础，在现实中基站的位置选择不会像仿真模型中一样完美，它容易受到建设投资、地形、传播路径动态变化、网络负荷等因素的影响。5G 网络总会存在弱覆盖、越区覆盖、干扰、容量等问题，这些会直接影响用户的业务体验，需要通过优化不断调整，以满足用户对网络质量的要求。

5G 网络无线环境复杂多变，影响覆盖质量的因素有很多且不确定性较强，可以结合多维无线覆盖相关历史数据（MR、路测、工程参数、无线 KPI、参数配置等），利用深度学习等 AI 技术对数据进行训练、调参，寻找影响无线网络质量的关键因素，以此来构建智能优化引擎，优化引擎能结合现网运行状态，准确、实时地给出优化调整建议和决策，如天线下倾角和方位角调整、性能参数优化、邻区配置调整等，并进行相关自动化、智能化或者人为处理，保证 5G 网络质量处于良好水平，基于神经网络的无线覆盖智能优化系统模型如图 6-4 所示。

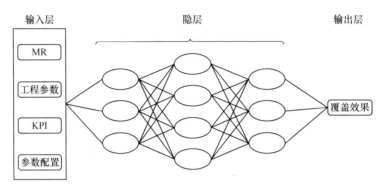

图 6-4　基于神经网络的无线覆盖智能优化系统模型

在 5G 网络的背景下，需要建立起更加完善的覆盖优化系统，系统设计流程主要包括以下 4 点。

（1）对于全覆盖网络的小区通过测量报告进行网络覆盖优化分析，以此测量报告为基础建立起相应的评估矩阵，分析现有的系统预置规则，掌握小区的网络软件和硬件相关参数，便于网络优化的各个阶段可以有针对性地调整网络设备的方向角与功率等参数信息，并在此基础上制定出针对性的优化方案。

（2）由于网络覆盖的每个小区有各自不同的特征，因此，在优化过程中需要针对性地进行相应的指标搜集，包括网络参数、干扰程度及网络结构等，根据现有的优化业务步骤整合和分析搜集的信息，与此同时，在优化之前可以采取一定的预处理方案，通过动态管理的模式调整各项指标和参数，更好地完成网络的精准优化。

（3）网络优化过程中加入机器学习，可以帮助创造出良好的网络优化环境，根据以往的网络优化经验归纳出已有的规则树，加之决策树算法的应用，结合实际情况，实现最终的网络优化，除了上述算法，还可以结合聚类回归算法，预测和匹配网络场景的一些指标，并通过返回的指标参数形成对应的优化关系模型。

（4）在网络优化的算法前置阶段，需要汇总和分析网络中的数学特征，提取其中的特征信息和关键指标，从而有效地处理网络运维优化中的相关因素，并且进一步提升 5G 网络的数据处理能力。

3. 5G 网络业务流量预测智能优化

近年来，移动互联网和智能终端的飞速发展带动了通信业务流量的激增，如何平衡 5G 网络业务负荷，为用户带来良好的业务体验成为运营商关注的焦点。5G 网络情况动态变化，用户业务需求随时间、空间不断产生变化，需要从中挖掘特征，聚焦流量变化趋势，使 5G

网络在忙时能做到负荷平衡，保证用户体验；在闲时能智能关断部分基站设施，达到节能降本的效果。利用众多场景下网络的多维度历史流量和 5G 网络质量数据，结合时间和场景特征，基于 AI 技术进行数据分析挖掘，综合 5G 网络实际需求，进行流量预测，并使用负载均衡、动态资源调度、智能关断等策略，对 5G 网络流量进行优化调整。

4. 基于深度神经网络算法的智能优化

5G 网络参数智能优化的算法的基础是深度神经网络算法。现阶段的参数分析和管理水准已经有一定的提升，网络运维优化的效率和质量也随之提升，并且一定程度上降低了网络优化的成本，深度神经网络算法在应用过程中需要从实际的优化需求出发，不断积累网络优化的经验，对网络参数进行更有针对性的配置，参数智能优化系统的设计流程分为以下 3 步。

第 1 步：根据优化小区进行合理性建模，包括用户分布、小区网络结构及外部环境等，在建立多元场景的过程中要更好地应用现有的量化特征属性。

第 2 步：借助已经应用的深度神经网络算法和小区样本的个体距离，综合考虑样本规模和算法时间，从而形成 N 个参考样本，结合先前的优化经验对现有的样本进行个体比对、整体分析，推演出较为一致的无线小区和设备参数。

第 3 步：使用循环神经网络算法的方式，以深度神经网络模型和采集的样本数据为基础，对现有小区的地形、地貌进行特征收集，并推算出相关的时间性特征数据。

5. 基于遗传算法进行 5G 网络隐患预测与巡检

在运用遗传算法时，可以彰显 5G 网络设备软硬件、网络性能等告警特征，遗传算法在 5G 网络运维和监控中的应用可以有效预测 5G 网络中的问题，并事先预防 5G 网络故障的发生，从而进一步提高客户满意度、降低投诉概率。在进行隐患预测和巡检的过程中，可以采用集中维护的方式进行强化，通过利用动态化模式，对获得的信息进行提取，并在此基础上，从多个维度出发，及时匹配和同步客户权限，从而更好地增强 5G 网络运维与优化的效果，进一步达到可视化的目标。在开发和利用 AI 时，可以告知各项实时预测数据，并对重点小区形成具有针对性的巡检计划和动态巡检方案。在以历史工单数据为基础的同时，关联工单系统，自动输出诊断方案，依次加强智能化操作，从而有效提高工单派发的实效性。此外，在进行自动巡检时，需要充分借助遗传算法中的数据信息挖掘技术，实现 5G 网络问题和故障的及时、有效发现，并采取主动预防、事前预防的方式，切实提高 5G 网络资源利用率和维护效率。

为了有效预测网络问题和网络故障，可以在网络运维和网络监控中应用遗传算法，同时可以提升用户的体验感，间接降低了产生投诉问题的概率，隐患预测与巡检系统设计的主要流程有以下 4 个部分。

第 1 部分：有针对性地统计和分析各网络站点的画像属性，以现有的维度指标为基础进行网络问题评估。

第 2 部分：梳理和分析网络隐患问题，通过深度神经网络和大数据技术落实后期的隐患预测工作和网络告警工作，并根据以往的处理经验构建出更为完善的诊断系统，能够完成巡检项目的自动化更新，最终建立起完善的隐患专家诊断系统。

第 3 部分：对需要监控和巡检的小区进行有效的位置信息定位，基于已有的站点画像和隐患管理方式整合出较为完整的巡检方案，达到针对性处理高隐患小区的目的。

第 4 部分：开展数据的挖掘和归并工作，在此过程中梳理和整合工单数据，剔除高度相似的工单数据。

6.2.4 人工智能在 5G 网络运维优化中面临的挑战

AI 在 5G 网络中进行相关融合应用是大势所趋，但仍处于起步阶段，在 5G 网络中引入 AI 技术面临诸多挑战，需要在实际应用中逐步推进，面临的主要挑战如下。

1. 数据获取困难

AI 的实际应用需要大量有效可靠的网络数据，5G 网络数据在不同的网元或者系统中生成，数据采集和汇聚需要硬件能力和系统架构的支撑和升级，多维数据源的处理关联需要考虑数据格式、异厂家融合等特性问题，网络数据标签化的手段也较少，有效数据获取成本较高，数据涵盖的场景和范围比较有限。

2. 5G 网络优化的专业性对 AI 效果的影响

5G 网络运维优化领域的专业性较强，在具体应用时需要明确业务逻辑，AI 技术的学习特点具有黑盒特征，难以确定应用的需求和流程，可能会使最终应用的效果不明显。

3. AI 需要迭代学习

AI 对应用需求和目标存在概率性误差，由于获取的 5G 网络数据存在片面性，在特定数据下训练得到的 AI 模型和架构可能很难适用所有的需求场景，这对高标准的电信级服务是一个巨大挑战，在实际落地应用之前，需持续迭代学习。

4. AI 和网络安全的权衡困难

AI 的应用还需要考虑人为的控制力如何介入，5G 网络的运维优化需要安全稳定，AI 应用的输出效果存在不确定性，而 5G 网络的运维优化要以安全稳定为前提，AI 最终的定位是主导还是辅助，还需要经过实践确定。

6.3 5G 网络智能运维优化平台

6.3.1 5G 网络智能运维优化平台建设需求

5G 通信网络融合化程度空前加强，应用终端和业务模型持续向多样化方向发展，技术迭代速度越来越快，网络环境日趋复杂。与此同时，通信网络承载的服务越来越多，从高清视频、互动游戏、各类边缘计算场景，到智慧工厂、车联网、智慧城市等，作为承载服务的移动通信网络一旦出现故障，将对行业发展产生不可估量的破坏性。

5G网络智能运维优化已成为垂直行业领域网络建设和电信运营商在5G专网建设过程中必要的网络运行与维护解决方案。目前通信运营商搭建的网管系统庞大而臃肿，建设轻量级的5G网络智能运维优化平台已成为网络运行维护专业的发展方向。新型智能运维优化平台为政企用户提供运维服务的同时，带来更全面、便捷的体验。当前，行业用户在5G网络运维方向主要面临以下挑战。

（1）网络资产，包括号码、终端、网络设备等管理、调配混乱。

（2）网络故障处理不及时，故障定位不清晰。

（3）网络配置调整严重依赖移动通信设备厂商。

（4）网络感知差。

（5）企业内部生产数据无法有效利用，造成数据资源浪费。

5G网络智能运维平台能够实现全网业务自动运维、全网设备统一监控，助力企业提升专用网络运营效能、改善用户感知、开拓市场价值。

6.3.2 5G网络智能运维优化平台架构

5G网络智能运维优化平台通过人工智能、大数据分析、云计算和虚拟化计算等技术，可实现以业务为中心的自动化、智能化、数字化运维，实现网络故障预测、机器人自主分析与推送的运维目标，平台架构如图6-5所示。

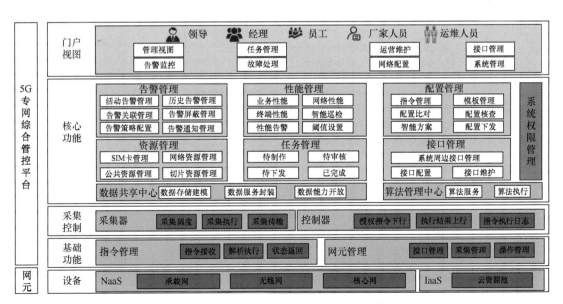

图6-5 5G网络智能运维优化平台架构

6.3.3 5G 网络智能运维优化平台功能

1. 自主分析、自动运维

5G 网络智能运维优化平台结合大数据能力提供基于实时分析的运维能力，把简单重复性的工作交给机器，实现从被动故障管理到主动故障预测预防、智能调度升级，有效提高运维效率，最终实现故障自愈、业务零中断、变更零风险、分钟级开通的运维能力。

2. 告警管理

针对网络中产生的多个异常告警，5G 网络智能运维优化平台通过专家经验、AI 分析，获取告警间关系图谱，查找引起告警的根源，基于告警根源分析结果，分析可导致的其他异常，提高告警处理效率，并通过提前处理异常，防止业务中断影响生产，告警管理分析如图 6-6 所示。

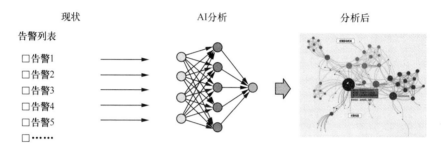

图 6-6 告警管理分析

3. 性能管理

5G 网络智能运维优化平台通过可视化页面对专用网络的业务性能、网络性能及接入网络的终端性能进行监测，通过阈值设置将异常性能指标并入告警列表进行处理，如图 6-7 所示。

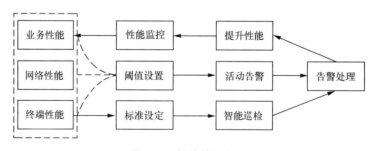

图 6-7 性能管理分析

4. 端到端的监控管理

5G 网络智能运维优化平台提供 5G 专网网元配置、故障诊断、告警处理、指令下发等网络维护操作，基于业务需求提供切片编排功能，提供基于拓扑图的切片运行状态监控、性能指标监控等功能，提升网络的自主运维能力，有力支撑低时延、高带宽、业务隔离等业务场景需求。

6.3.4 5G 网络智能运维优化平台应用案例

5G 网络智能运维优化平台在网络中的位置如图 6-8 所示，智能网管系统根据需求需要连接接入网的网管系统、承载网的网管系统及核心网的网管系统。

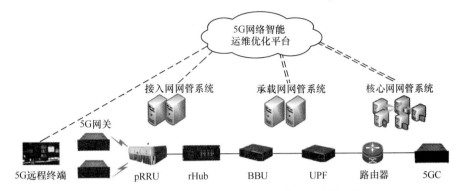

图 6-8　5G 网络智能运维优化平台在网络中的位置

某公司 5G 专网分为自建专网和运营商公网租用两部分，5G 专网综合管控平台建设需要构建一套综合管控平台，以实现对自建专网及租用 5G 网络的统一管控，如图 6-9 所示。

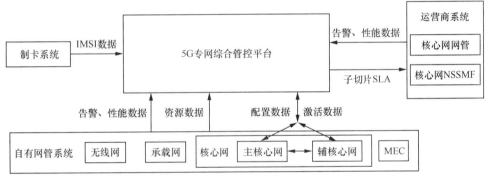

图 6-9　5G 专网综合管控平台

建设 5G 专网综合管控平台，可提供资源管理、拓扑管理、性能管理、告警管理、配置管理等功能，实现网络数据自动采集、故障智能定位、性能可视化监控、配置自动下发、拓扑自动发现，创新助力 5G 专网运维智能化、自动化水平提升，实现降本增效。

6.4　5G 无线网络智能运维优化实践案例

6.4.1　大规模天线波束智能寻优实践

1. 5G 波束寻优背景

Massive MIMO 是 5G 网络的关键技术，对系统容量、网络覆盖的提升效果显著，但在实际网络部署中依然面临着不少困难。在 5G 天线调整时，一个小区的天线权值有上万种组合，并且针对不同的应用场景具有不同的调整方案，比如高层建筑区域需要用较大的垂直宽度波束覆盖，密集城市及热点地区需要用较宽的水平波束覆盖，这都对 5G 的小区天线权值调整提出了很大的挑战，人工调整天线权值将会消耗大量人力、精力，且效果不佳，图 6-10 所示为 5G 波束的特点，水平维度和垂直维度均可以采用多波束提升覆盖质量。

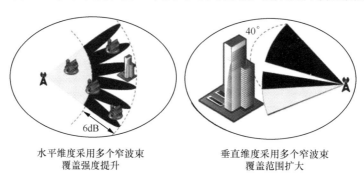

水平维度采用多个窄波束　　　　垂直维度采用多个窄波束
覆盖强度提升　　　　　　　　　　覆盖范围扩大

图 6-10　5G 波束的特点

2. 波束权值智能优化方案

天线权值部署基于系统运维平台输出与无线环境匹配的 SSB 天线权值，基于 3D 地图、MR 数据、KPI 数据、路测数据和工程参数数据，结合机器学习及寻优算法为每个问题小区自动优化出最佳的波束配置，并且能够给出波束分析结果及多样化波束覆盖效果的立体呈现，如图 6-11 所示。

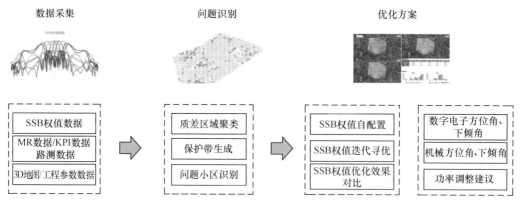

图 6-11　平台优化流程

用户定位：根据采集的 MR 数据或者 MDT 数据，通过指纹库算法进行用户定位，生成用户分布权重，用于波束寻优。

权值优化：根据用户的位置分布结合机器学习寻优算法，智能计算新的权值并进行优化效果模拟，模拟指标有所提升才进行配置下发。

平台优化：基于任务配置自动修改权值配置，并生成修改前后的性能报表及 MR 覆盖渲染图，从流量、性能、覆盖等方面对天线权值进行性能评估，以减少由于业务模型获取量不足带来的不合理权值推荐，减少对网络带来负面影响的可能性。

参数回退：根据性能报表的指标反馈，给予用户参数回退功能，增加网络优化的可控性、有效性及安全性。

3. 波束权值智能寻优实施效果

波束权值智能优化的效果评估需要综合各种场景进行评估，主要从以下 3 个方面进行评估，即面场景寻优效果、线场景寻优效果及点场景寻优效果。

（1）面场景寻优效果

① KPI 评估

以实际 5G 通信网络运行中开启和关闭波束权值智能寻优功能的真实案例进行阐述。该功能部署前后需要关注的关键 KPI 包括接通指标、UE 上下文异常释放比、5G CQI 优良率、系统内切换成功率，同时提取网络中 5G 小区用户平均吞吐量进行对比评估，功能部署前用户平均吞吐量为 165Mbit/s，功能开启后其提升至 170Mbit/s；在进行波束立体调整后，如果存在部分小区覆盖范围发生变化，可通过日常优化方法解决，具体指标对比如表 6-1 所示。

表 6-1　权值寻优开启前后关键指标对比

对象	无线接入成功率	RRC 连接建立成功率	UE 上下文异常释放比（最新）	系统内切换成功率	EPS Fallback（回落）成功率	5G CQI 优良率
功能开启前	99.62%	99.74%	0.27%	99.82%	100%	98.54%
功能开启后	99.62%	99.74%	0.26%	99.85%	99.99%	98.57%

② MR 数据评估

功能部署后基础 KPI 正常波动，同时部署前后 MR 相关指标均存在正向增益，服务小区平均 RSRP 提升 1.25%、服务小区平均 SINR 提升 3.38%、弱覆盖比例提升 15.8%、良好覆盖比例提升 0.73%，详细指标如表 6-2 所示。

表 6-2　权值智能寻优开启前后 MR 相关指标统计

时间	服务小区平均 RSRP/dBm	服务小区平均 RSRQ/dB	服务小区平均 SINR/dB	弱覆盖比例	良好覆盖比例	重叠覆盖 MR 比例
功能开启前	−91.38	−8.92	10.65	4.42%	95.58%	0.21%
功能开启后	−90.24	−8.91	11.01	3.72%	96.28%	0%
提升幅度	1.25%	0.11%	3.38%	15.80%	0.73%	100%

（2）线场景寻优效果

对波束寻优参数部署前后进行拉网测试，RSRP 从部署前的 −80.25dBm 提升至部署后的 −79.43dBm，提升了 0.82dB，SINR 从部署前的 13.17dB 提升至部署后的 13.39dB，提升了 0.22dB，整体效果稳定向好，如图 6-12 所示。

图6-12　波束寻优开启前后覆盖指标对比

权值智能寻优算法开启前后拉网指标统计如表6-3所示，从指标对比来看，功能开启后大部分指标有改善。

表6-3　权值智能寻优算法开启前后拉网指标统计

测试情况	5G网络覆盖率	5G NR SINR/dB	下行平均吞吐率/（Mbit·s⁻¹）	SA连接成功率	5G时长驻留比	SA掉线率	SA切换成功率
功能开启前	81.89%	12.11	382	100%	99.32%	0%	100%
功能开启后	83.25%	13.23	401	100%	99.45%	0%	100%

（3）点场景寻优效果

案例中选择了一个热点覆盖区域进行测试。从测试对比分析来看，波束寻优功能开启后5G网络覆盖质量得以提升，同时区域吞吐率也得到了提升，图6-13所示为波束寻优功能部署前后的业务量统计，调整前日均流量由139GB提升到146GB，提升了5%。

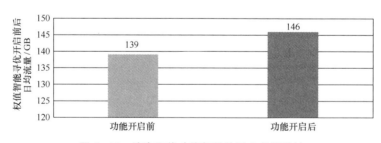

图6-13　波束寻优功能部署前后业务量统计

功能验证时同时进行了不同高度楼宇覆盖层的对比验证，在多层建筑场景内信号覆盖指标正常，中高层楼宇的覆盖质量提升明显，不同场景测试结果如下。

① 多层建筑

选取6层楼宇进行现场测试，在1～3层楼宇内功能部署前后无线信号覆盖强度相当，4～6层楼宇内信号覆盖强度产生了5～8dB的增益，如图6-14所示。图中标注的70000为

SSB 配置场景编号。

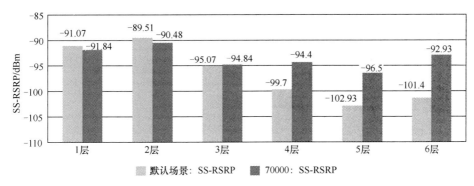

图 6-14 波束寻优功能部署前后多层建筑场景覆盖对比

② 中层建筑

选取一座高度为 15 层的楼宇进行现场对比测试，功能开启前后在 1 层和 6 层楼宇的信号覆盖质量无明显差异，9 层、12 层和 15 层楼宇的信号覆盖强度有 4 ～ 9dB 的增益，如图 6-15 所示。图中标注的 61000 为 SSB 波速配置场景编号。

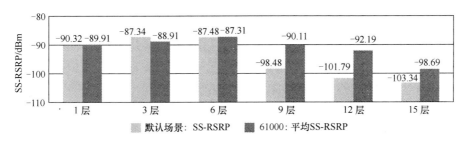

图 6-15 波束寻优功能部署前后中层建筑场景覆盖对比

③ 高层建筑

选取一座高度为 25 层的楼宇进行现场对比测试，功能开启前后无线信号覆盖质量在 1 层有一定的改善，5 ～ 10 层正常波动，15 ～ 25 层有 5 ～ 8dB 的增益，如图 6-16 所示。图中标注的 52000 为 SSB 波束配置场景编号。

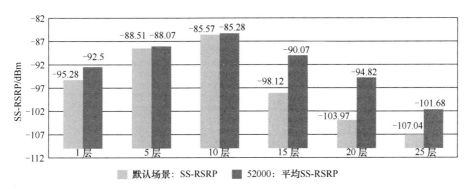

图 6-16 波束寻优功能部署前后高层建筑场景覆盖对比

6.4.2 5G 网络智能节能实践

1. 5G 网络智能节能概述

基站能耗是造成电信运营成本（OPEX 运营费用）居高不下的主要原因之一。传统节能依据网络的话务量统计，人工进行节能参数配置，下发节能策略，在实际操作过程中较难部署，且节能策略粗糙，导致节能收益不能最大化。

随着 5G 网络建设规模的增加，能耗问题将更为突出，为降低基站能耗，有效节约电费开支，需要采用新的智能算法。通过部署节能平台，智能分析每个小区的话务模型，提供更准确的话务预测，根据不同场景选择合适的节能功能，设定个性化节能开关时段及阈值门限，做到差异化的节能方案部署，在保证 KPI 的前提下，实现节能收益最大化。

2. 单项节能功能验证

5G 主要的节能特性包括符号智能关断、射频通道智能关断、定时载波智能关断和 AAU 深度休眠。以下将重点对 4 种节能策略进行介绍。

（1）符号智能关断

基本原理：在基站设备中，射频模块的功率放大器（PA）的能耗最多。PA 功耗分为静态功耗和动态功耗。静态功耗在 PA 开启后就一直存在，不随负荷而变化；动态功耗随着负荷增加而增加。符号智能关断节能的本质是降低 PA 静态功耗，方法是在集中的符号上快速传完数据，然后关断剩余符号，这样节省了关断符号上的 PA 静态功耗。假设关断了 X 个符号，那么 PA 的静态功耗可减少 $X/14$。这样既能降低系统能耗，又能保证数据传送的完整性。

符号智能关断基本原理如图 6-17 所示。当基站检测到下行符号没有承载数据时，基站会实时关闭射频模块的 PA，以降低系统能耗；当基站检测到下行符号有承载数据时，基站会实时打开射频模块的 PA，以保证数据传送的完整性。

图 6-17　符号智能关断基本原理

应用场景：符号智能关断对应用场景无特殊要求，因此可以在大多数场景下使用，5G 站点可以全部开启。

效果呈现：现网选取站点进行验证，验证结果如下，开启符号智能关断功能后总节电 17.49 kW·h，节电率达到 12.84%，如图 6-18 所示。

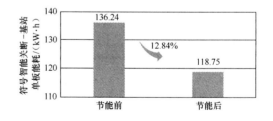

图 6-18　符号关断节能示意

（2）射频通道智能关断

基本原理：基站在某些时间段处于轻载或空载，但射频模块的发射通道仍处于工作状态，造成了基站能耗的浪费，射频通道智能关断可在设定的时间段内，当小区处于轻载或空载时，gNB 会自动调整小区公共信道的发射功率，以尽量保证 gNB 的覆盖和业务不受影响，射频通道智能关断如图 6-19 所示。当基站处于射频通道智能关断状态时，指定数量的 PA 关断，剩余处于开启状态的 PA 功率抬升，用以保证覆盖。

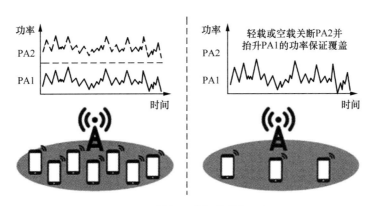

图 6-19　射频通道智能关断示意

应用场景：射频通道智能关断主要应用于话务量较低的场景，在话务量较低的场景可以考虑开启此功能。

效果呈现：选取站点进行此功能效果验证，设置下行 PRB 门限 5%，下行 PRB 偏置 15%，开启后总节电 14.66 kW·h，节电率为 10.50%，如图 6-20 所示。

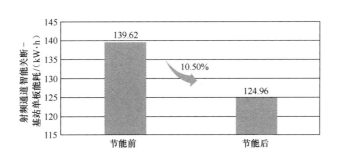

图 6-20　射频通道智能关断节能示意

（3）定时载波智能关断

基本原理：双频组网时，两个频段的载波共同覆盖一片区域（同经纬度和方向角），当话务量低时，该覆盖区域的话务可以由低频单一载波吸收，此时可以关闭高频载波，让射频模块处于载波关断状态，闭塞小区，从而达到节省静态和动态功耗的目的。定时结束或主动关闭特性时，小区解闭塞处理并恢复业务，如图 6-21 所示。

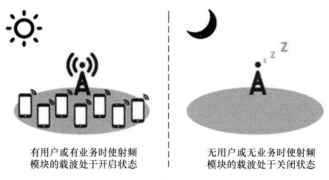

有用户或有业务时使射频
模块的载波处于开启状态

无用户或无业务时使射频
模块的载波处于关闭状态

图 6-21　定时载波智能关断示意

当网络中存在固定的时间段没有用户，或基站处于轻载或空载时，开通定时载波智能关断功能可以节省基站能耗。

应用场景：定时载波智能关断功能主要适用于话务潮汐效应明显且时间相对固定的场景，如地铁、大型场馆等。

效果呈现：选取站点进行此功能效果验证，开启定时载波智能关断功能后，总节电 47.24kW·h，节电率为 34.71%，如图 6-22 所示。

（4）AAU 深度休眠

基本原理：射频模块深度休眠节能功能是指在保持射频模块可靠性的前提下，不考虑网络负载等其他因素，基于预先配置的时间段

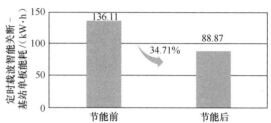

图 6-22　定时载波智能关断节能示意

进行休眠，减少设备能耗，射频模块深度休眠节能以 AAU 为粒度，采用定时休眠。针对低话务特定场景，AAU 深度休眠技术可通过深度关闭 AAU 器件使 AAU 进入极低功耗休眠模式，从而实现最大化节能的目的，如图 6-23 所示。

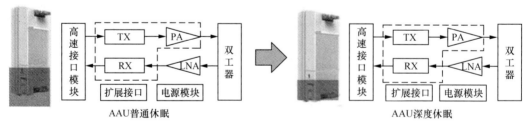

图 6-23　AAU 深度休眠示意

应用场景：AAU 深度休眠和定时载波智能关断应用场景一致，主要应用于话务潮汐效应明显且时间相对固定的场景，如地铁、大型场馆等。

效果呈现：选取站点进行此功能效果验证，开启 AAU 深度休眠功能后，总节电 75.27kW·h，节电率为 57.78%，如图 6-24 所示。

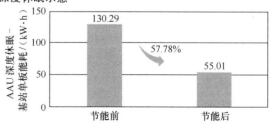

图 6-24　AAU 深度休眠节能示意

（5）单项节能效果总结

基于业务的潮汐效应，在保障用户体验的基础上实现网络级智能节能与调优，通过实测，各项节能功能效果显著。符号智能关断：节电率为12.84%；射频通道智能关断：节电率为10.50%；定时载波智能关断：节电率为34.71%；AAU深度休眠：节电率为57.78%。

3. 场景化节能策略分析及效果验证

现网存在各种场景，其话务模型也不尽相同，节能平台利用AI进行大数据分析，建立话务潮汐模型，实现小区级话务精准预测，针对不同场景生成最合适的节能策略，减少人力成本，提高节能效果，在保证KPI平稳的同时，使节能收益最大化。针对几种常见的场景进行节能策略分析，获取一周的节能策略进行日均时长统计，如表6-4所示。

表6-4 智能节能时长统计

场景分类	每天建议符号智能关断时长均值	每天建议射频通道智能关断时长均值	每天建议定时载波智能关断时长均值	建议AAU深度休眠时长均值
景区	23:59:59	23:59:59	18:52:00	5:53:40
大型场馆	23:59:59	23:59:59	16:41:59	5:31:20
交通枢纽	23:59:59	23:59:59	11:46:15	5:32:45
高校	23:59:59	23:59:59	10:09:08	4:23:43
酒店	23:59:59	23:59:59	8:27:08	4:33:21
写字楼	23:59:59	23:59:59	6:56:11	3:53:11
工业园区	23:59:59	23:59:59	6:15:00	3:56:20
住宅小区	23:59:59	23:59:59	3:04:43	2:11:00

符号智能关断与射频通道智能关断均可全天开启；定时载波智能关断、AAU深度休眠等节能方式则需要挑选业务量较少的时间段开启。产生以上区别的主要原因有两点：一是业务对符号智能关断与射频通道智能关断的影响相对较小，而定时载波智能关断与AAU深度休眠均有较严重影响；二是符号智能关断与射频通道智能关断可依据条件实时触发，而定时载波智能关断与AAU深度休眠功能是定时触发，因此灵活性较差，考虑到业务影响，不能随意开启。

此外，射频通道智能关断节能方式由于信号的覆盖范围和质量与通道数量、通道功率息息相关，通道关断后，必然会引起覆盖范围和质量的变化。因此为保证用户体验，在现网的实际应用中，运营商也往往要求仅在业务量较少时间段开启，而非全时段开启。

4. 节能效果总结

通过对节能平台生成的策略进行分析可知，不同场景应用的节能策略是不同的，且节能功能生效时段也是根据实际话务模型进行设置的，节能的收益大小取决于平台对话务模型预测的准确性及下发的节能策略的适用性。大型场馆、交通枢纽等话务潮汐效应明显且时间相对固定的场景节能效果最佳，而住宅小区等话务量较高且无明显潮汐效应的场景节能效果较差。

思考与练习

1. 简述 5G 网络智能运维优化的必要性和特点。

2. 简述人工智能技术如何更好赋能 5G 网络运维工作。

3. 阐述 5G 网络智能运维优化平台设计的解决方案及其基本功能。

工程实践及实验

1. 实验名称：5G+ 智能运维仿真实践

2. 实验目的

智能运维是网络运维的必然趋势，是运营商降本增效的关键，"AI+ 大数据"是实现智能运维的基础，本实验通过 AI 算法在 5G 运维分析中的运用，提升学生对智能运维的理解，同时通过实践，学生能够认识到智能运维相对于传统运维的优势。

3. 实验教材

中信科移动内部培训教材《5G+ 智慧运维基础及实践》

4. 实验平台

中信科移动教学仿真平台

5. 实验指导书

《5G+ 智慧运维仿真实验指导手册》

缩略语

3GPP	3rd Generation Partnership Project	第三代合作伙伴计划
5GC	5G Core	5G 核心网
5GS	5G System	5G 系统
5QI	5G QoS Identifier	5G QoS 标识
AAU	Active Antenna Unit	有源天线单元
ACLR	Adjacent Channel Leakage Ratio	相邻频道泄漏比
ACS	Adjacent Channel Selectivity	邻道选择性
AGW	Access Gateway	接入网关
AI	Artificial Intelligence	人工智能
AM	Acknowledged Mode	确认模式
AMBR	Aggregate Maximum Bit Rate	聚合最大比特率
AMF	Access and Mobility Management Function	接入和移动性管理功能
AMR	Adaptive Multi-Rate	自适应多速率
AN	Access Network	接入网
ANR	Auto Neighbor Relationship	自动邻区关系
ARFCN	Absolute Radio Frequency Channel Number	绝对无线频率信道号
ARP	Allocation and Retention Priority	分配和保留优先级
AS	Access Stratum	接入层
ATP	Automatic Test Platform	自动测试平台
B/S	Browser/Server	浏览器 / 服务器
BBU	Base Band Unit	基带处理单元
BFR	Beam Failure Recovery	波束失败恢复
BFRP	Beam Failure Recovery Response	波束失败恢复响应
BFRQ	Beam Failure Recovery Request	波束失败恢复请求
BPSK	Binary Phase Shift Keying	二进制相移键控
BWP	Band Width Part	部分带宽
C/S	Client/Server	客户 / 服务器
CA	Carrier Aggregation	载波聚合
CBD	Central Business District	中央商务区
CBRA	Contention Based Random Access	基于竞争的随机接入

CCCH	Command Control Channel	公共控制信道
CCE	Control Channel Element	控制信道单元
CDL	Call Detail Log	呼叫详细记录
CDM	Code Division Multiplexing	码分复用
CDMA	Code Division Multiple Access	码分多址
CFRA	Contention Free Random Access	基于非竞争的随机接入
CHBW	Channel Bandwidth	信道带宽
CI	Cell ID	小区 ID
CM	Connection Management	连接管理
CMAS	Commercial Mobile Alert Service	商用移动告警服务
CN	Core Network	核心网
CORESET	Control Resource Set	控制资源集
CP	Cyclic Prefix	循环前缀
CPRI	Common Public Radio Interface	通用公共无线接口
CPU	Central Processing Unit	中央处理器
CQI	Channel Quality Indicator	信道质量指示
CQT	Call Quality Test	呼叫质量测试
CRB	Common Resource block	公共资源块
CRI	CSI-RS Resource Indicator	CSI 参考信号资源指示
C-RNTI	Cell-RNTI	小区无线网络临时标识符
CRS	Cell Reference Signal	小区参考信号
CSCF	Call Session Control Function	呼叫会话控制功能
CSI-RS	Channel State Information Reference Signal	信道状态信息参考信号
CSS	Common Search Space	公共搜索空间
CU	Centralized Unit	集中单元
DAS	Distributed Antenna System	分布式天线系统
DC	Dual Connectivity	双连接
DCCH	Dedicated Control Channel	专用控制信道
DCI	Downlink Control Information	下行控制信息
DM RS	Demodulation Reference Signal	解调参考信号
DN	Digital Network	数字网络
DNN	Data Network Name	数据网络名称
DRB	Data Radio Bearer	数据无线承载
DRX	Discontinuous receiving/transmitting	非连续接收 / 发射

DT	Drive Test	路测
DU	Distributed Unit	分布单元
DwPTS	Downlink Pilot Time Slot	下行导频时隙
eCPRI	Enhanced Common Public Radio Interface	增强型通用公共无线接口
eMBB	Enhanced Mobile Broadband	增强移动宽带
EMM	EPS Mobility Management	演进分组系统移动性管理
EN–DC	E-UTRAN New Radio Dual Connectivity	LTE 与 NR 双连接
EPC	Evolved Packet Core	演进的分组核心网
EPRE	Energy Per Resource Element	每个资源粒子的能量
EPS	Evolved Packet System	演进的分组系统
ETG	Easy To Get	易得路测软件
ETWS	Earthquake and Tsunami Warning System	地震海啸告警系统
E–UTRAN	Evolved Universal Terrestrial Radio Access Network	演进通用陆地无线接入网络
EVS	Enhanced Voice Services	增强的语音服务
FB	Ful lBand	全宽带
FDD	Frequency Division Duplexing	频分双工
FFT	Fast Fourier Transformation	快速傅里叶变换
FR	Frequency Range	频率范围
FR	Fast Return	快速返回
FTP	File Transfer Protocol	文件传输协议
GBR	Guaranteed Bit Rate	保证比特速率
GE	Google Earth	谷歌地球
GFBR	Guaranteed Flow Bit Rate	保证流量比特率
gNB	the Next Generation Node B	5G 基站
gNB ID	the Next Generation Node B Identifier	下一代基站标识
GP	Guard Period	保护间隔
GPS	Global Position System	全球定位系统
GSCN	Global Synchronization Channel Number	全局同步信道号
GSM	Global System for Mobile Communications	全球移动通信系统
GT	Guard Time	保护时间
GTP–U	GPRS Tunnelling Protocol for the user plane	用户面的 GPRS 隧道协议
GUAMI	Globally Unique AMF Identifier	全局唯一的 AMF 标识符
HARQ	Hybrid Automatic Repeat–request	混合自动重传请求
HEVC	High Efficiency Video Coding	高效视频编码

HSS	Home Subscriber Server	归属用户服务器
HTTP	HyperText Transfer Protocol	超文本传输协议
IBCF	Interconnection Border Control Function	互联网边界控制功能
iBLER	Initial BLock Error Rate	初始误块率
ICMP	Internet Control Message Protocol	因特网控制报文协议
IMEI	International Mobile Equipment Identity	国际移动设备识别码
IMS	IP Multimedia Subsystem	IP 多媒体子系统
IMSI	International Mobile Subscriber Identification Number	国际移动用户识别码
IoT	Interference over Thermal	平均干扰抬升
IR	Interface between the RRU and the BBU	RRU 与 BBU 的接口
KPI	Key Performance Indicator	关键绩效指标
LI	Layer Indicator	层指示
LMT	Local Maintenance Terminal	本地维护终端
LTE	Long Term Evolution	长期演进技术
MAC	Medium Access Control	媒体接入控制
MCG	Master Cell Group	主小区组
MCL	Minimum Coupling Loss	最小耦合损耗
MCS	Modulation and Coding Scheme	调制和编码方式
MDT	Minimization of Drive Tests	最小化路测
MFBR	Maximum Flow Bit Rate	最大流量比特率
MIB	Master Information Block	主系统消息块
MIMO	Multiple-Input Multiple-Out-put	多输入多输出
MM	Mobile Management	移动性管理
MME	Mobile Managenment Entity	移动性管理实体
MML	Man Machine Language	人机交互语言
mMTC	Massive Machine Type Communication	大连接物联网
MOS	Mean Opinion Score	平均意见得分
MR	Measurement Report	测量报告
MRR	Measurement Result Recording	测量结果记录
MSB	Most Significant Bit	最高有效位
MSI	Minimum System Information	最小系统消息
NACK	Negative Acknowledgement	否定应答
NAS	Non-Access Stratum	非接入层
NB	Narrow Band	窄带

续表

NGAP	NG Application Protocol	NG 接口应用协议
NG-C	NG-Control plane	控制面 NG 接口
NG-RAN	Next Generation Radio Access Network	5G 无线接入网
NG-U	NG-User plane	用户面 NG 接口
NR	New Radio	新空口
ODOSI	On Demand OSI	基于用户需求获取其他系统消息
OFDM	Orthogonal Frequency Division Multiplexing	正交频分复用
OM	Operation and Maintenance	操作维护
OMC	Operation and Maintenance Center	操作维护中心
OPEX	Operating Expense	运营费用
OSI	Other System Information	其他系统消息
PA	Power Amplifier	功率放大器
PBCH	Physical Broadcast Channel	物理广播信道
PC	Personal Computer	个人计算机
PCF	Policy Control Function	策略控制功能
PCI	Physical-layers Cell identities	物理小区标识
PDCCH	Physical Downlink Control Channel	物理下行控制信道
PDCP	Packet Data Convergence Protocol	分组数据汇聚协议
PDN	Public Data Network	公用数据网
PDSCH	Physical Downlink Share Channel	物理下行共享信道
PDU	Protocol Data Unit	协议数据单元
PGW	Packet Data Network Gateway	分组数据网络网关
PHY	Physical Layer	物理层
PLMN	Public Land Mobile Network	公共陆地移动网
PMI	Precoding Matrix Indicator	预编码矩阵指示
POLQA	Perceptual Objective Listening Quality Assessment	感知客观语音质量评估
PRACH	Physical random access channel	物理随机接入信道
PRB	Physical Resource Block	物理资源块
P-RNTI	Paging RNTI	寻呼无线网络标识符
PSS	Primary Synchronize Signal	主同步信号
PT-RS	Phase Tracing Reference Signal	相位跟踪参考信号
PTN	Packet Transport Network	分组传送网
PUCCH	Physical Uplink Control Channel	物理上行控制信道
PUSCH	Physical Uplink Share Channel	物理上行共享信道

续表

QAM	Quadrature Amplitude Modulation	正交振幅调制
QCI	QoS Class Identifier	QoS 等级标识
QCL	Quasi Co Location	准共址
QFI	QoS flow ID	QoS 流标识
QoS	Quality of Service	服务质量
QPSK	Quadrature Phase Shift Keying	正交相移键控
RACH	Random Access Channel	随机接入信道
RAN	Radio Access Network	无线接入网
RAPID	Random Access Preamble Identifier	随机接入前导标识
RAR	Random Access Response	随机接入响应
RA-RNTI	Random Access RNTI	随机接入无线网络临时标识符
RAT	Radio Access Technology	无线接入技术
RB	Resource Block	资源块
RBG	Resource Block Group	资源块组
RE	Resource Element	资源粒子
REG	Resource Element Group	资源粒子组
RF	Radio Frequency	无线电频率
RI	Rank Indicator	秩指示
RIV	Resource Indication Value	资源指示值
RLC	Radio-Link Control	无线链路控制
RM	Registration Management	注册管理
RMSI	Remaining Minimum System Information	剩余最小系统消息
RNA	RAN-Based Notification Area	基于 RAN 的通知区域
RNTI	Radio Network Temporary Identity	无线网络临时标识符
ROT	Rise Over Thermal	热噪声增加量
RQA	Reflective QoS Attribute	反射 QoS 属性
RQI	Reflective QoS Indicator	反射 QoS 指示
RRC	Radio Resource Control	无线资源控制
RRM	Radio Resource Management	无线资源管理
RRU	Remote RF Unit	射频拉远单元
RS	Reference Signal	参考信号
RSRP	Reference Signal Receiving Power	参考信号接收功率
RSSI	Received Signal Strength Indicator	接收信号强度指示
RTCP	RTP Control Protocol	实时传输控制协议

RTP	Real Time Transport Protocol	实时传输协议
SA	Standalone	独立组网
SBA	Service-based Architecture	基于服务的架构
SBI	Service Based Interface	基于服务的接口
SCell	Secondary Cell	辅小区
SCS	Sub-Carrier Space	子载波间隔
SCTP	Stream Control Transmission Protocol	流控制传输协议
SDAP	Service Data Adaptation Protocol	服务数据适配协议
SDF	Service Data Flow	服务数据流
SDP	Session Description Protocol	会话描述协议
SDU	Service Data Unit	服务数据单元
SER	Symbol Error Rate	误码率
SFN	System Frame Number	系统帧号
SgNB	Secondary gNodeB	辅基站
SGW	Serving Gateway	服务网关
SI	System Information	系统消息
SIB	System Information Block	系统消息块
SIM	Subscriber Identity Module	用户身份识别模块
SINR	Signal-to-Noise and Interference Ratio	信干噪比
SIP	Session Initiation Protocol	会话起始协议
SLIV	Start and Length Indicator Value	起始和长度指示符值
SM	Session Management	会话管理
SMF	Session Management Function	会话管理功能
SN	Serial Number	序列号
SNR	Signal to Noise Ratio	信噪比
SON	Self-Organized Networks	自组织网络
SQL	Structured Query Language	结构化查询语言
SR	Scheduling Request	调度请求
SRB	Signalling Radio Bearer	信令无线承载
SRS	Sounding Reference Signal	探测参考信号
SS	Synchronization Signal	同步信号
SSB	Synchronization Signal and PBCH block	同步信号和 PBCH 块
SSC	Session and Service Continuity	会话业务连续
SSS	Secondary Synchronize Signal	辅同步信号

续表

SWB	Super-WideBand	超宽带
TA	Timing Advance	时间提前量
TAC	Tracking Area Code	跟踪区码
TAU	Tracking Area Update	跟踪区更新
TCP	Transmission Control Protocol	传输控制协议
TDD	Time Division Duplexing	时分双工
TMSI	Temporary Mobile Subscriber Identity	临时移动用户标识
TPC	Transmit Power Command	发射功率指令
TRP	Transmission Reception Point	发送接收点
TRS	Tracking Reference Signal	跟踪参考信号
TTI	Transmission Time Interval	传输时间间隔
UCI	Uplink Control Information	上行控制信息
UDM	Unified Data Management	统一数据管理
UDP	User Datagram Protocol	用户数据报协议
UE	User Equipment	终端
UL	UpLink	上行链路
UM	Unacknowledged Mode	非确认模式
UPF	User Plane Function	用户平面功能
UpPTS	Uplink Pilot Time Slot	上行导频时隙
URLLC	Ultra-Reliable and Low Latency Communications	高可靠和低时延通信
USS	UE Specific Search Space	UE 专用搜索空间
UTC	Universal Time Coordinated	协调世界时
Uu	User to network interface and universal	空中接口
VoNR	Voice over New Radio	新空口承载语音
VRB	Virtual Resource Block	虚拟资源块
VVC	Versatile Video Coding	多功能视频编码
WB	Wide Band	宽带
Xn-AP	Xn Application Protocol	Xn 应用层协议
Xn-C	Xn-Control plane	控制面 Xn 接口
Xn-U	Xn-User plane	用户面 Xn 接口
ZP	Zero Power	零功率

参考文献

[1] 杨峰义，谢伟良，王海宁，等.5G 无线接入网架构及关键技术（5G 丛书）[M].北京：人民邮电出版社，2019.

[2] 陈山枝，孙韶辉，苏昕，等.大规模天线波束赋形技术原理与设计（5G 丛书）[M].北京：人民邮电出版社,2019.

[3] 陈山枝，王胡成，时岩，等.5G 移动性管理技术（5G 丛书）[M].北京：人民邮电出版社，2019.

[4] 刘晓峰，孙韶辉，杜忠达，等.5G 无线系统设计与国际标准 [M].北京：人民邮电出版社，2019.

[5] 王映民，孙韶辉，等 .5G 移动通信系统设计与标准详解 [M].北京：人民邮电出版社，2020.

[6] 周德锁 .浅谈 5G 大规模天线技术与应用 [J].通信大视野，2018：7-12.

[7] 3GPP 38.211 V15.3.0. Physical channels and modulation[S]. 2018.

[8] 3GPP TS 38.212 V15.3.0. Multiplexing and channel coding[S]. 2018.

[9] 3GPP TS 38.101-1 V15.3.0. User Equipment (UE) radio transmission and reception part1& part2[S]. 2018.

[10] 3GPP 23.501 V15.6.0.System Architecture for the 5G system[S]. 2019.

[11] 3GPP 23.502 V15.6.0.Procedures for the 5G system[S]. 2018.

[12] 3GPP 23.401 V15.6.0. General Packet Radio Service (GPRS) enhancements for evolved universal terrestrial radio Access network (E-UTRAN) access[S]. 2018.

[13] 3GPP 37.340 V15.6.0. Evolved universal terrestrial radio access network (E-UTRAN) and NR multi-connectivity[S]. 2018.

[14] 3GPP 38.801 V14.0.0.Study on new radio access technology: radio access architecture and interface[S]. 2017.

[15] 3GPP 38.806 V15.0.0.Study of separation of NR Control Plane（CP）and User Plane（UP）for split option 2[S]. 2017.

[16] 3GPP TS 38.331 V15.3.0. Radio Resource Control（RRC）protocol specification[S]. 2018.

[17] 5G 产品文档与手册 [M]. 中信科移动通信设备有限公司，2022.